AutoCAD 工程制图实用教程

主　编　赵　鸣　吕　梅
副主编　胡玉珠

科学出版社
北　京

内 容 简 介

本书是以AutoCAD 2012版为基础，针对建筑类院校中土木工程、交通工程、机械工程以及相关专业学习AutoCAD绘图软件而编写的实用基础教程。

全书共13章，主要内容包括AutoCAD基础知识、绘制二维图形、文字与表格、图形尺寸的标注、图块与属性、三维绘图基本操作、绘制建筑施工图、绘制结构施工图、绘制给水排水施工图、绘制采暖施工图、绘制建筑电气工程图、绘制道路工程图和绘制机械图。

本书编者根据多年教学经验，按照学生学习的习惯及更易理解的顺序来讲解绘图命令。每章结束后都附有绘图实例，供教师教学及学生练习选用。专业图部分结合实际工程选择了相应案例，实用性强。

本书可作为大、中专院校相关专业的AutoCAD工程制图教材，也可供中、高等职业学校师生和有关工程技术人员参考及自学使用。

图书在版编目(CIP)数据

AutoCAD工程制图实用教程/赵鸣，吕梅主编. —北京：科学出版社，2012.6

ISBN 978-7-03-034101-3

Ⅰ.①A… Ⅱ.①赵…②吕… Ⅲ.①工程制图－AutoCAD软件－高等学校－教材 Ⅳ.①TB237

中国版本图书馆CIP数据核字(2012)第076340号

责任编辑：朱晓颖 于俊杰/责任校对：刘小海

责任印制：赵 博/封面设计：迷底书装

科学出版社 出版

北京东黄城根北街16号

邮政编码：100717

http://www.sciencep.com

三河市骏杰印刷有限公司印刷

科学出版社发行 各地新华书店经销

*

2012年6月第 一 版 开本：787×1092 1/16

2024年7月第二十二次印刷 印张：12 1/2

字数：281 000

定价：45.00元

（如有印装质量问题，我社负责调换）

前　言

AutoCAD 是美国 Autodesk 公司开发的计算机绘图软件，自 1982 年问世以来，版本不断更新，功能逐步增强。它具有丰富的平面绘图功能、良好的用户界面和强大的编辑功能，因此在机械、建筑、电子、航天、造船、石油化工等各个领域得到广泛应用。

AutoCAD 集平面作图、三维造型、数据库管理、渲染着色、互联网等功能于一体，并提供了丰富的工具集，使用户能够轻松快捷地进行设计工作，还能方便地使用各种已有数据，极大地提高了设计效率。现在 AutoCAD 已经成为计算机 CAD 系统的标准，而 .dwg 格式文件也成为工程设计人员交流思想的公共语言。

本书是以 AutoCAD 2012 版为基础，针对土木工程专业及非机类、近机类相关专业计算机绘图教学的特点而编写的。书中除含有计算机绘图基础部分外，还包含了建筑、结构、给排水、建筑电气、道路与桥梁、机械各专业图的计算机绘图方法。

本书以工程应用型人才应掌握的基础知识和设计能力为原则，精心组织内容，选择相应例题，并结合“全国计算机辅助技术认证”考试大纲，编制了相应的内容及例题。计算机绘图基础部分以趣味性例题为主，根据学生的学习规律组织内容、讲解基本绘图命令。专业图绘制部分以实际案例为主，讲解绘制工程图的方法与步骤。各章后面都附有绘图实例，方便教师教学及学生练习选用。通过对本书的学习，读者能够快速掌握使用 AutoCAD 绘图的基本方法。

本书可作为土木工程专业及非机类、近机类各专业的教材和教学参考书，也可供相关专业的工程技术人员参考。

参加本书编写工作的有：吉林建筑大学赵鸣（第 1、2、6 章）、刘丹丹（第 3、4、5 章）、吕梅（第 7、8、12 章）、马小秋（第 9、10 章）、尚歌（第 13 章），长春建筑学院胡玉珠（第 11 章）。全书由赵鸣、吕梅主编。

吉林大学侯洪生教授对本书进行了审阅并提出许多宝贵意见，在此表示衷心的感谢。

由于编者水平有限，书中难免有不妥之处，恳请读者批评指正。

编　者

2012 年 3 月

目　录

第1章　AutoCAD基础知识

1.1　AutoCAD的工作环境

如果用户要熟悉AutoCAD软件的操作，必须了解AutoCAD的工作环境与操作界面上的各个功能。启动AutoCAD后就进入到AutoCAD 2012的主界面，用户首先根据需要通过【快速访问工具栏】选择工作区，工作区分为“草图与注释”、“三维基础”、“三维建模”和“AutoCAD经典”。“AutoCAD经典”与AutoCAD 2008版的主界面相同，图1-1是“草图与注释”工作区界面。

AutoCAD 2012工作界面是由菜单浏览器、快速访问工具栏、功能区、命令区、状态栏、绘图区等部分组成的，如图1-1所示。

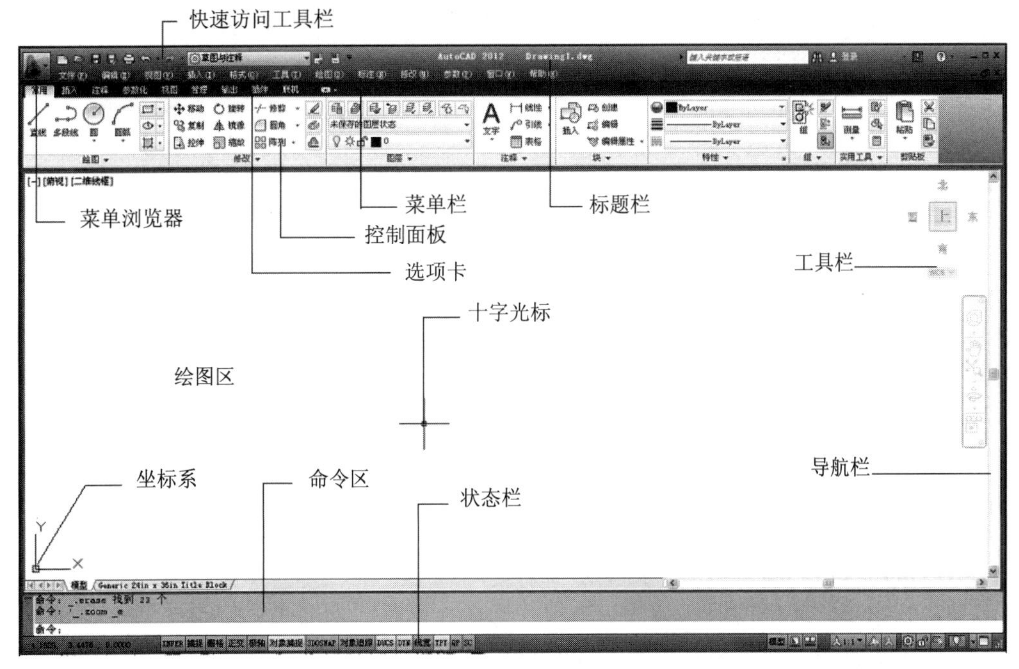

图1-1　AutoCAD 2012的工作界面

1.1.1　标题栏

标题栏位于界面的顶部，用来显示软件的名称以及当前所操作的图形文件名。标题栏的最右边有“最小化”、“最大化”或“还原”、“关闭”程序三个按钮。

1.1.2　菜单浏览器

用户可以使用菜单浏览器执行一些功能，如新建、打开、保存、打印及关闭文件。

菜单由主选项进入到更多更详细的功能选项，菜单右方若出现黑三角，则表示可以进入下一级菜单。

1.1.3 功能区

功能区是一个特别的工具版面，它会根据不同的工作环境来改变相关的使用工具。例如，“草图与注释”的工作环境包含二维绘图用的标注，而在三维建模的环境中是不会显示的。

功能区是 AutoCAD 2008 版及以前的版本所没有的，它有效地利用了空间，改善了原本无序的工具板和工具栏，增大了绘图的范围，可以更方便地选择、控制需要使用的工具。

功能区会随着用户打开“草图与注释”、“三维基础或三维建模”工作区时一并打开。功能区系统组织了许多选项卡，每个选项卡都包含与各个命令相关联的控制面板，控制面板上的命令以图标按钮的形式列出，如图 1-2 所示。光标单击哪个命令按钮，计算机即可执行相应的命令。选项卡是可以隐藏的，不用时可以关闭。如果要显示当前隐藏的选项卡，可将光标移到功能区，单击鼠标右键，在弹出的如图 1-3 所示的快捷菜单中选取“显示面板”上的名称，名称显示“√”符号即可。选项卡和面板是可以浮动的。

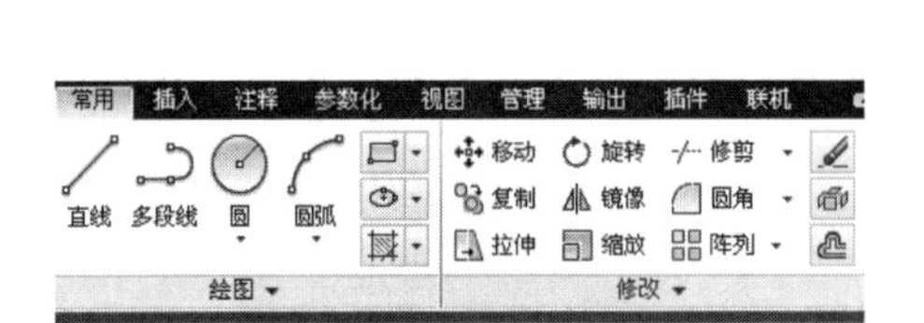

图 1-2 选项卡及控制面板

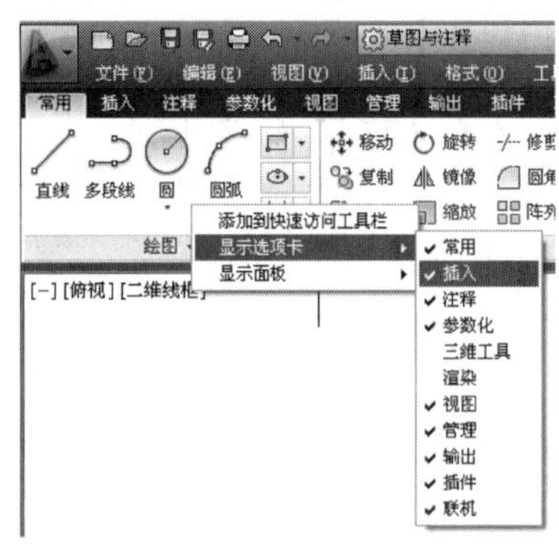

图 1-3 显示面板

1.1.4 绘图窗口

绘图窗口是用户绘图的工作区域，所有的绘图结果都反映在这个窗口中。绘图区没有边界，利用视图窗口的缩放功能，可使绘图区无限放大或缩小，绘图区的右边和下边分别有两个滚动条，可使视窗上下、左右移动，以便观察。因此，无论多大的图形，都可以置于其中，这正是 AutoCAD 的方便之处。另外，在绘图窗口中还显示有坐标系图标、十字光标以及“模型”和“布局”选项卡。

1.1.5 命令区（命令提示行）

命令区是人机对话窗口，用户输入给计算机的命令和计算机反馈给用户的信息提示均显示在这里。在正常操作下，命令区显示三行文本，前两行显示命令历史记录，或显示目前执行中命令可用的选项或设置；最下面一行是目前执行命令的状态，当用户开始操作时，就应该注意观察此区的提示。按 F2 键可以全部打开该区的文本窗口。

1.1.6 状态栏

状态栏设置显示在界面的底部。状态栏最左侧显示的数据是界面上十字光标的坐标位置，单击此区域的任意处可控制坐标的关闭和打开。此区域不仅可以显示光标的 X、Y、Z 坐标位置，当十字光标在界面移动时还可以显示距离和极坐标。

在坐标显示的右边，有如图 1-4 所示的按钮，其功能主要起辅助绘图作用，使用户绘图既快又准，称为绘图设置。单击按钮，可实现相应功能的开或关（灰色为关，亮为开）。各项功能的使用将后续介绍。图 1-4 所示为使用图标时的绘图设置，图 1-5 所示为不使用图标时的绘图设置。

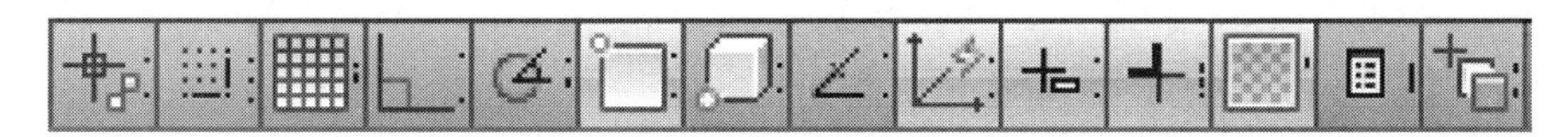

图 1-4 使用图标的绘图设置

INFER 捕捉 栅格 正交 极轴 对象捕捉 3DOSNAP 对象追踪 DUCS DYN 线宽 TPY QP SC

图 1-5 不使用图标的绘图设置

状态栏的最右侧分别是切换工作间，工具栏、面板与选项板的锁定开关，硬件加速开关，隔离对象设置，全屏显示开关。

1.1.7 菜单栏

与 AutoCAD2008 版的菜单栏相同，应用菜单栏每项下拉菜单，可以完成菜单中对应的工作。菜单栏的显示是通过“快速访问工具栏”右侧的“▼”符号来选择的。

1.1.8 文件管理

文件管理指文件的打开、新建和保存，图形文件无论是新建还是保存，都是以（*.dwg）格式建立的。

1）打开旧文件

在“快速访问工具栏”中，单击按钮，弹出“文件选择”对话框，在此对话框中选择要打开的旧文件。

2）建立新文件

在“快速访问工具栏”中，单击按钮，弹出“选择样板”对话框，在此对话框中选择一个适合的样板文件，样板文件以样板（.dwt）的格式保存，内容可包含的数据有标题、图层、字型、标注形式，或是用户以往建立的样板文件。如果用户不使用样板文件来建立新文件，则在“选择样板”对话框  打开(O) 中单击“▼”，选择“打开”或“英制”、“公制”。

3）保存文件

在“快速访问工具栏”中，单击按钮，以原有名字保存当前文件。在“快速访问工具栏”中，单击按钮，弹出“文件另存为”对话框，用户可另起文件名及文件

类型保存文件，文件类型下拉列表中有各种版本的文件，也有样板文件类型及其他文件类型，用户可根据自己的需要选择。

1.2 AutoCAD命令的输入方式

AutoCAD命令的调用主要采用鼠标输入和键盘输入两种方式。

1.2.1 鼠标输入命令

使用鼠标左键直接在控制面板上单击相应命令的图标按钮，AutoCAD就可执行相应的命令。如单击 ，就输入了【直线】命令。利用AutoCAD绘图时，用户多数情况下使用鼠标输入命令。鼠标各键的功能如下：

• 左键：一般作为拾取键，用于点取命令、选择图形、确定点等。

• 右键：一般可代替键盘上的回车键使用，结束上一步的操作。在有些情况下，单击鼠标右键将弹出快捷菜单或重复执行上一个命令，这种右键功能可以通过“工具”下拉菜单“选项”对话框中的“用户系统配置”选项卡 自定义右键单击(I)... 设定。

• 中间键（滚轮）：转动滚轮可将屏幕显示的图形放大或缩小，按住滚轮移动鼠标，可将图形移动；双击滚轮，所绘图形将全部显示在屏幕上。

1.2.2 键盘输入命令

在命令区的“命令：”提示符下，输入相应绘图命令的全称或缩写字母，如直线命令的全称“Line”或“L”，然后按回车键或空格键。使用特殊按键可以提高工作效率：

• 按Esc键可以结束或取消目前使用中的功能，快速地回到“命令：”提示符下。

• 在键盘输入命令后，必须按Enter键才能执行命令。

• 按空格键和Enter键结果相同。

• 在结束命令后，按空格键或Enter键，可以重复执行上一个命令。

• 按向上和向下方向键，可以循环显示之前使用过的命令，按Enter可以再一次执行命令。

• 按Tab键可以轻易地在动态输入对话框中切换，特别是从一个字段移到另一个时非常实用。但操作过程中不要按Enter键。

1.3 AutoCAD的坐标系统

1.3.1 世界坐标系（WCS）

世界坐标系是AutoCAD的默认坐标系，它包括 X 轴和 Y 轴，若在三维空间工作则还有一个 Z 轴。三轴相互垂直且交于一点，称为坐标原点。X 轴水平向右为正，Y 轴垂直向上为正，Z 轴垂直向屏幕外为正。

1.3.2 用户坐标系（UCS）

用户在绘图过程中可以建立自己的坐标系UCS，根据需要不断地改变原点位置和坐标轴方向。

1.3.3 坐标输入格式

在 AutoCAD 中，坐标输入分为绝对坐标和相对坐标两种格式。在绘制二维图形时，无论是以笛卡尔坐标（X，Y）的方式还是以极坐标（距离和角度）的方式，都是将数据输入到图形中。用户可以用手动方式或直接在图形上指定输入点。

1）绝对坐标

绝对坐标是相对于当前坐标系原点的坐标，包括绝对直角坐标（笛卡尔坐标）和绝对极坐标。绝对直角坐标输入格式为（x，y），绝对极坐标输入格式为（$L<\alpha$），其中 L 为所定的点到原点（0，0）的距离，α 为该点到原点连线与 X 轴的夹角，如图 1-6 所示。

2）相对坐标

相对坐标是新点相对于前一点的坐标，包括相对直角坐标和相对极坐标，如图 1-7 所示。相对坐标的输入格式是在坐标值前面加符号“@”，例如相对直角坐标“@25，－32”表示新点在前一点沿 X 轴向右移动 25 个单位，沿 Y 轴向下移动 32 个单位；相对极坐标“@30＜45”表示新点相对前一点位移 30 个单位，而新点与前一点的连线与 X 轴的夹角为 45°。

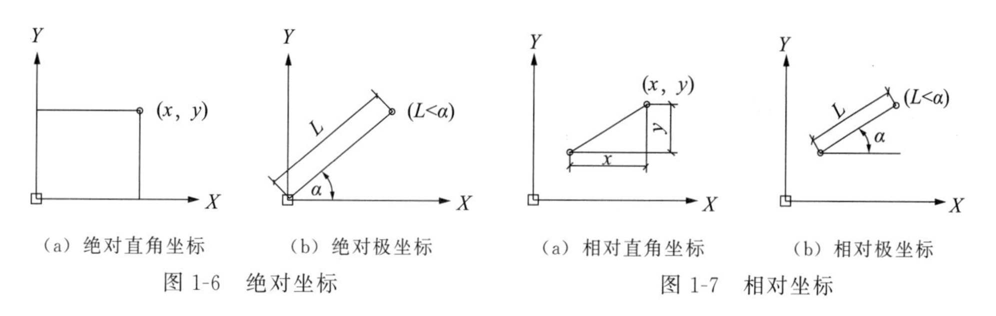

（a）绝对直角坐标　（b）绝对极坐标

图 1-6　绝对坐标

（a）相对直角坐标　（b）相对极坐标

图 1-7　相对坐标

绝对坐标输入与相对坐标输入的方式，可以通过状态栏中“DYN”（动态输入）按钮的开和关来切换，动态输入默认使用相对坐标。当“DYN”处于开启状态时，此时输入点的相对坐标时无需输入“@”。当“DYN”处于关闭状态时，输入点的坐标时系统默认的是绝对坐标。

另外，在绘制直线时，还可以用快速输入方式。即用光标给出所绘直线的方向，用键盘输入直线的距离（直线的长度），回车后就可以绘制出所需长度的直线。

第 2 章　绘制二维图形

绘制二维图形是 AutoCAD 的基本功能。利用其直线、圆、矩形、多边形等绘图命令及删除、复制、移动、偏移、修剪等修改命令，再配合“对象捕捉”、“对象追踪”等辅助绘图功能，就可以更方便、灵活、准确、高效地绘制出二维图形。本章主要介绍绘制和编辑平面图形的基本命令及辅助绘图功能。

绘制和修改平面图形所应用的命令在功能区“常用”选项卡下的“绘图”和“修改”面板上，如图 2-1 所示。面板上命令旁带有“▼”标记，单击“▼”标记会显示更多的相关命令与选项，如图 2-2 所示。

也可以在命令区“命令:”后输入相应命令，命令提示窗口将显示根据所执行命令提出下一步要求，绘图者可根据提示来操作。

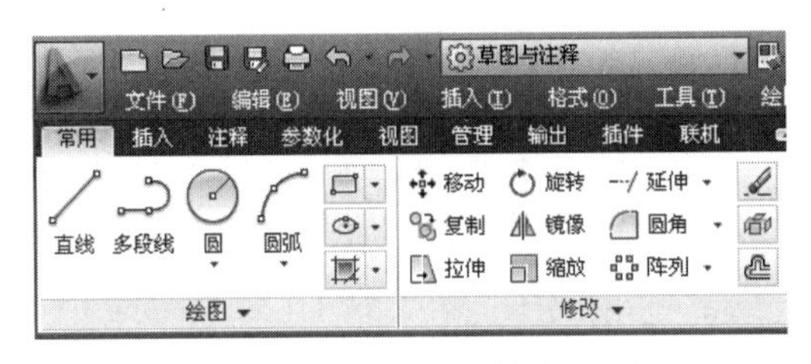

图 2-1　“绘图”和“修改”面板

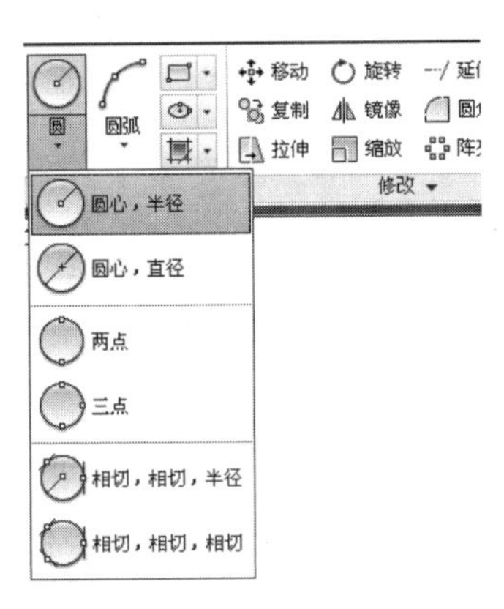

图 2-2　“圆”下拉命令按钮

2.1　直线、圆、矩形、正多边形——绘图命令

2.1.1　直线

在“绘图”面板上，如图 2-1 所示，单击【直线】命令按钮 ╱，按命令区的提示要求给出直线的起点，再给出直线的长度（或直线的下一个端点），依次给出一系列点（用光标点取 $P1$、$P2$、$P3$ 等点），可以绘出连续的折线，回车结束命令。如图 2-3 所示。

绘制直线时其端点的输入可以给出每个点的坐标，也可用十字光标给出直线的方向，键盘输入直线的长度。

［**例 2-1**］　绘制如图 2-4 所示的直线。

操作步骤如下：

在“绘图”面板上单击【直线】命令按钮 ╱。

指定第一点：（给出 P1 点）

指定下一个点或［放弃（U）］：@20，0（P2 点）或 20（光标调到与 P1 水平方向）

指定下一个点或［放弃（U）］：@19，11（P3 点）或 22（光标调到与水平成 30°方向）

注意：当动态输入【DYN】处于开启状态时，不用输入@。

绘制直线时端点还可以用极坐标形式输入，特别是画斜线时。例如，绘制如图 2-4 中 P1～P2 直线，用极坐标输入的形式为：

指定下一个点或［放弃（U）］：@22<30

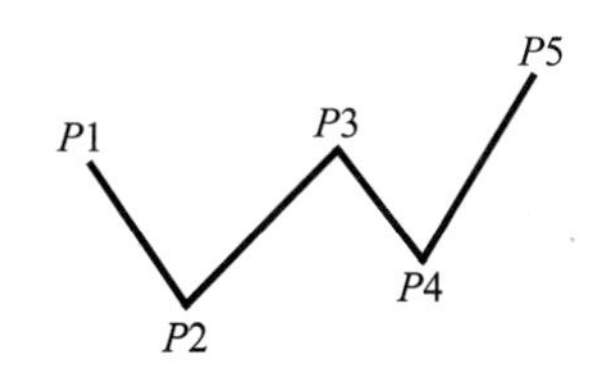

图 2-3　拾取直线端点绘制直线

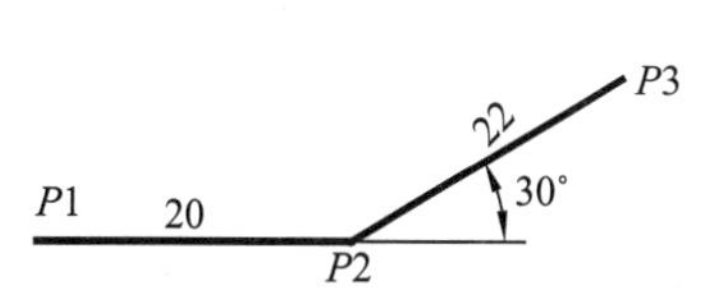

图 2-4　输入直线长度绘制直线

［例 2-2］　按尺寸 1∶1 绘制如图 2-5 所示的条形基础图形。

操作步骤如下：

在“绘图”面板上单击【直线】命令按钮。

指定第一点：（给出 P1 点）

指定下一个点或［放弃（U）］：48（光标水平向右与 P1 点对齐）

指定下一个点或［放弃（U）］：20（光标垂直向上与上一点对齐）

指定下一个点或［放弃（U）］：12（光标水平向左与上一点对齐）

以此类推。

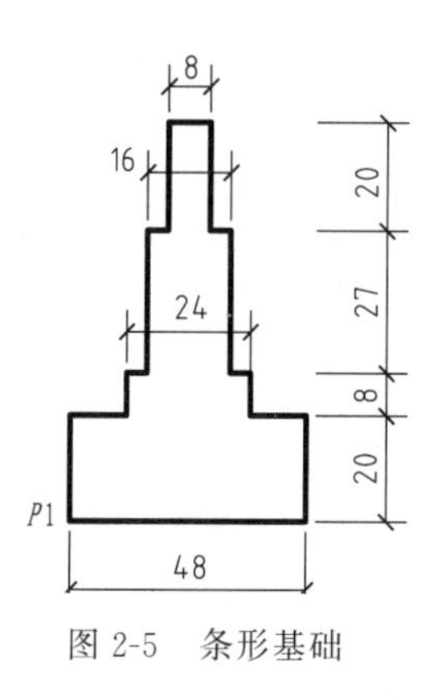

图 2-5　条形基础

2.1.2　圆

AutoCAD 提供了六种绘制圆的方法。在实际应用中，可根据具体情况选择不同的方法。如图 2-6 所示为【圆】的下拉命令按钮。在“绘图”面板上单击“圆”命令按钮，按命令行的提示要求，给出圆的圆心，再输入圆的半径。

当执行【圆】命令后，命令行提示如下：

命令：_circle 指定圆的圆心或［三点（3P）/两点（2P）/切点、切点、半径（T）］：

注意：方括号“［　］”内是使用该命令的其他选项提示，例如选择【3P】，则可用“三点”画圆，此时依次地给出三个圆周上的点即可画圆，如图 2-7 所示。具体步骤如下：

单击【圆】命令按钮，命令行提示：

命令：_circle 指定圆的圆心或［三点（3P）/两点（2P）/切点、切点、半径（T）］：3P（输入 3P，回车）

指定圆上的第一个点：　（拾取 P1 点）

指定圆上的第二个点：　（拾取 P2 点）

指定圆上的第三个点：　（拾取 P3 点）

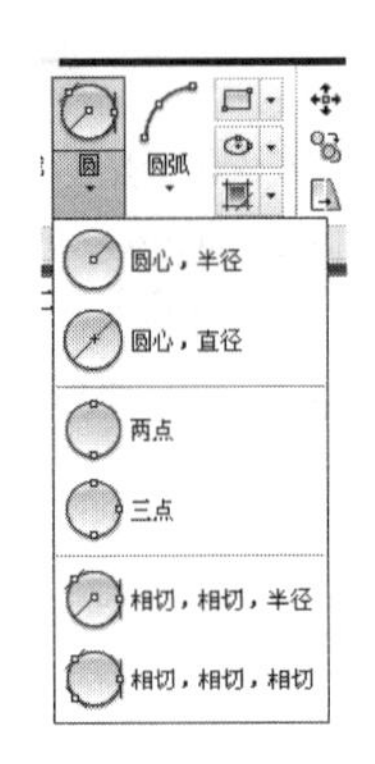

图 2-6 “圆”下拉命令按钮

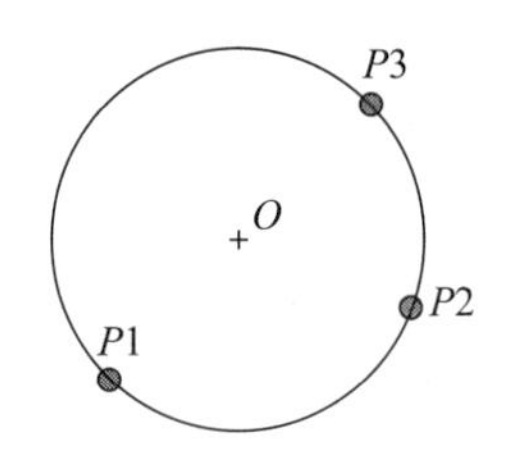

图 2-7 “三点”画圆

［例 2-3］ 已知△ABC，绘制其内切圆。

操作步骤如下：

在【圆】下拉命令按钮中选取【相切，相切，相切】后，命令行提示：

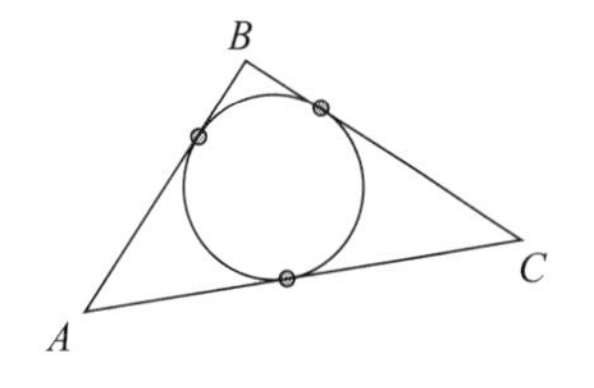

图 2-8 绘制△ABC 内切圆

命令：_circle 指定圆的圆心或［三点（3P）/两点（2P）/切点、切点、半径（T）］：_3p

指定圆上的第一个点：_tan 到（拾取直线 AB 上任一点）

指定圆上的第二个点：_tan 到（拾取直线 BC 上任一点）

指定圆上的第三个点：_tan 到（拾取直线 AC 上任一点）

画出的圆如图 2-8 所示。

［例 2-4］ 已知圆 $O1$、$O2$，绘制半径为 24 的圆 $O3$，使之与圆 $O1$、$O2$ 外切。

操作步骤如下：

从【圆】下拉命令按钮中选取【相切，相切，半径】后，命令行提示：

命令：_circle 指定圆的圆心或［三点（3P）/两点（2P）/切点、切点、半径（T）］：_ttr

指定对象与圆的第一个切点：（在圆 $O1$ 上任意拾取一点）

指定对象与圆的第二个切点：（在圆 $O2$ 上任意拾取一点）

指定圆的半径 <15.0000>：24

画出的圆如图 2-9 所示。

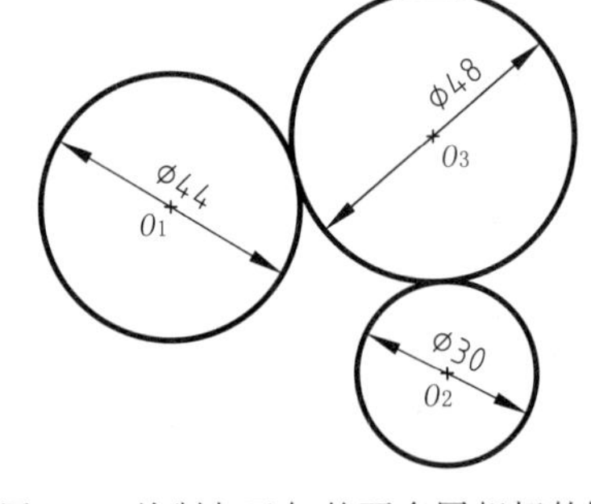

图 2-9 绘制与已知的两个圆相切的圆

注：光标在拾取切点时需将“绘图设置”中对象捕捉功能中的“切点”打开（见 2.5 节）。

2.1.3 矩形

功能：绘制矩形和带有倒角、圆角的矩形。

操作：在“绘图”面板上，单击【矩形】命令按钮，按命令行的提示要求，给出矩形对角的两个点。如果要绘制四个角是斜角和圆角的矩形，在命令行提示下的“［ ］”中选择“倒角”和“圆角”选项。命令行提示如下：

命令：RECTANG

指定第一个角点或［倒角（C）/标高（E）/圆角（F）/厚度（T）/宽度（W）］：

（拾取 $P1$ 点）

指定另一个角点或［面积（A）/尺寸（D）/旋转（R）］：（拾取 $P2$ 点）

直接拾取点 $P1$、$P2$，画出如图 2-10（a）的矩形；若选择“C”按提示给出倒角的两个距离 $d2$、$d2$，则画出如图 2-10（b）所示的倒角矩形；选“F”按提示给出圆角半径，则画出如图 2-10（c）所示的圆角矩形。

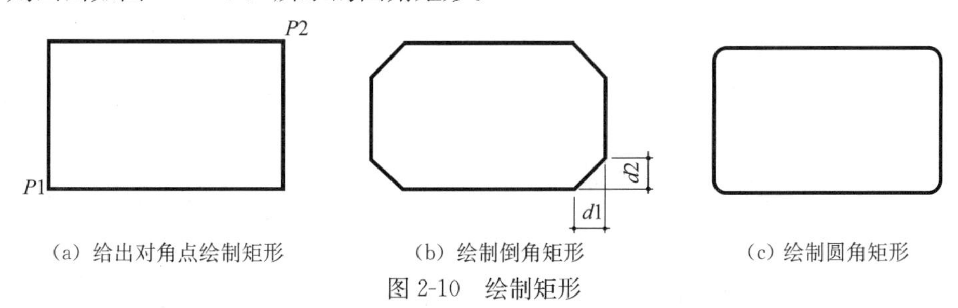

（a）给出对角点绘制矩形　（b）绘制倒角矩形　（c）绘制圆角矩形

图 2-10　绘制矩形

［例 2-5］　绘制 A3 图框，尺寸如表 2-1 所示，样式如图 2-11（a）所示。

表 2-1　图纸幅面及图框尺寸　（单位：mm）

尺寸代号	幅面代号				
	A0	A1	A2	A3	A4
$B\times L$	841×1189	594×841	420×594	297×420	210×297
c	10			5	
a	25				

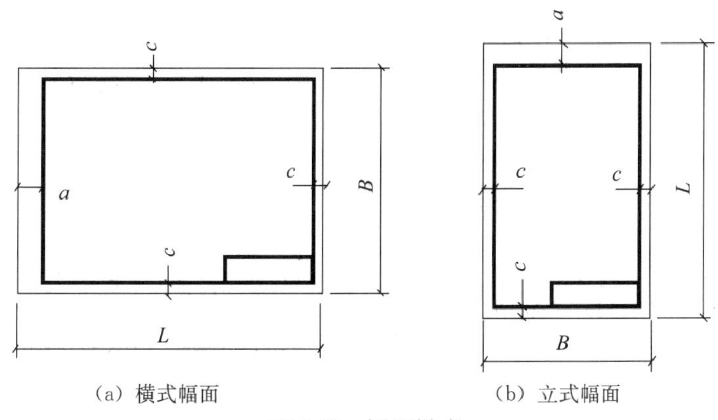

（a）横式幅面　（b）立式幅面

图 2-11　图纸样式

绘制 A3 图框的操作步骤如下（在动态输入下）：

（1）画图的外框线（420×297）：点取【矩形】命令。

指定第一个角点或［倒角（C）/标高（E）/圆角（F）/厚度（T）宽度（W）］：0，0

指定另一个角点或［尺寸（D）］：420，297

（2）画图的内框线（a=25，c=5）：点取【矩形】命令。

指定第一个角点或［倒角（C）/标高（E）/圆角（F）/厚度（T）宽度（W）］：25，5

指定另一个角点或［尺寸（D）］：390，287

（3）画标题栏（140×32）：点取【矩形】命令

指定第一个角点：（利用对象捕捉功能点取图框线矩形的右下角点）

指定另一个角点或［尺寸（D）］：−140，32

2.1.4 正多边形

在“绘图”面板上的矩形子命令下，单击【多边形】命令按钮，按命令行的提示要求，给出多边形的边数、中心点及与圆的相切形式，即可绘制出正多边形。例如，绘制如图 2-12（a）所示的正五边形。

单击【多边形】命令后，命令行中的提示如下：

命令：_polygon 输入侧面数＜4＞：5　　（输入要绘制正多边形的边数）

指定正多边形的中心点或［边（E）］：　　（给出正多边形的中心 $P1$）

输入选项［内接于圆（I）/外切于圆（C）］＜I＞：（选 I，或直接回车）

指定圆的半径：20　　（输入外接圆的半径，回车结束）

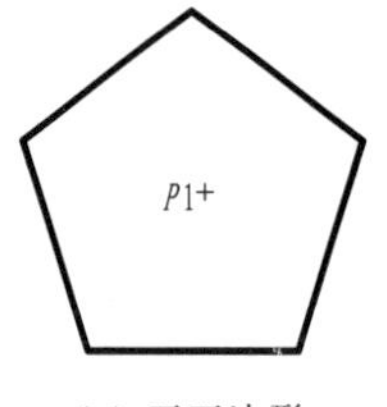

（a）正五边形

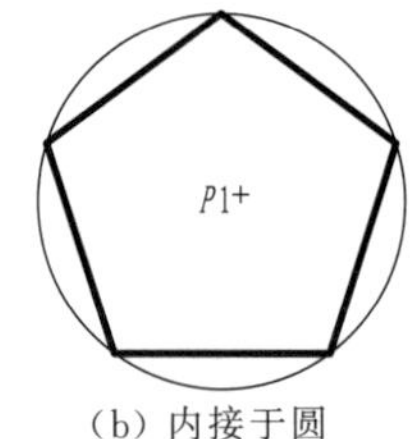

（b）内接于圆

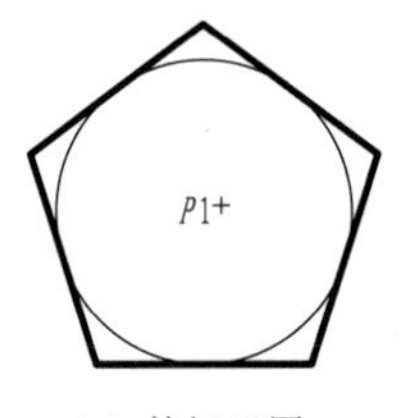

（c）外切于圆

图 2-12　绘制正五边形

在绘制五边形时选“Ⅰ”，五边形内接于圆，如图 2-12（b）所示；选“C”，五边形外切于圆，如图 2-12（c）所示。

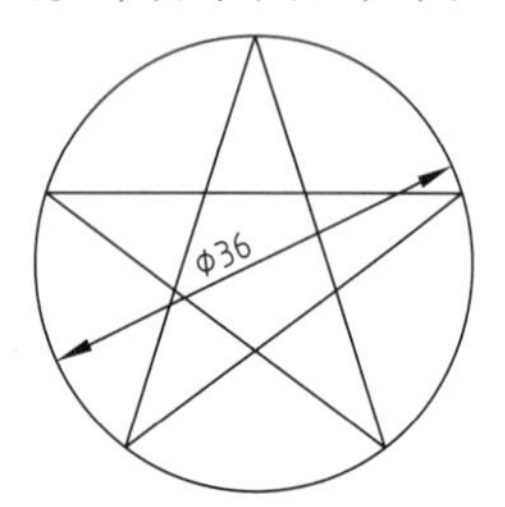

图 2-13　圆内接五角星

注意：命令行提示中“＜　＞”内表示的是系统默认值，若用户要使用默认值，直接回车即可。

［例 2-6］　绘制如图 2-13 所示的五角星。

绘制步骤如下：

（1）绘制直径为 36 的圆；

（2）绘制圆内接正五边形；

（3）用直线将五边形对角连线成五角星；

（4）删除正五边形。

［练习 2-1］　绘制如图 2-14 所示平面图形。

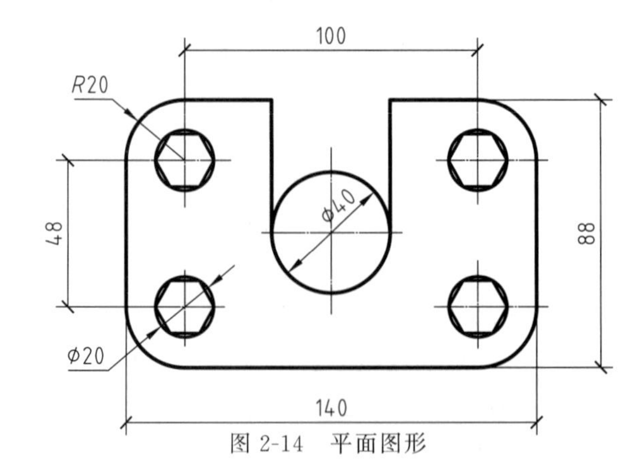

图 2-14　平面图形

2.2 删除、复制、移动——修改命令

2.2.1 删除

功能：将不需要的图形（对象）删除。

操作：在“修改”面板上，如图 2-15 所示，单击【删除】命令按钮。

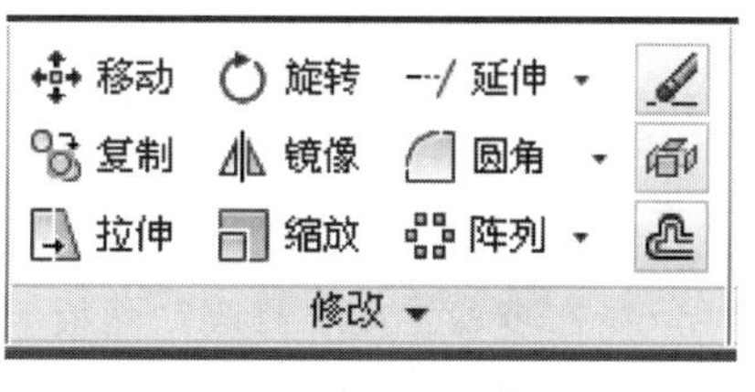

图 2-15 “修改”面板

命令行提示：

选择对象：（选择要删除的对象，回车后所选目标将被删除）

常用的“选择对象”方式有三种：

（1）单独选择对象。

出现“选择对象”提示时，用户可以移动拾取框光标，逐个选择一个或多个对象，被选中的对象会变为虚线，回车后所选中的对象被删除。此种方式适用于在多个图形中选择少数对象，如图 2-16（a）所示。

（2）矩形窗口选择对象。

出现“选择对象”提示时，用户先确定窗口的左侧角点，再向右拖动鼠标定义窗口的右侧角点，开出的窗口为实线窗口，该窗口必须将所要删除的对象全部围起，如图 2-16（b）所示。

（3）交叉窗口选择对象。

出现“选择对象”提示时，用户首先指定窗口的右侧角点，再向左拖动鼠标定义窗口的左侧角点，开出的窗口为虚线窗口，与该窗口相交的和被包围的对象都能被选中，如图 2-16（c）所示。

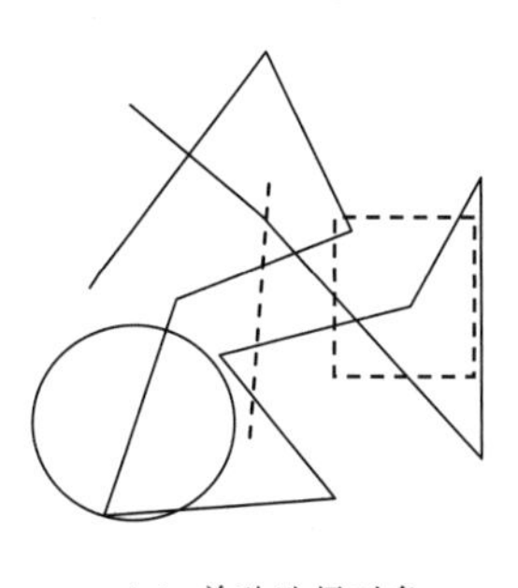

（a）单独选择对象

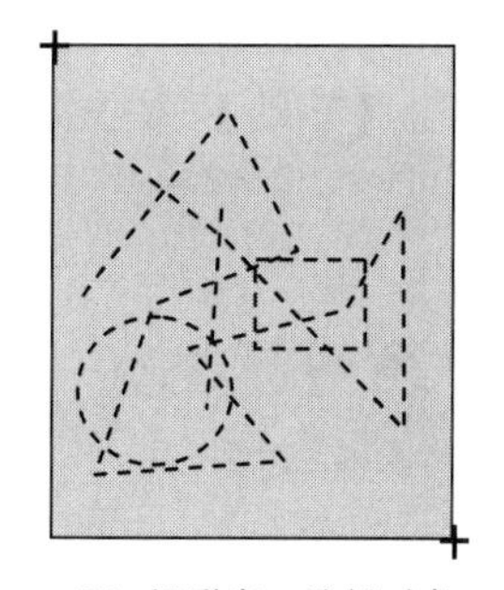

（b）矩形窗口选择对象

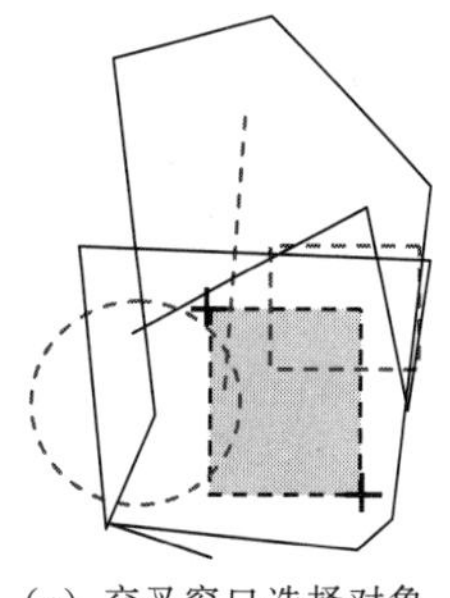

（c）交叉窗口选择对象

图 2-16 “选择对象”的三种方式

2.2.2 复制

功能：将已有的图形原样复制，产生一个或多个相同图形，并将其放在指定的位置。

操作：在“修改”面板上（图 2-15），单击【复制】命令按钮。选择要复制的对象，给出被复制图形的基点和位移。执行该命令时选取基点很关键，基点是图形位移

的起始点。位移大小可以输入，也可以用鼠标直接点取图形的新位置。

［**例 2-7**］　如图 2-17 所示，将直径为 40 的圆及圆内接五星复制四个，间距为 50。

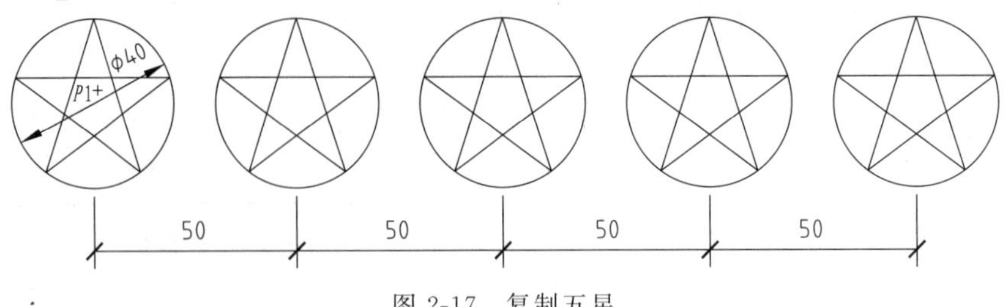

图 2-17　复制五星

操作步骤：在“修改”面板上，单击【复制】命令按钮 。

命令行提示：

选择对象：(将第一个五星和圆全部选中)

选择对象：指定对角点：找到 6 个

选择对象：(回车，结束对象选取)

当前设置：复制模式＝多个

指定基点或［位移（D）/模式（O）］＜位移＞：　(给出圆心 P1 点)

指定第二个点或［阵列（A）］＜使用第一个点作为位移＞：50（光标水平向右）

指定第二个点或［阵列（A）/退出（E）/放弃（U）］＜退出＞：100（光标水平向右）

指定第二个点或［阵列（A）/退出（E）/放弃（U）］＜退出＞：150（光标水平向右）

指定第二个点或［阵列（A）/退出（E）/放弃（U）］＜退出＞：200（光标水平向右）

指定第二个点或［阵列（A）/退出（E）/放弃（U）］＜退出＞：(回车，结束)

2.2.3　移动

功能：将已有的图形由原位置移动到新位置，图形大小形状不变。

操作：在“修改”面板上，单击【移动】命令按钮 。选择要移动的图形对象，给出被移动图形的基点和位移。

2.3　颜色、线型、线宽——对象特性

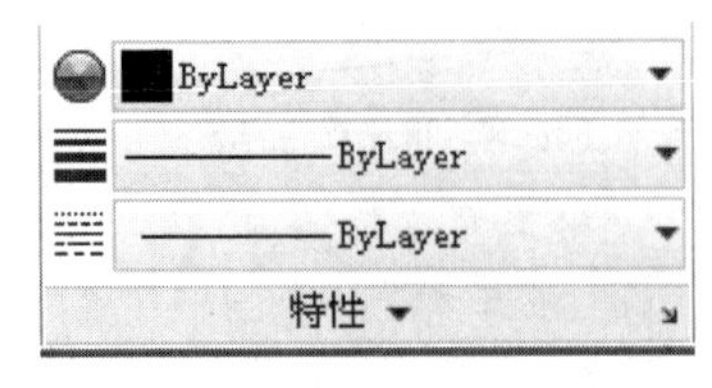

图 2-18　“特性”面板

对象的特性（颜色、线型和线宽）是由“特性”面板控制的，如图 2-18 所示。它有三个下拉列表，分别控制对象的颜色、线型和线宽。列表中的“ByLayer”意思是“随层”，“ByBlock”意思是“随块”。

使用“常用”选项卡下的“特性”面板，用户可以便捷地确认或更改特性的设置。“特性”面板的工作方式如下：

- 如果没有选择任何对象，该面板将显示将来创建的对象的默认特性。
- 如果选择了一个或多个对象，则控件将会显示选定对象的当前特性。
- 如果选择了一个或多个对象但是其特性不同，则这些特性的控件将为空白。

• 如果选择了一个或多个对象，且在功能区更改了某一特性，则选定的对象将根据指定值进行更改。

2.3.1 设置颜色

颜色可以通过“特性”面板中“颜色控制” ByLayer 的下拉列表来设置，如图 2-19 所示。

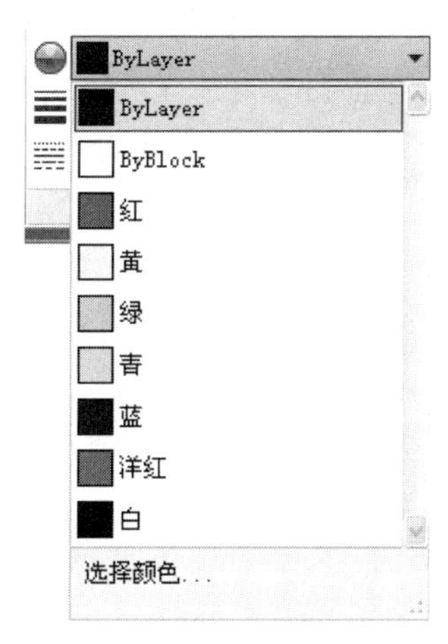

图 2-19 “颜色控制”下拉列表

2.3.2 设置线型

线型可以通过“特性”面板中“线型控制” ByLayer 的下拉列表来设置。单击“▼”下拉出线型列表。如果没有需要的线型，可以从线型文件中加载。单击“其他”，弹出如图 2-20 所示的“线型管理器”对话框。

对话框中的选项及操作说明如下：

（1）设置当前线型。首先从“线型”列表中选择所需线型，然后单击“当前”按钮，则选中的线型成为当前线型，所有新绘制的图形对象都用这种线型。

（2）加载线型。如果“线型管理器”中所列的线型没有要用的线型，单击“加载”按钮，则弹出如图 2-21 所示的“加载或重载线型”对话框。AutoCAD 提供了很多线型，

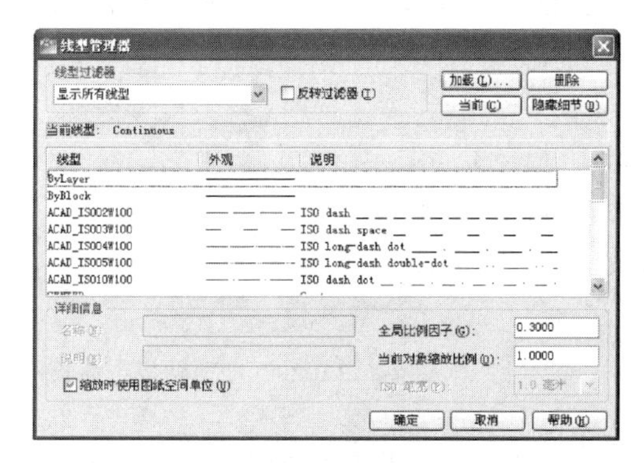

图 2-20 “线型管理器”对话框

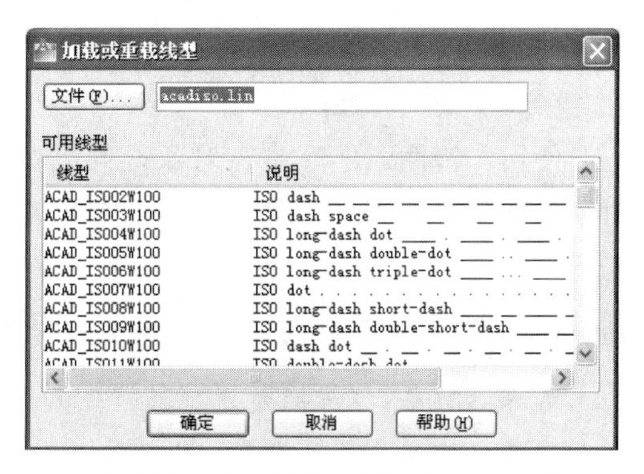

图 2-21 “加载或重载线型”对话框

这些线型都存放在 acad. lin、acadisolin 文件中，通过“加载或重载线型”对话框显现给用户。用户可在此选取所要用的线型，单击“确定”后，所选线型就调入“线型管理器”线型列表中。关闭“线型管理器”对话框，从线型控制下拉列表中选取所需线型，置为当前。

2.3.3 设置线宽

线宽可以通过“特性”面板中“线宽控制” ByLayer 的下拉列表来选择。单击“▼”打开线宽下拉列表，选择所需线宽。另外，单击列表中【线宽设置】，在弹出的“线宽设置”对话框中可以选择默认线宽和线宽显示比例等。

2.3.4 修改特性

用户可以通过以下方式显示和修改任何对象的当前特性。

(1) 使用“特性”面板。

要想改变对象的颜色、线型和线宽，首先选中要修改特性的对象，此时该对象的特性就被显示在“特性”面板中，接着在“特性”面板相应的下拉控制列表中选择想要改成的特性即可。

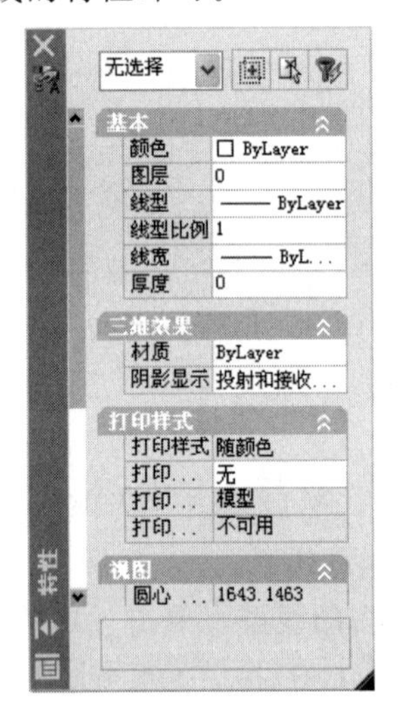

图 2-22 “特性”选项板

(2) 使用“特性”选项板。

调用“特性”选项板的方法如下：单击“特性”面板右下角按钮 特性 ，弹出“特性”选项板，如图 2-22 所示。“特性”选项板列出了选定的对象或一组对象特性的当前设置，包括颜色、图层、线型、线型比例、线宽等基本特性，还包括半径与面积、长度与角度等专有特性。用户利用该选项板可以修改任何可以通过指定新值进行更改的特性。

• 选中多个对象时，特性选项板只显示所有对象的共有特性。

• 如果未选中对象，特性选项板只显示当前图层的常规特性、附着到图层的打印样式表的名称、视图特性以及有关 UCS 的信息。

(3) 使用“特性匹配”。

使用“特性匹配”是在对象之间复制特性，可以将一个对象的某些特性或所有特性复制到其他对象上。调用“特性匹配”的方法如下：单击“剪贴板”面板中的“特性匹配”命令按钮，如图 2-23 所示。命令行提示：

图 2-23 “剪贴板”面板

选择源对象：(选择要复制其特性的对象)

选择目标对象或 [设置 (S)]：(选择要应用选定特性的对象，然后回车)

2.4　基本绘图环境的设置——图层

在工程制图中，一幅图由许多对象组成，为了便于管理图样的各种对象，AutoCAD 提供了“图层”工具。我们可以将每个图层理解为一张透明的纸，在每张透明纸上绘制相同特性的对象，然后将这些透明图纸叠放在一起就构成了最终的图样。图层的功能和用途非常强大，在一幅图中可以根据需要创建若干图层，每个图层都具有一定的属性和状态，包括：图层名、开关状态、冻结状态、锁定状态、颜色、线型、线宽、打印样式、是否打印等，以此来管理图形。

2.4.1　图层的创建

图层的创建和使用是通过“图层”面板来实现的，如图 2-24 所示。单击“图层”面板中【图层特性】命令按钮，创建新的图层。单击后弹出如图 2-25 所示“图层特性管理器”对话框，该对话框显示图形中的图层列表及其特性。可以添加、删除和重命名图层，修改图层特性或添加说明。

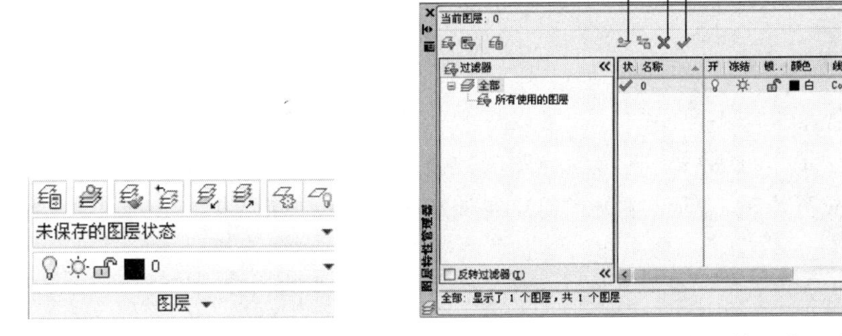

图 2-24　“图层”面板　　　　图 2-25　“图层特性管理器”对话框

创建图层的过程如下：

（1）单击“图层”面板中【图层特性】命令按钮，打开“图层特性管理器”对话框。

（2）单击“图层特性管理器”对话框中的【新建图层】按钮。

（3）输入新的图层名，如“粗实线”。

（4）单击相应图层的“颜色”、“线型”、“线宽”等特性，可以修改该图层上对象的基本特性。

（5）需要创建多个图层时，再次单击【新建图层】按钮，并输入新的图层名，如图 2-26 所示。

（6）完成后单击“×”按钮，将“图层特性管理器”对话框关闭。

图层创建完毕后，将会在“图层”下拉列表中显示出来，如图 2-27 所示。

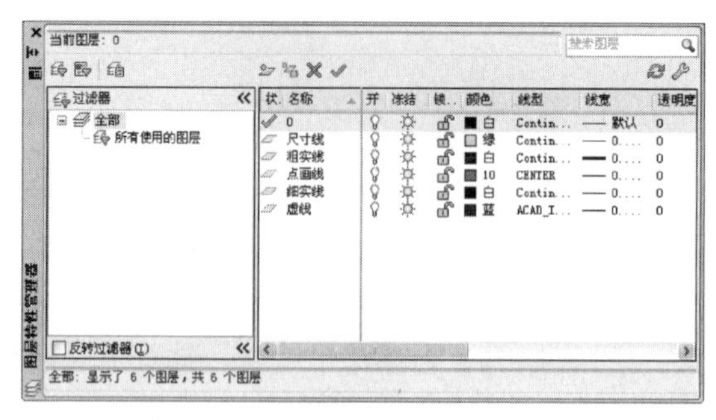

图 2-26　创建新图层

图 2-27　“图层”下拉列表

2.4.2　图层的管理

使用“图层特性管理器”对话框不仅可以创建图层，设置图层的颜色、线型、线宽和打印样式，还可以对图层进行更多的设置和管理，包括图层的切换、重命名、删除及图层的显示控制等。

在“图层”下拉列表中显示出各个图层，此时单击某个图层就可以将该图层置为当前图层，同时将“特性”面板的各项特性控制都设为“Bylayer（随层）”，则所绘制图线的颜色、线型、线宽就与该图层设定相一致。

在“图层”下拉列表中除了可以看到每个图层的图层名、颜色外（图 2-27），还可以看到用来管理图层状态的三个开关符号：/（打开/关闭）、/（解冻/冻结）、/（解锁/锁定），单击可以切换其开、关状态。当图层被关闭后，该图层上的所有对象在屏幕上均不显示，也不可以打印。当图层被冻结后，该图层上的所有对象在屏幕上均不显示，也不可以打印。当图层被锁定后，该图层上的所有对象在屏幕上显示但不可选择或被编辑，可以打印。用户在处理图形时可灵活运用。

2.5　绘图辅助功能——绘图设置

利用绘图辅助功能可以使绘图快速准确，绘图辅助功能是通过状态栏中的“绘图设置”功能按钮来实现的。状态栏在主界面的下方，状态栏中常用的“绘图设置”功能及作用如图 2-28 所示。

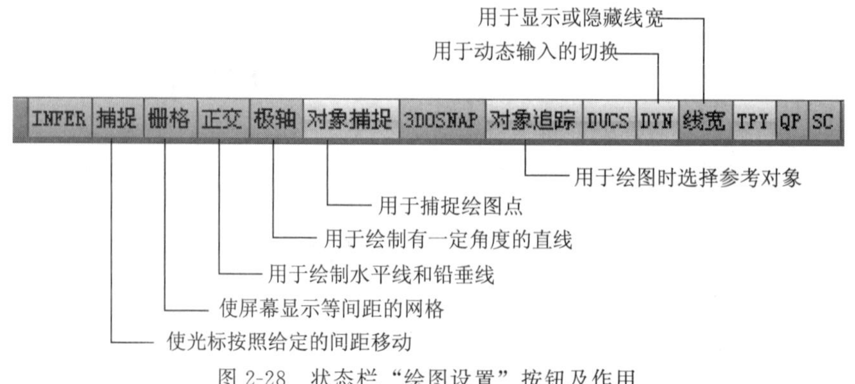

图 2-28　状态栏“绘图设置”按钮及作用

注意：根据需要，在绘图的过程中可以随时将“绘图设置”的各项按钮在打开和关闭间切换，也可以用快捷键来控制开关。

2.5.1 对象捕捉

功能：绘图时光标将自动捕捉某些特定的点，如：端点、中点、切点、圆心等。

操作：使用该工具时需要先设定。方法是将光标放在【对象捕捉】按钮上单击鼠标右键，选择“设置”，将弹出“草图设置”对话框，如图 2-29 所示，根据绘图需要选择相应的项目，可同时选几项，但不宜全选。用 F3 键可打开或关闭【对象捕捉】。

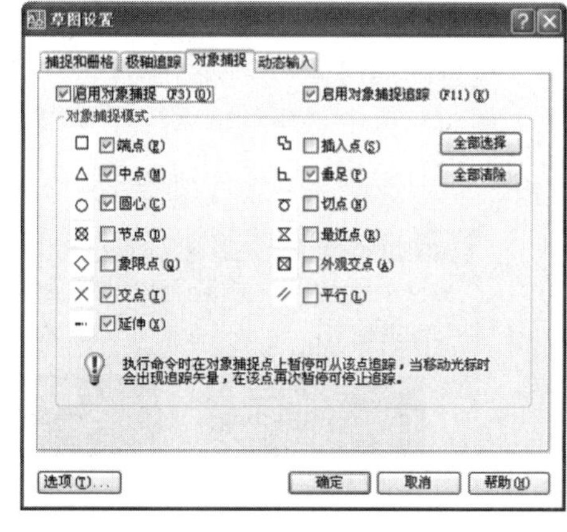

图 2-29 “草图设置”对话框

2.5.2 对象追踪

功能：绘图时选择绘图参考对象。

操作：打开【对象追踪】。在绘图时会显示临时辅助线作为参考，可以帮助用户以特定的角度在特定的位置绘制图形。例如，画直线由 $P1$ 点画到 $P2$ 点，要求点 $P2$ 与点 $P3$ 对齐（在同一铅垂线上），如图 2-30 所示。单击【直线】命令，将光标调到 $P1$ 点，捕捉到 $P1$ 后向右移动出现水平追踪虚线，再将光标调到 $P3$ 点捕捉后向下移动出现铅垂追踪虚线，当两条追踪虚线相交时，其交点就是 $P2$ 点。对象追踪包括极轴追踪和对象捕捉追踪两种，要与【对象捕捉】一起使用。用 F11 键可打开或关闭【对象追踪】。

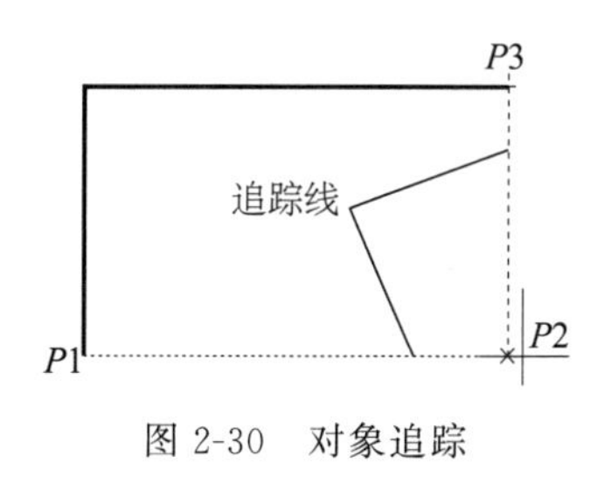

图 2-30 对象追踪

2.5.3 正交

功能：辅助绘制水平线和铅垂线。

操作：单击【正交】按钮，即打开正交功能，此时所绘直线将是水平或铅垂的。用 F8 键可打开或关闭【正交】。

2.5.4 极轴

功能：辅助绘制带有一定角度的直线。

操作：将光标放在【极轴】按钮上单击右键，选择“设置”，将弹出“草图设置”对话框，设定所需角度。用 F10 键可打开或关闭【极轴】。【极轴】与【正交】不可同时使用。

2.5.5 动态输入

动态输入【DYN】是在绘图过程中，命令行和坐标等有关信息直接在光标附近显示和输入，该信息会随着光标移动而动态更新，这样用户就可以专注于绘图区。用 F12

键也可以打开和关闭【DYN】。

动态输入功能的设置，同其他功能设置相同。将光标调到【DYN】处单击右键，在快捷菜单中选择“设置”，弹出“草图设置”对话框，在这里可以设置动态输入的各相关项目，如图 2-31 所示。

例如，单击“指针输入”下的【设置】，弹出“指针输入设置”对话框，在这里可以对“绝对坐标”和“相对坐标”默认值进行设置，如图 2-32 所示。

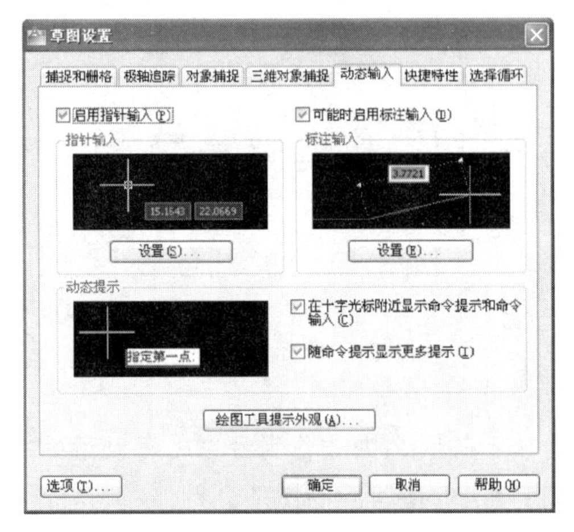

图 2-31 “草图设置”对话框

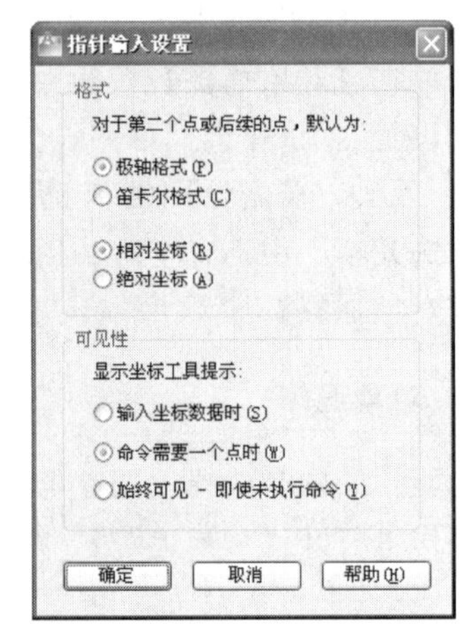

图 2-32 “指针输入设置”对话框

选择“相对坐标”：在画图输入坐标时，系统默认的是相对坐标，此时坐标值前面不需再加“@”符号；而如果输入的是绝对坐标，前面需要加“#”前缀。

选择“绝对坐标”：在画图输入坐标时，系统默认的是绝对坐标，此时输入相对坐标时需要在前面加“@”符号，而输入绝对坐标时前面不需要加前缀。

2.5.6 显示/隐藏线宽

AutoCAD 在绘图时其线的宽度可以显示，也可以隐藏，【线宽】按钮就是用来控制线宽显示与否的。

［**例 2-8**］ 用 A3 图幅绘制图 2-33 所示图样（不标注尺寸）。

操作步骤：

（1）调入已绘制的 A3 图框（A3 图幅：420×297），设置在 0 图层上。

（2）设置图层（表 2-2）。

（3）绘制直线。打开【正交】、【对象捕捉】、【对象追踪】、【线宽】工具按钮。绘制第一条粗实线：调“粗实线”图层为当前图层，单击【直线】命令，在图框中适当位置确定一点为起点，向右水平移动光标，输入直线长度 200，回车。绘制第二条中实线：调“中实线”图层为当前图层，单击【直线】命令或回车（回车后系统将重复执行上一次命令），将光标移到第一条直线的起点处后，再将光标垂直向下，在出现自动追踪辅助线后，键盘输入 10，回车（确定了直线的起点），光标向右水平移动，输入直线长度 200，回车。重复上述作图步骤，绘出其他直线。注意改变图层来绘制不同的线型和线宽。

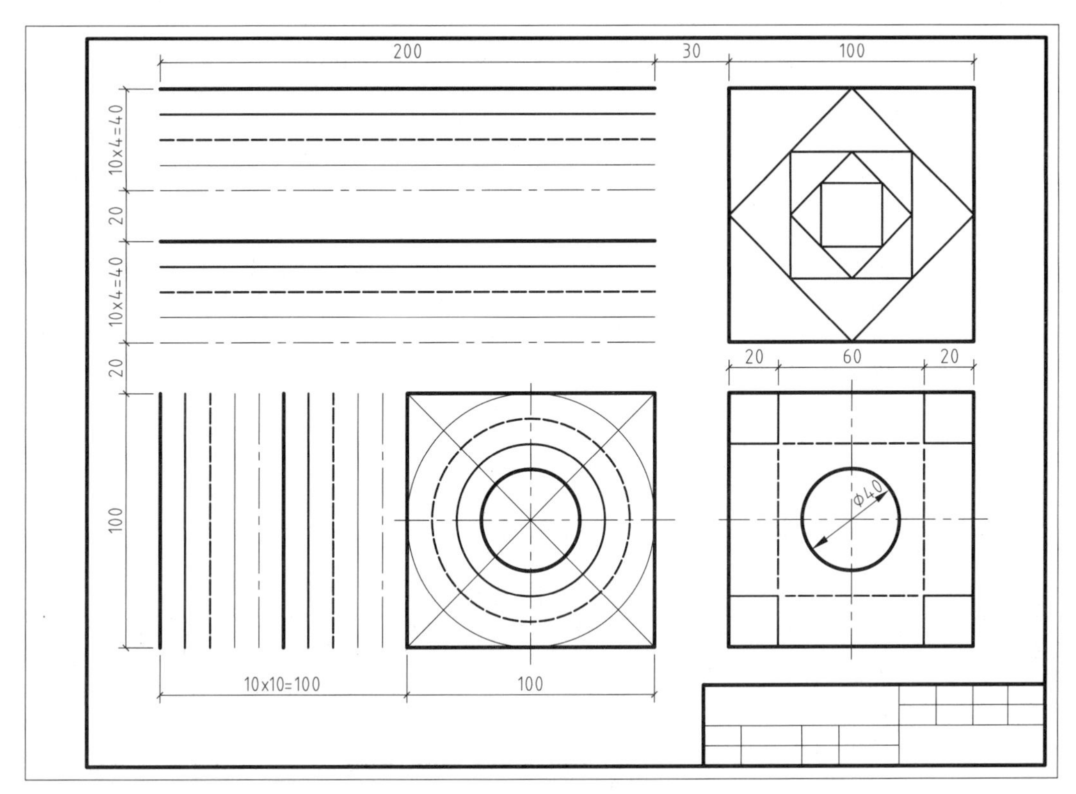

图 2-33　线型练习

表 2-2

图层名称	线型	颜色	线宽/mm
粗实线	Continuous	白色	0.5
中实线	Continuous	白色	0.25
细实线	Continuous	白色	0.13
点画线	CENTER	红色	0.13
虚线	ACAD_ISO02W100	绿色	0.13

(4) 绘制右上正方形。调用【矩形】命令，利用自动追踪功能，将光标调到第一条直线的终点处后，再将光标水平向右移动，键盘输入 30，回车（确定了矩形的第一个角点)。将光标向右下移动，输入：100，－100，回车（打开【DYN】，默认相对坐标输入)。

(5) 绘制正方形内框。调用【直线】命令，捕捉正方形的各边中点画线，重复操作。

(6) 用类似的方法绘制其他图形。提示：按回车键或空格键可以重复上一个命令。

2.6 多段线、多线——绘图命令

2.6.1 多段线

功能：绘制直线段、弧线段或两者组合的线段，绘制结果为一个整体。多段线可以画出任意宽度的线，且宽度可以沿着线段长度方向变化，画出箭头线。多段线的命令符号在“绘图”面板上。

操作：单击“绘图”面板中的【多段线】命令按钮。

命令行提示：

指定起点的位置：(给出起点的位置)

当前线宽为 0.0000

指定下一个点或［圆弧（A）/半宽（H）/长度（L）/放弃（U）/宽度（W）］：

回答此提示：给定下一个点则画出一段直线，再给定下一个点又画出一段直线，以此类推，直至回车结束；若画圆弧，选择 A，则转到画圆弧状态，根据画圆弧的已知条件，按照提示选项，将画出圆弧；若还要画直线选择 L，将又转到画直线状态；若要改变线的宽度选择 H（半线宽）或 W（线宽），按提示分别给出线的起点宽度和端点宽度，在给出下个点的位置；选择 U 则放弃上个点。

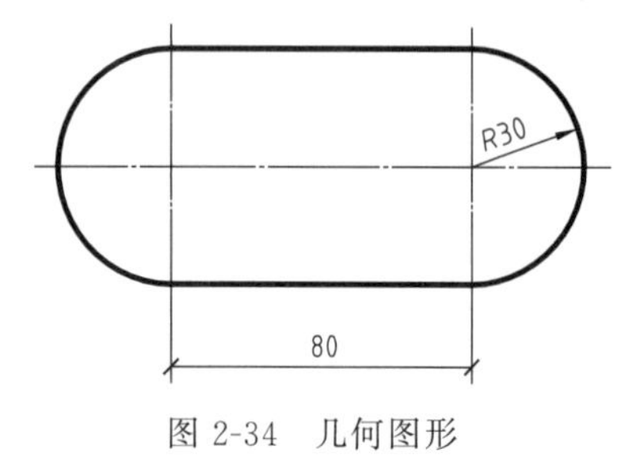

图 2-34　几何图形

［例 2-9］　绘制如图 2-34 所示图样。

操作步骤：

单击“绘图”面板中的【多段线】命令按钮。

命令行提示：

指定起点：(在适当的位置指定一点)

当前线宽为 0.0000

指定下一点或［圆弧（A）/半宽（H）/长度（L）/放弃（U）/宽度（W）］：80（光标水平移向右侧，键盘输入 80，回车画出直线段）

指定下一点或［圆弧（A）/闭合（C）/半宽（H）/长度（L）/放弃（U）/宽度（W）］：A（输入 A，回车进入到画圆弧状态）

指定圆弧的端点或［角度（A）/圆心（CE）/方向（D）/半宽（H）/直线（L）/半径（R）/第二个点（S）/放弃（U）/宽度（W）］：60（光标垂直移向下方，输入 60，回车画出半径为 30 的半圆弧）

指定圆弧的端点或［角度（A）/圆心（CE）/闭合（CL）/方向（D）/半宽（H）/直线（L）/半径（R）/第二个点（S）/放弃（U）/宽度（W）］：L（输入 L，回车进入绘直线状态）

指定下一点或［圆弧（A）/闭合（C）/半宽（H）/长度（L）/放弃（U）/宽度（W）］：80（光标水平移向左侧，输入 40，回车画出第二段直线）

指定下一点或［圆弧（A）/闭合（C）/半宽（H）/长度（L）/放弃（U）/宽度（W）］：A（输入 A，回车进入绘制圆弧状态）

指定圆弧的端点或［角度（A）/圆心（CE）/闭合（CL）/方向（D）/半宽（H）/直线（L）/半径（R）/第二个点（S）/放弃（U）/宽度（W）］：（光标垂直移向上侧与第一段直线的起点重合，回车或输入 CL 回车结束作图）

注意：多段线所绘成的图样是一个实体。

［例 2-10］ 绘制图 2-35 所示箭头。

操作步骤：

单击“绘图”面板中的【多段线】按钮。命令行提示：

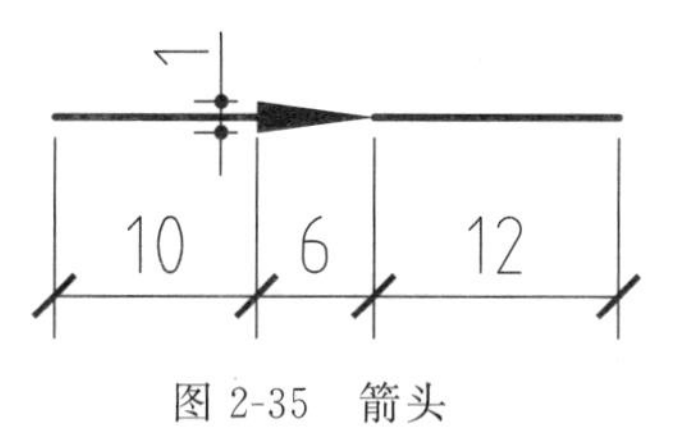

图 2-35 箭头

指定起点：（在适当的位置指定一点）

当前线宽为 0.0000

指定下一个点或［圆弧（A）/半宽（H）/长度（L）/放弃（U）/宽度（W）］：10（直线长度）

指定下一点或［圆弧（A）/闭合（C）/半宽（H）/长度（L）/放弃（U）/宽度（W）］：W（改变线宽）

指定起点宽度＜0.0000＞：1（直线起点线宽为 1）

指定端点宽度＜2.0000＞：0（直线端点线宽为 0）

指定下一点或［圆弧（A）/闭合（C）/半宽（H）/长度（L）/放弃（U）/宽度（W）］：6（箭头长度）

指定下一点或［圆弧（A）/闭合（C）/半宽（H）/长度（L）/放弃（U）/宽度（W）］：12（直线长度）

回车结束。

2.6.2 多线

用多线命令可以绘制 1～16 条平行线组成的复合线。平行线之间的间距和数目是可以调整的，多线常用于绘制建筑图中的墙体、电子线路图、道路等平行线对象。

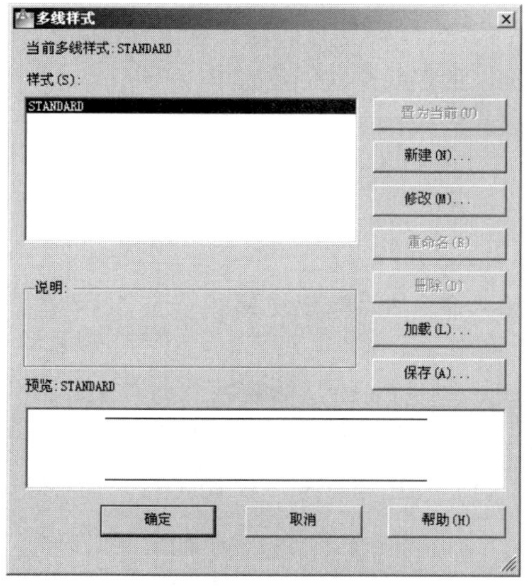

图 2-36 “多线样式”对话框

1. 设置多线样式

绘制多线时，可以创建多线的命名样式，可以控制元素的数量和每个元素的特性。开始绘制之前，可以修改多线的对正方式和比例。

调用【多线样式】命令的方法如下：

执行菜单命令【格式/多线样式】，弹出“多线样式”对话框，如图 2-36 所示。

设置多线样式的过程如下：

单击【新建】按钮，弹出“创建新的多线样式”对话框，如图 2-37 所示。在此对话框的“新样式名”文本框中输入新的多线样式名称，如“24”。

单击【继续】按钮，弹出“新建多线样式：24”对话框，如图 2-38 所示。

图 2-37 “创建新的多线样式 ”对话框

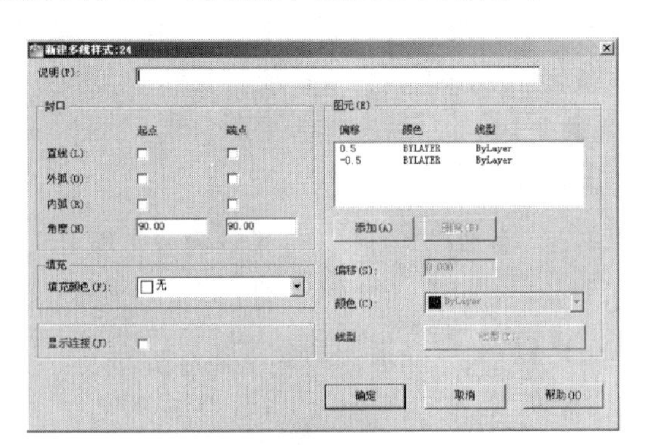

图 2-38 “新建多线样式：24”对话框

各参数含义如下：

(1)“说明”编辑框：用于为多线样式添加说明。最多可以输入 255 个字符（包括空格）。

(2)“图元”选项区：在该选项区域中可以添加或删除图元，也可以指定图元偏移距离、图元的颜色特性和线型特性。

• 添加：用于添加新的多线，每单击一次“添加”按钮，就在列表框中增加一条多线。

• 偏移：输入当前多线相对于中心的偏移量，将数值直接输入到后面的文本框中，数值可以是正值也可以是负值。例如，两条多线的偏移量分别选择 1.2 和 −1.2。

(3)“封口”选项区：在该区域中可以设置多线的封口形式。

(4)“填充”：在该选项区域中，可以通过【填充颜色】下拉列表设置多线背景填充颜色。

设置完毕后，单击【确定】按钮，返回到“多线样式”对话框。单击【确定】按钮，关闭“多线样式”对话框，此时，名为“24”的多线样式创建完毕。

重复上述步骤，可以创建绘图所需的其他多线样式。

2. 绘制多线

调用绘制多线命令的方法如下：

单击菜单命令【绘图/多线】，或在命令行输入命令 MLINE 或 ML。

激活命令后，命令行将提示：

当前设置：对正 = 上，比例 = 20.00，样式 = STANDARD

指定起点或 [对正 (J) /比例 (S) /样式 (ST)]：

此处，应根据所要绘制的图样去设置“对正 (J) /比例 (S) /样式 (ST) ”各项，然后再进行绘制。

(1)【对正】：该选项用于确定如何在指定的点之间绘制多线。选择 J 项后，命令行将提示：

输入对正类型［上（T）/无（Z）/下（B）］＜上＞：

对正类型是指绘制多线时的偏移方式，有上偏移、无偏移和下偏移三种选择。

• 上（T）：上偏移是指从左向右绘制多线时，多线在光标的下方移动，即拾取点是多线正偏移量最大的那条线的起点。

• 无（Z）：无偏移是指从左向右绘制多线时，多线在光标的中心移动，即拾取点是多线正、负偏移量之间的中心线的起点。

• 下（B）：下偏移是指从左向右绘制多线时，多线在光标的上方移动，即拾取点是多线负偏移量最大的那条线的起点，如图 2-39 所示。

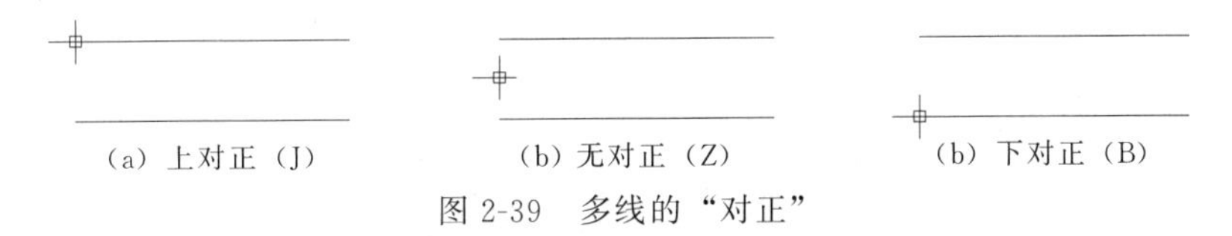

图 2-39　多线的“对正”

（2）【比例】：该选项用于确定绘制多线的比例因子，选择该项后，命令行提示：

输入多线比例＜20.00＞：　　（输入新的比例因子，20.00 为默认值）

若输入 1，则设定的两多线间的距离没变；输入 5，则设定的两条多线间距增大 5 倍。

（3）【样式】：该选项用于指定多线的样式。选择此项后，命令行将提示：

输入多线样式名或［?］：（输入设置过的多线名称，如：24 ，回车）

3. 编辑多线

可使用 MLEDIT 命令对多线进行编辑，控制多线之间的相交方式。也可执行菜单命令【修改/对象/多线】。激活命令后，将弹出“多线编辑工具”对话框（图 2-40）。该对话框将显示工具，并以四列显示样例图像。第一列控制交叉的多线，第二列控制 T 形相交的多线，第三列控制角点结合和顶点，第四列控制多线中的打断。如【T 形合并】是在两条多线之间创建合并的 T 形交点，将多线修剪或延伸到与另一条多线的交点处。

使用【T 形合并】可以将图 2-41（a）编辑为图 2-41（b）。注意：图 2-41（a）

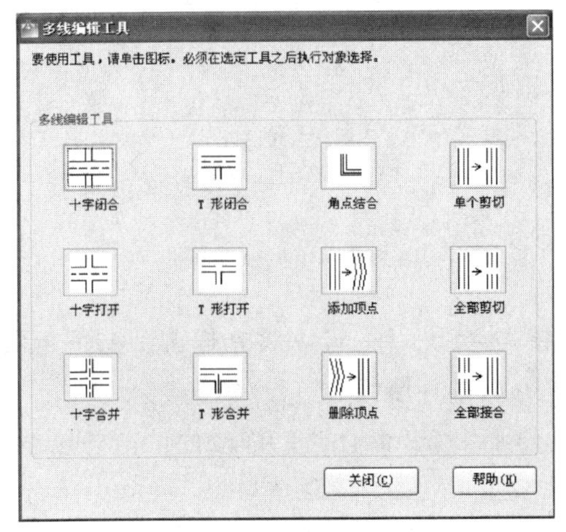

图 2-40　“多线编辑工具”对话框

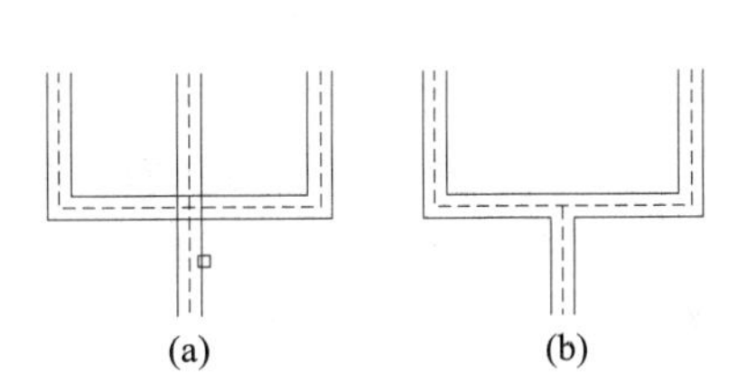

图 2-41　多线的“T 形合并”

中间带矩形拾取框的多线为编辑时选择的第一条多线。

［**例 2-11**］ 使用【多线】命令绘制如图 2-42 所示房屋建筑平面图，比例 1∶100。

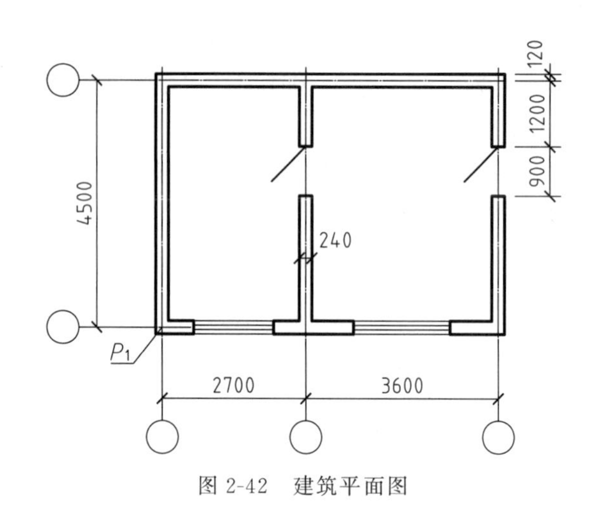

图 2-42 建筑平面图

操作过程如下：

（1）应用【直线】、【偏移】命令绘制墙体的轴线。

（2）设置多线：墙厚 240，样式名称为“24”，设置间距为 2.4，即在“图元”选项区内添加偏移量 1.2 和－1.2。

（3）绘制墙线：单击菜单命令【绘图/多线】。

命令行提示：

命令：_mline

当前设置：对正 ＝ 上，比例 ＝ 20.00，样式 ＝ STANDARD

指定起点或［对正（J）/比例（S）/样式（ST）］： j （选择对正方式）

输入对正类型［上（T）/无（Z）/下（B）］<上>： z （对正方式选择“无对正”）

当前设置：对正 ＝ 无，比例 ＝ 20.00，样式 ＝ STANDARD

指定起点或［对正（J）/比例（S）/样式（ST）］： s （修改比例）

输入多线比例 <20.00>： 1 （比例改为 1）

当前设置：对正 ＝ 无，比例 ＝ 1.00，样式＝STANDARD

指定起点或［对正（J）/比例（S）/样式（ST）］： st （选择多线样式）

输入多线样式名或［?］：24 （样式改为 24）

当前设置：对正 ＝ 无，比例 ＝ 1.00，样式 ＝ 24

指定起点或［对正（J）/比例（S）/样式（ST）］： （将光标调到左下角两轴线的交点 $P1$，拾取该点为绘制外墙的起点，开始画外墙线）

（4）应用多线编辑工具修改多线交角：利用【T 形合并】修改内墙与外墙结合处。利用【角点结合】修改外墙交角。

（5）绘制门、窗及尺寸标注部分。（这部分在后续内容介绍）

2.7 镜像、偏移、阵列——修改命令

2.7.1 镜像

功能：将一个实体复制成与其对称的实体。

操作：单击“修改”面板中【镜像】命令按钮，选择要镜像的对象实体，给出对称轴，回答是否删除原来的图形，回车结束。

［**例 2-12**］ 将图 2-43（a）所示的图样，镜像成图 2-43（c）。

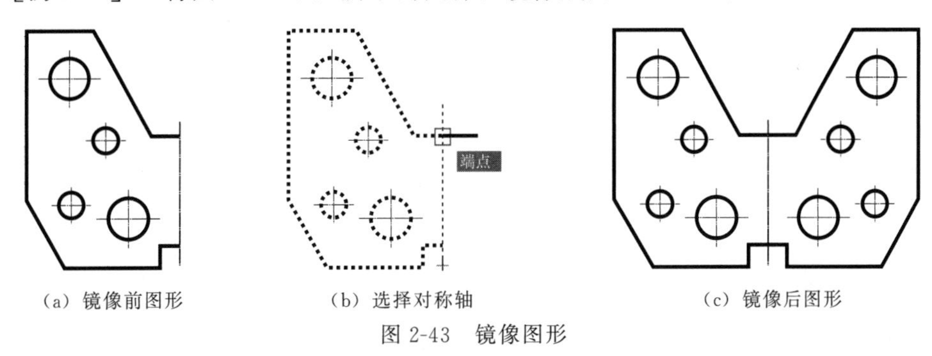

（a）镜像前图形　（b）选择对称轴　（c）镜像后图形

图 2-43 镜像图形

操作步骤：

单击“修改”面板中【镜像】命令按钮。

命令行提示：

选择对象：指定对角点：找到 22 个　（将图 2-43（a）图形全部选中（图 2-43（b）））

选择对象：　（回车结束选择对象）

指定镜像线的第一点：　（拾取对称轴的一个端点）

指定镜像线的第二点：　（拾取对称轴的另一个端点）

要删除源对象吗？［是（Y）/否（N）］<N>：回车结束（如果选择 Y，则原图形删除）

2.7.2 偏移

功能：可创建与选定的实体平行的新的相似实体。可以偏移的对象有直线、圆、圆弧、椭圆、二维多段线等。

操作：单击“修改”面板中【偏移】命令按钮，给定偏移值，选择偏移对象，给定偏移一侧方向，回车结束。

［**例 2-13**］ 绘制运动场跑道（间距为 10），如图 2-44（b）所示。

操作步骤如下：

（1）用【多段线】绘制图 2-44（a）所示图形。

（2）单击“修改”面板中【偏移】命令按钮。

命令行提示：

指定偏移距离或［通过（T）］<通过>：10　（给出偏移的距离）

选择要偏移的对象<退出>：　（拾取运动场图形，如图 2-44(a)所示）

指定要偏移的那一侧上的点<退出>：　（在图形的外侧单击鼠标左键）

选择要偏移的对象 <退出>：　（拾取上一个图形）

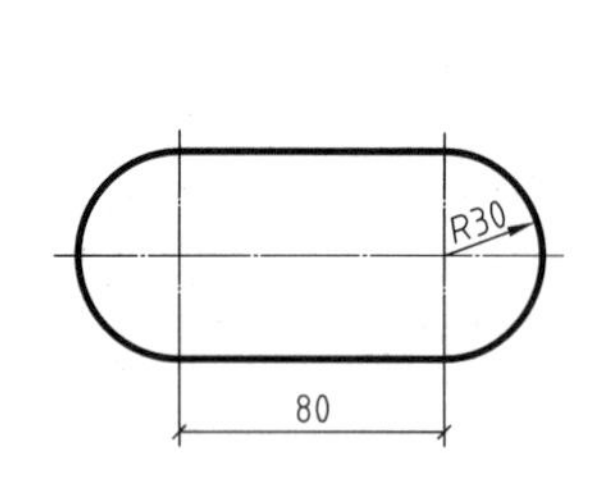

（a）偏移前

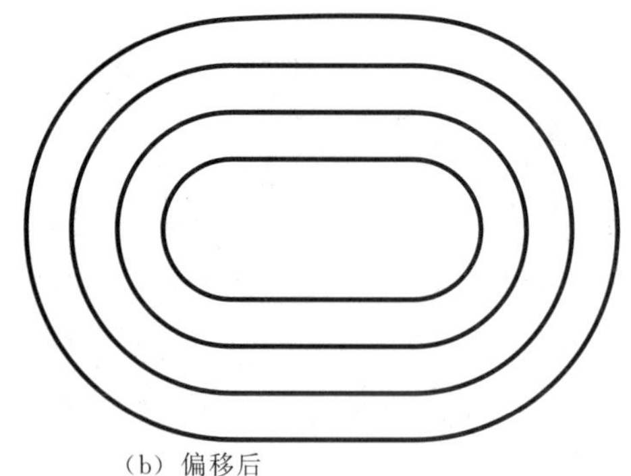

（b）偏移后

图 2-44　绘制运动场跑道

指定要偏移的那一侧上的点：　　　　　　（在图形的外侧单击鼠标左键）

重复两遍上一次操作，回车结束。

2.7.3　阵列

功能：可将选中的对象按矩形和环形的排列方式复制出一组。

操作：单击“修改”面板中【阵列】命令按钮，该项分“矩形阵列”和“环形阵列”两个选择。“矩形阵列”将图形按行和列排列复制，“环形阵列”将图形绕着中心点环形复制。

1）矩形阵列

单击“修改”面板中【阵列】命令按钮，按命令行提示，选择要阵列的图形对象，确定图形的基点，给出要阵列的项目总数和项目间的行间距、列间距。

2）环形阵列

单击“修改”面板中【阵列】命令按钮，按命令行提示，选择要阵列的图形对象，确定图形的基点，给出环形阵列的环绕中心点，给出要阵列的项目总数或项目间夹角，给出填充角度，逆时针为正，顺时针为负。

[例 2-14]　将图 2-45（a）矩形阵列，结果如图 2-45（b）所示。

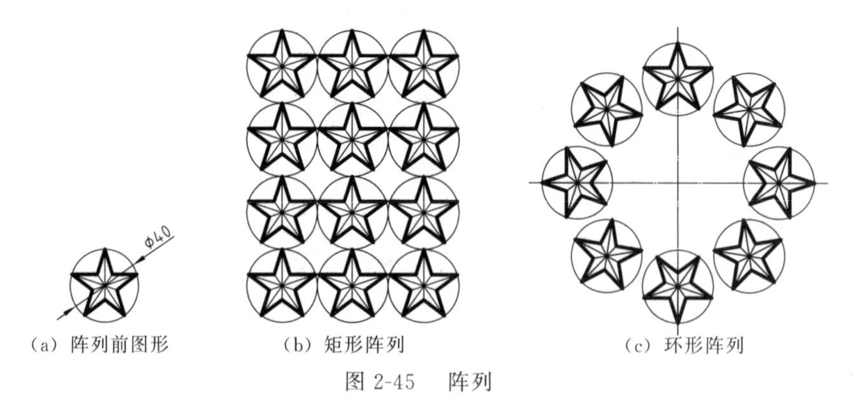

（a）阵列前图形　（b）矩形阵列　（c）环形阵列

图 2-45　阵列

操作过程如下：

单击“修改”面板中【阵列】命令按钮，命令行提示：

命令：_arrayrect

选择对象：指定对角点：找到 17 个 （选择要阵列的图形对象）

选择对象： （回车，结束对象选择）

类型 ＝ 矩形 关联 ＝ 是

为项目数指定对角点或［基点（B）/角度（A）/计数（C）］＜计数＞：b （确定基点）

指定基点或［关键点（K）］＜质心＞：（将光标调到图形中心拾取点）

为项目数指定对角点或［基点（B）/角度（A）/计数（C）］＜计数＞： （移动光标来确定阵列的数量，确定好数量单击鼠标左键）

指定对角点以间隔项目或［间距（S）］＜间距＞：S （用行间距和列间距的形式确定距离）

指定行之间的距离或［表达式（E）］＜30＞：40 （给出行间距）

指定列之间的距离或［表达式（E）］＜30＞：40 （给出列间距）

按 Enter 键接受或［关联（AS）/基点（B）/行（R）/列（C）/层（L）/退出（X）］＜退出＞： （回车结束）如图 2-45（b）所示。

［例 2-15］ 将图 2-45（a）环形阵列，结果如图 2-45（c）所示。

操作过程如下：

单击“修改”面板中“阵列”命令按钮，命令行提示：

命令：_arraypolar

选择对象：指定对角点：找到 17 个 （选取要环形阵列的图形）

选择对象： （回车，结束选择）

类型 ＝ 极轴 关联 ＝ 是

指定阵列的中心点或［基点（B）/旋转轴（A）］：b （选择基点）

指定基点或［关键点（K）］＜质心＞： （将光标调到五星中心拾取）

指定阵列的中心点或［基点（B）/旋转轴（A）］： （将光标调到旋转中心拾取）

输入项目数或［项目间角度（A）/表达式（E）］＜4＞：8 （给出要阵列的数量）

指定填充角度（＋＝逆时针、－＝顺时针）或［表达式（EX）］＜360＞： （给出填充角度 360°）

按 Enter 键接受或［关联（AS）/基点（B）/项目（I）/项目间角度（A）/填充角度（F）/行（ROW）/层（L）/旋转项目（ROT）/退出（X）］＜退出＞：（回车结束）如图 2-45（c）所示。

2.8 修剪、延伸、打断——修改命令

2.8.1 修剪

功能：将超出某一界限的图线剪掉，如图 2-46、图 2-47 所示。

操作：单击“修改”面板中【修剪】命令按钮。在命令提示下指定修剪界限，修剪界限可以是一条，也可以是多条，可以是直线，也可以是圆、圆弧、多段线。接着

选择要剪掉的图线对象。

命令提示：

命令：_trim

当前设置：投影＝UCS，边＝无

选择剪切边...

选择对象或＜全部选择＞：　（选择修剪界限，如图 2-46 所示）

选择对象：　（回车，选择对象结束）

选择要修剪的对象，或按住 Shift 键选择要延伸的对象，或

［栏选（F）/窗交（C）/投影（P）/边（E）/删除（R）/放弃（U）］：（选择要剪掉的图线，结果如图 2-47 所示，回车结束）。

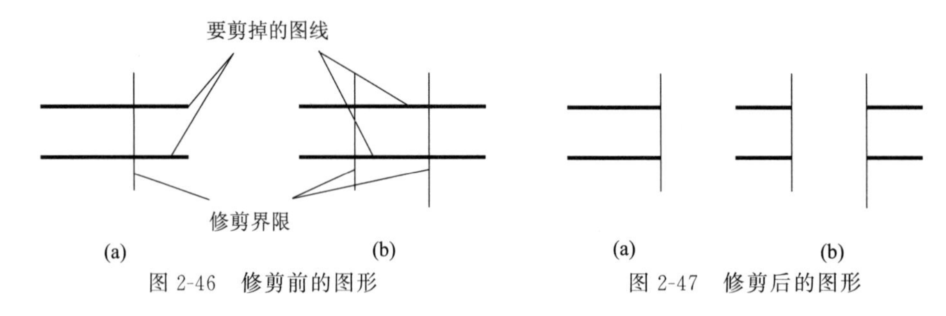

图 2-46　修剪前的图形　　　图 2-47　修剪后的图形

［例 2-16］　绘制如图 2-48（c）所示的五星图样。

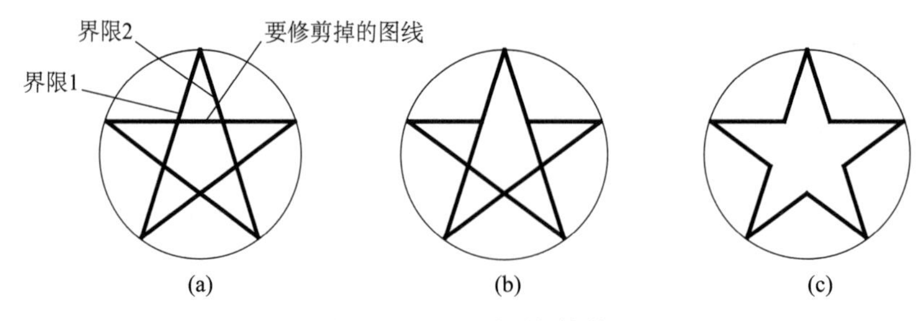

图 2-48　五星图形的修剪

操作过程如下：

单击"修改"面板中【修剪】命令按钮 -/-- 。

命令：_trim

当前设置：投影＝UCS，边＝无

选择剪切边...

选择对象或＜全部选择＞：找到 1 个　（选择修剪界限 1，如图 2-48（a）所示）

选择对象：找到 1 个，总计 2 个　（选择修剪界限 2，如图 2-48（a）所示）

选择对象：　（回车）

选择要修剪的对象，或按住 Shift 键选择要延伸的对象，或

［栏选（F）/窗交（C）/投影（P）/边（E）/删除（R）/放弃（U）］：（选择要剪掉的图线，如图 2-48（a）所示。回车结束，如图 2-48（b）所示）

以此类推，将图完成，如图 2-48（c）所示。

在应用【修剪】命令选择修剪界限时常常应用“全部选择”项来完成作图，应用该选项是将图线用窗口全部选中，回车后再选择要修剪掉的图线。例如完成［例 2-16］，可如下操作：

单击“修改”面板中【修剪】命令按钮 -/-- 。

命令：_trim

当前设置：投影=UCS，边=无

选择剪切边...

选择对象或 <全部选择>：指定对角点：找到 6 个 （用窗口将图形全部选中，如图 2-49（a）所示）

选择对象： （回车）

选择要修剪的对象，或按住 Shift 键选择要延伸的对象，或

［栏选（F）/窗交（C）/投影（P）/边（E）/删除（R）/放弃（U）］：（依次选择要剪掉的图线，如图 2-49（b）所示。回车结束，如图 2-49（c）所示）

（a）将对象全部选中

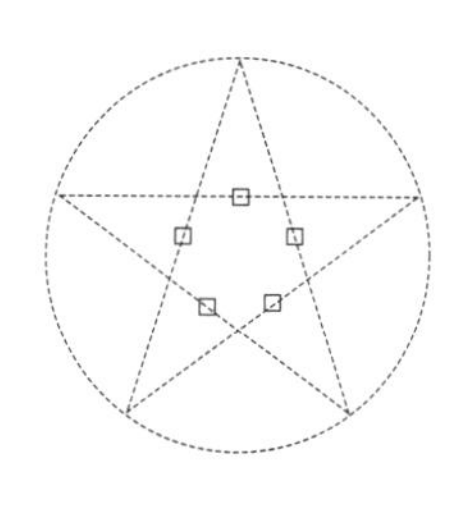
（b）选择要剪掉的线段

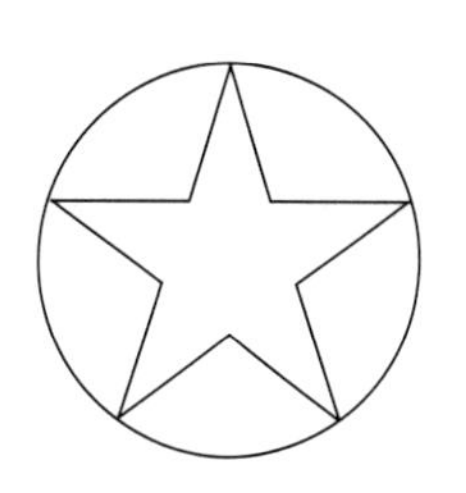
（c）修剪后的图形

图 2-49 “全部选择”修剪界线

［练习 2-2］ 绘制图 2-50 所示标题栏（不写文字）。

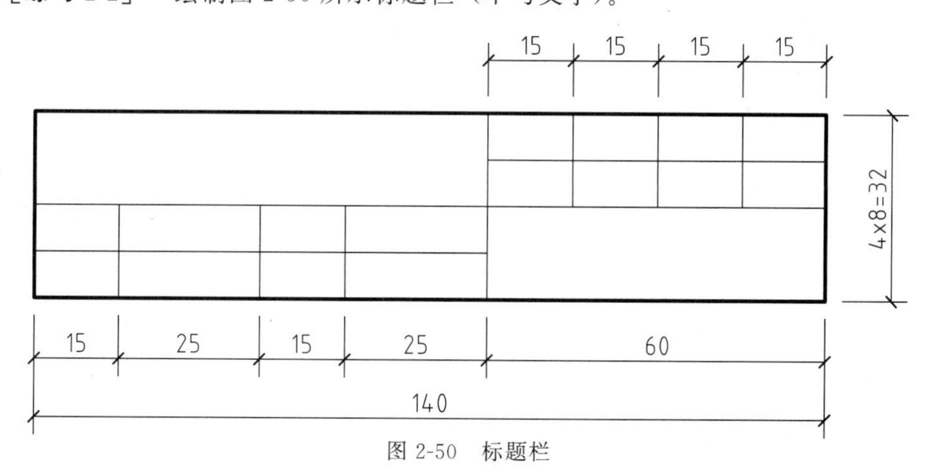

图 2-50 标题栏

提示：

（1）应用【直线】命令绘制 140×32 的矩形；

（2）应用【偏移】命令，按照图中尺寸绘制出分格线；

（3）应用【修剪】命令修改完成标题栏。

2.8.2 延伸

功能：将图线延伸到指定的界限。

操作：与【修剪】相同，单击“修改”面板中【延伸】按钮 --/ （该按钮与“修剪”在同一个下拉列表中），指定要延长的图线界限，回车后选择要延长的图线对象，回车结束。如图 2-51 所示。

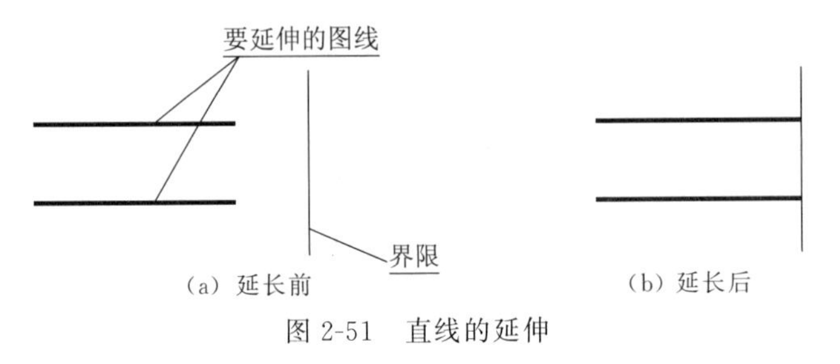

图 2-51　直线的延伸

2.8.3 打断

功能：将图线断开于一点 $P1$，使一条直线分成两个部分，如图 2-52 所示。也可以断开于两点 $P1$、$P2$，使一条直线中间断开或端部切断，如图 2-53 所示。

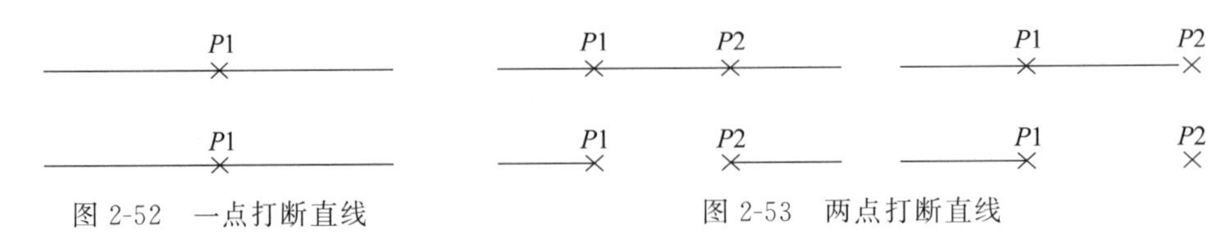

图 2-52　一点打断直线　　　图 2-53　两点打断直线

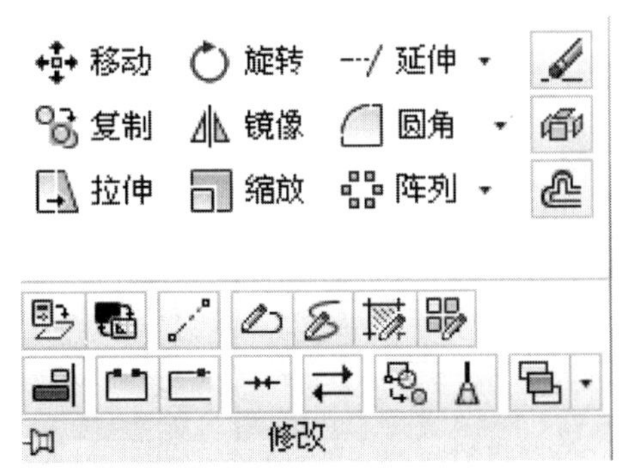

图 2-54　“修改”下拉按钮

操作过程如下：

1. 一点打断直线

单击“修改”面板中【打断于点】按钮 （该命令按钮位于“修改”面板的下拉命令按钮中，如图 2-54 所示。），命令行提示：

命令：_break 选择对象：　（拾取要打断的图线，即在直线上任取一点）

指定第二个打断点 或［第一点（F）］：_F

指定第一个打断点：　（在直线上拾取打断点 $P1$）

指定第二个打断点：　@（命令结束直线分为两段）

2. 两点打断直线

单击“修改”面板中【打断】按钮 ，命令行提示：

命令：_break 选择对象：　（拾取要打断的图线，即在图线上任取一点）

指定第二个打断点 或［第一点（F）］：F　（选择“第一点（F）”选项）

指定第一个打断点：　(拾取图线上要打断的第一点 $P1$)

指定第二个打断点：　(拾取图线上要打断的第二点 $P2$)

如果在“ _break 选择对象：”提示下，不选 F，系统默认拾取图线上的点就是要打断的第一点，那么在“指定第二个打断点 或［第一点（F）］：”提示下，拾取图线上要打断的第二点，则该两点之间断开。

2.9　点、圆弧、椭圆、圆环——绘图命令

2.9.1　点

功能：绘制点。点的样式有很多，绘制点时，可以通过设置“点样式”设定点的显示形式。

操作：执行菜单命令【格式/点样式】，弹出“点样式”对话框，如图 2-55 所示。该对话框列出了多种点的显示样式，在绘图过程中，用户可以根据需要设置不同的点样式。

点的大小有两种设定，一个是按“相对于屏幕设置大小”，即点的大小随显示窗口的变化而变化；另一个是“按绝对单位设置大小”，即按实际绘图单位显示点的大小，用户根据需要任选一种后，在点大小文本框中直接输入数值，设置完成后，单击“确定”按钮，关闭“点样式”对话框。单击“绘图”面板中下拉符号“▼”，在下拉面板上单击【多点】命令按钮 ▫ ，按照命令行提示依次输入点的位置即可，回车结束命令。

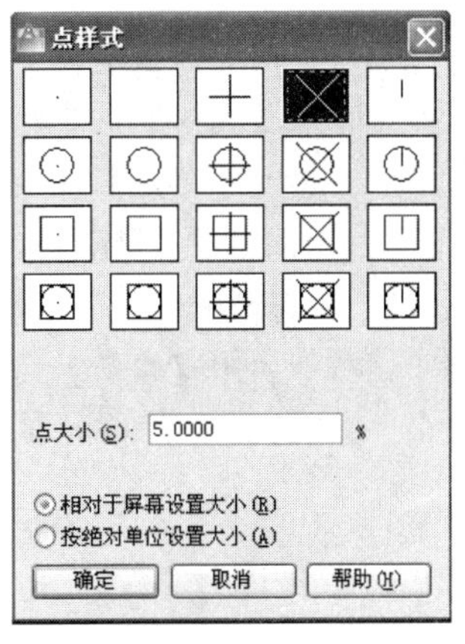

图 2-55　“点样式”对话框

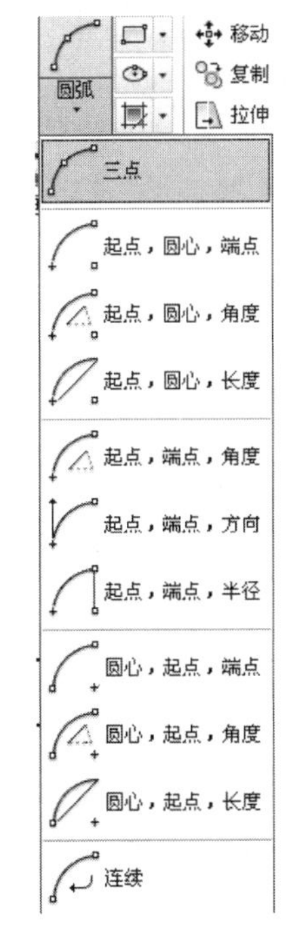

图 2-56　绘制圆弧命令

2.9.2　圆弧

功能：绘制圆弧。AutoCAD 提供了 11 种画圆弧的方法，其命令下拉按钮如图 2-56 所示。绘图时可根据不同的已知条件，选用相应的命令。绘制圆弧时应注意从起点到端点逆时针绘制圆弧。例如已知圆弧的圆心、起点、端点，则使用【起点，圆心，端点】命令绘制圆弧，如图 2-57 所示。

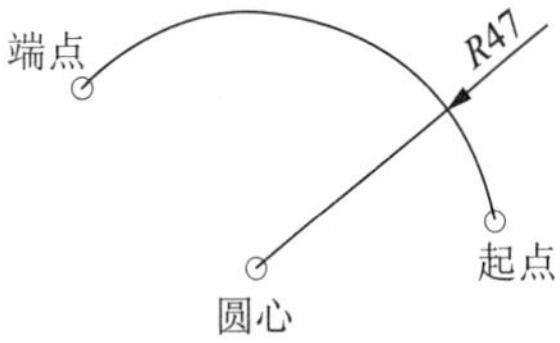

操作：单击“绘图”面板中【圆弧】下拉按钮“▼”，弹出绘制圆弧的命令选项，选择【圆心，起点，端点】命令，按命令行的提示依次给定已知条件。

端点　R47　起点　圆心

图 2-57　“圆心、起点、端点”绘制圆弧

命令行提示：

命令：_arc 指定圆弧的起点或［圆心（C）］：_c 指定圆弧的圆心：　(拾取圆心)

指定圆弧的起点：　(拾取圆弧起点。也可以用光标给定方向、输入圆弧半径来定起点的位置)

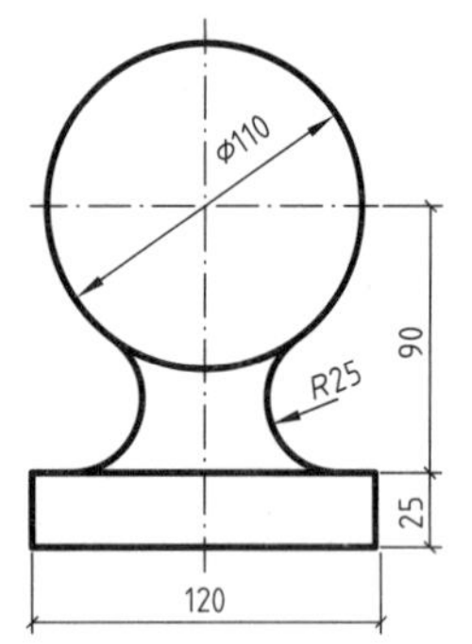

图 2-58　绘制平面图形

指定圆弧的端点或［角度（A）/弦长（L）］：　（给定圆弧的端点）

［**例 2-17**］　绘制图 2-58 所示的平面图形，不标尺寸。

操作步骤：

（1）绘制矩形部分。

用【直线】命令绘制长 120、高 25 的矩形。再利用【直线】命令及“对象追踪”功能，求出直径为 110 的圆的圆心，即从矩形的左上角点向上 90 为起点，绘制水平中心线，如图 2-59（a）所示。再过矩形长边的中点绘制竖直中心线，最后以中心线的交点为圆心绘制直径为 110 的圆，如图 2-59（b）所示。

（2）确定半径 R25 两个圆弧的圆心，绘制这两个圆弧。

应用【偏移】命令将矩形上边直线向上偏移 25，得到一条水平线。再利用【圆弧/圆心、起点、端点】命令，以直径为 110 圆的圆心为圆心，绘制 R（55＋25）＝R80 的圆弧。水平线与圆弧的交点即为两个 R25 圆弧的圆心，如图 2-59（c）所示。绘出半径为 25 的两个圆弧。

（3）利用【修剪】命令剪掉多余的圆弧，得到如图 2-59（d）所示的图形。

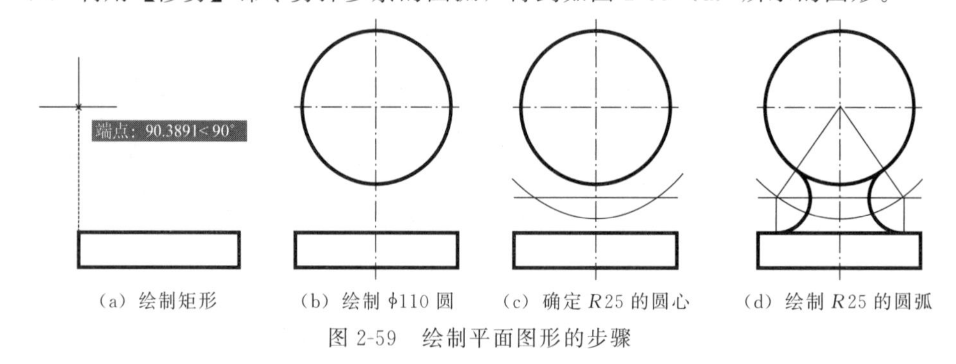

（a）绘制矩形　（b）绘制 ϕ110 圆　（c）确定 R25 的圆心　（d）绘制 R25 的圆弧

图 2-59　绘制平面图形的步骤

2.9.3　椭圆

功能：绘制椭圆。

操作：单击“绘图”面板中【椭圆】命令按钮。按提示分别给出椭圆长轴的两个端点和短半轴长，也可以给出椭圆中心和长半轴、短半轴长。

［**例 2-18**］　绘制如图 2-60 所示的椭圆。

操作步骤：

单击“绘图”面板中【椭圆】按钮。

命令行提示：

指定椭圆的轴端点或［圆弧（A）/中心点（C）］：　（在屏幕上任意拾取一点为长轴的端点）

指定轴的另一个端点：100　（长轴的长）

指定另一条半轴长度或［旋转（R）］：30（短轴的半长）

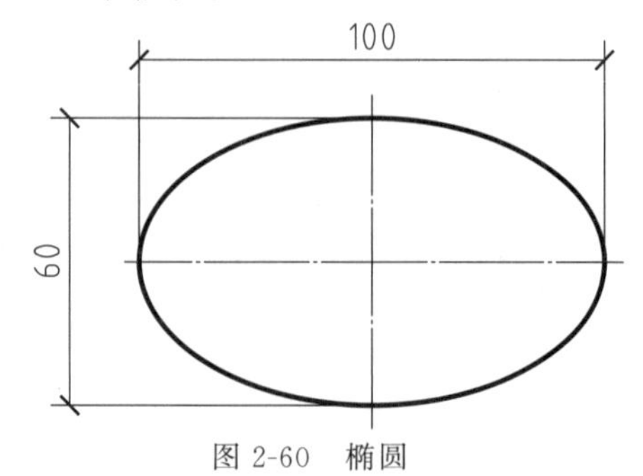

图 2-60　椭圆

2.9.4 圆环

功能：绘制圆环。

操作：单击“绘图”面板中下拉符号“▼”，在下拉按钮中单击【圆环】命令按钮 。分别给出圆环的内径和外径，再给出圆环中心即可画出一个圆环，可以继续画多个相同的圆环，回车结束命令。

命令提示：

命令：_donut

指定圆环的内径 ＜20＞：　（给出圆环内经）

指定圆环的外径 ＜40＞：　（给出圆环外径）

指定圆环的中心点或 ＜退出＞：　（给出圆环的中心点）

指定圆环的中心点或 ＜退出＞：　（回车结束命令）

2.10 旋转、缩放、拉伸——修改命令

2.10.1 旋转

功能：将图形对象绕某指定的基准点旋转一定的角度（图 2-61）。

操作：点击“修改”面板中【旋转】按钮 。

命令行提示：

选择对象：找到 1 个　（选择要旋转的图形）

选择对象：　（回车选择结束）

指定基点：　（给定旋转的中心点）

指定旋转角度，或［复制（C）/参照（R）］＜0＞：30　（逆时针旋转 30°）

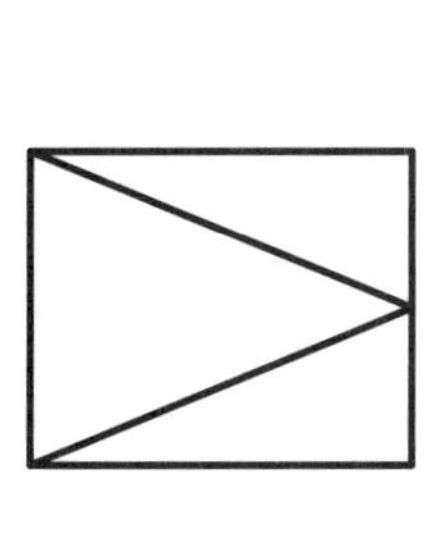

（a）旋转前图形

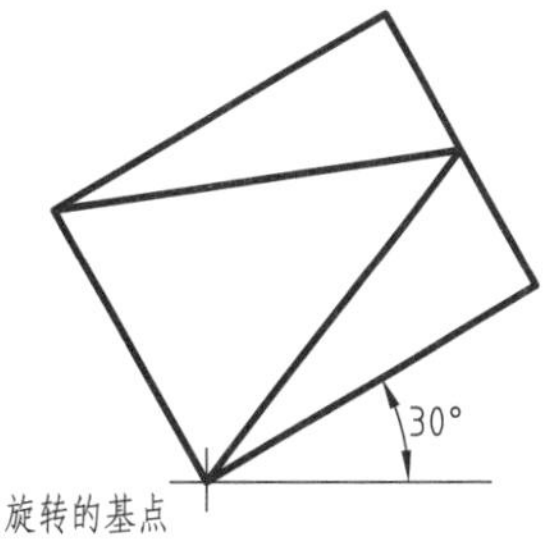

（b）旋转后图形

图 2-61　旋转图形

2.10.2 缩放

功能：将图形按所需的比例放大或缩小（图 2-62）。

操作：点击“修改”面板中【缩放】命令按钮 。

命令行提示：

命令：_scale

选择对象：找到 1 个　　　　　　　（选择要缩放的图形）
选择对象：　　　　　　　　　　　（回车，选择结束）
指定基点：　　　　　　　　　　　（选择图形的左下角为基点）
指定比例因子或［复制（C）/参照（R）］：1.2　（放大 1.2 倍）

选项含义如下：

• 指定比例因子：默认选项，比例因子小于 1 时缩小对象，比例因子大于 1 时放大对象，如图 2-62 所示。

• 复制（C）：将原对象在缩放同时进行复制。

• 参照（R）：该选项表示将所选对象以参照方式缩放。选择该项，命令行提示：

指定参照长度＜1.0000＞：（输入参照长度值，或用光标拾取参照长度线段的两个端点以确定参照的长度）

指定新的长度或［点（P）］＜1.0000＞：　（输入新长度值，或输入 P 回车后，用光标拾取新长度线段的两个端点以确定新的长度）

参照方式的缩放实质是系统根据参照长度和新长度自动算出比例因子（比例因子＝新长度/参照长度），然后按该比例因子进行缩放。

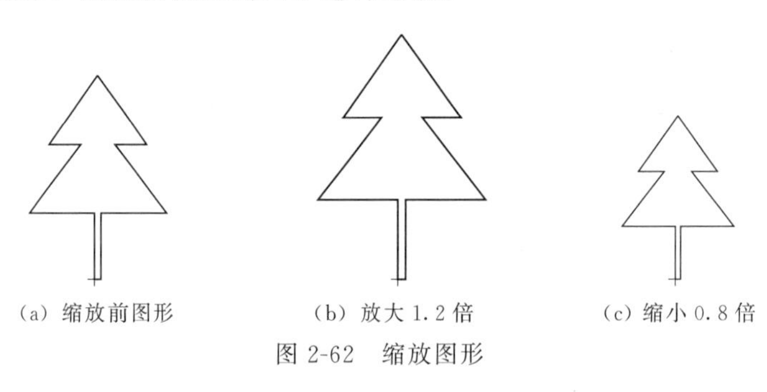

（a）缩放前图形　　（b）放大 1.2 倍　　（c）缩小 0.8 倍

图 2-62　缩放图形

［**例 2-19**］　使用“参照”方式将图 2-63（a）缩放为图 2-63（b）。

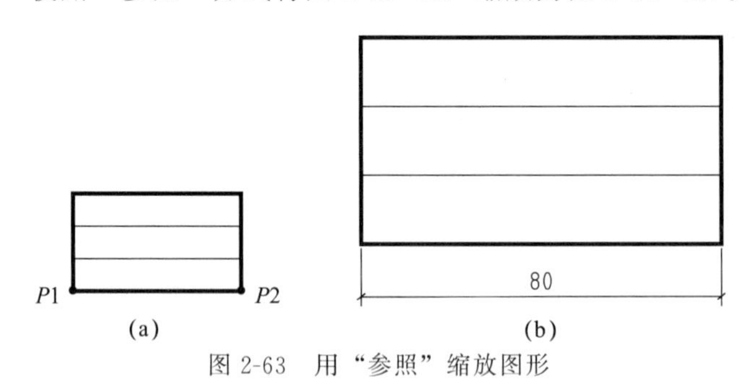

(a)　　(b)

图 2-63　用“参照”缩放图形

操作如下：

单击“修改”面板中【缩放】命令按钮，命令行提示：

命令：_scale
选择对象：找到 1 个　　　（选择要缩放的图形）
选择对象：　　　　　　　（回车结束选择）
指定基点：　　　　　　　（选择图形的左下角 $P1$ 点为基点）

指定比例因子或［复制（C）/参照（R）］：r　（回车）

指定参照长度＜1.0000＞：　（用光标拾取 $P1$ 点）

指定参照长度＜1.0000＞：指定第二点：　（用光标拾取 $P2$ 点，即在图上量取了参照线的长度）

指定新的长度或［点（P）］＜1.0000＞：80（输入新长度80，如图2-63（b）所示）

2.10.3　拉伸

功能：将图形对象按指定的方向或角度拉长、缩短，如图2-64所示。

操作：单击“修改”面板中【拉伸】按钮，选择拉伸对象，给出基准点及拉伸距离。

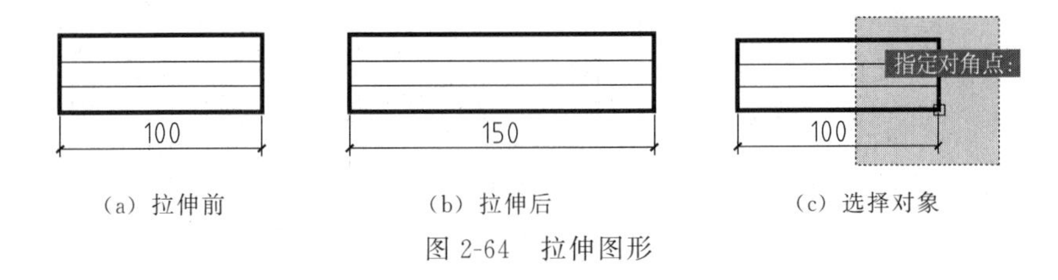

（a）拉伸前　（b）拉伸后　（c）选择对象

图2-64　拉伸图形

［**例2-20**］　将图2-64（a）长100的窗拉伸为150，如图2-64（b）所示。

操作步骤：单击“修改”面板中【拉伸】命令按钮，命令行提示：

命令：_stretch

以交叉窗口或交叉多边形选择要拉伸的对象...（用交叉窗口选择对象，如图2-64（c）所示）

选择对象：指定对角点：找到7个

选择对象：　（回车选择对象结束）

指定基点或［位移（D）］＜位移＞：　（拾取右下角点为基点）

指定第二个点或＜使用第一个点作为位移＞：50　（给出拉伸距离）

注：直线的拉伸可用夹点来完成。在命令状态下单击直线，出现三个夹点，单击直线两端的加点可以将直线拉伸或缩短，单击中间夹点可以移动直线。

2.11　图案填充——绘图命令

在绘制工程图时，需要在截面区域内填充材料图例（剖面线），在AutoCAD中是利用【图案填充】命令完成的。它不但为用户提供了多种填充图案，而且还允许用户自己定义填充图案，满足不同的使用要求。图案填充在AutoCAD中应用广泛。

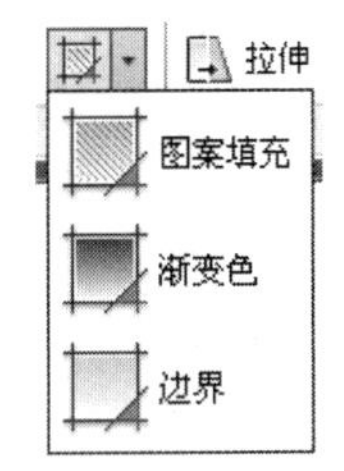

图2-65　“图案填充”下拉按钮

功能：将封闭的图形中填充图案和颜色。

操作：单击“绘图”面板【图案填充】命令按钮中“▼”，打开图案填充三个子命令按钮，如图2-65所示。其功能分别为：【图案填充】可将封闭的图形中填充材料图例，【渐变色】可将封闭的图形中渐变填充颜色，【边界】可用封闭区域创建面域或多段线。

1. 图案填充

单击【图案填充】命令按钮，弹出如图 2-66 所示的“图案填充创建”选项板，该选项主要是将封闭的图形中填充材料图例。

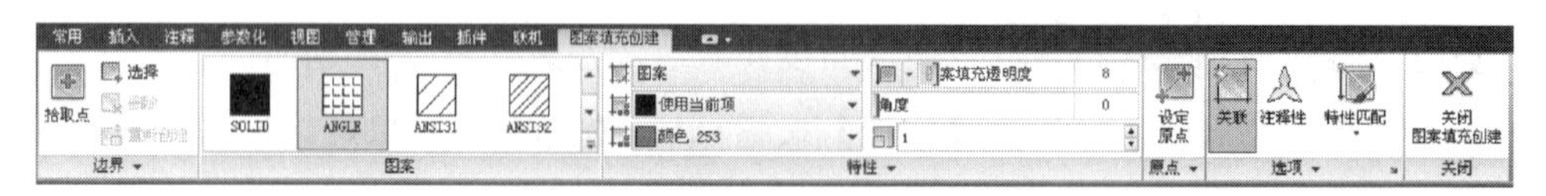

图 2-66 “图案填充创建”选项板

使用【图案填充】的主要操作步骤如下所述。

（1）选择要填充的图案。

在“图案”选项中用户可以选取想要应用的图案，右侧按钮可以弹出 AutoCAD 预定义的各种图案供用户选择，如图 2-67 所示。

（2）角度和比例。

在“特性”选项板中，用户可根据需要给定所要填充图案的旋转角度和比例。每种图案默认的旋转角度为 0。比例值的不同将影响填充图案的放大或缩小，默认比例为 1。图 2-68 所示为不同比例的 AR-CONC 图案填充效果。

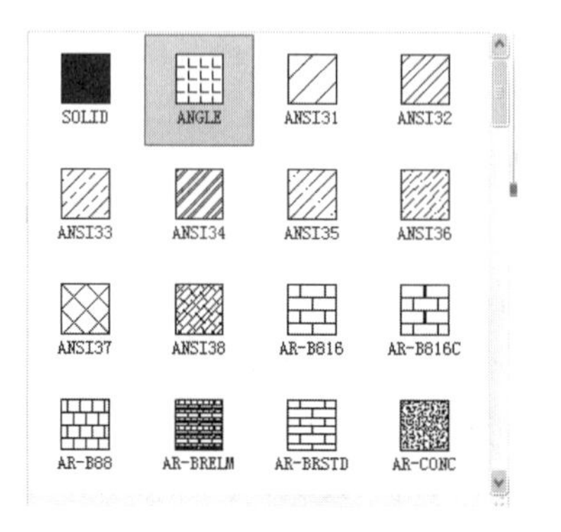

图 2-67 预定义图案

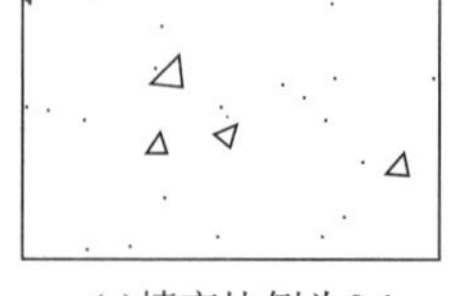

(a)填充比例为0.1

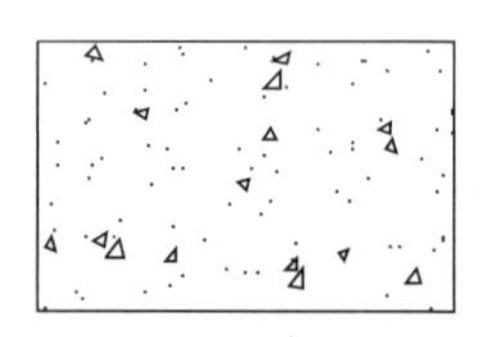

(b)填充比例为0.05

图 2-68 不同比例图案填充的效果

（3）填充范围。

选择好图案及角度、比例后，将光标移到要填充的封闭区域内，或点取拾取点，此时要填充的图案将显示在封闭的区域内供用户浏览，如果填充效果合适，则单击鼠标左键并回车确认，填充完毕。

（4）说明。

所填充的图案是个实体，若修改填充图案，将光标调入封闭区域内，双击已填充的图案，则打开“图案填充编辑器”选项板，可以在此进行修改。若删除填充图案，则选中已填充的图案，单击【删除】命令。

2. 颜色填充

单击“渐变色”按钮，弹出如图 2-66 所示的“图案填充创建”选项板，该选项主要是将封闭的图形中填充颜色。用“特性”选项板中“渐变色 1”和“渐变色 2”来调整颜色，当“渐变色 1”和“渐变色 2”的颜色相同时，填充的颜色是单色，当“渐变色 1”和“渐变色 2”的颜色不同时，填充的颜色是双色。在“特性”选项板中应用“图案填充透明度”选项来调整颜色的透明度。与图案填充一样，确定填充的范围，单击鼠标左键并回车确认，填充完毕。

3. 图案与渐变色配合填充

在“图案”选项板中选择所需的图案，在“特性”选项板中调整颜色，“渐变色 1”是图案的颜色，“渐变色 2”是底色。

［**例 2-21**］ 将图 2-69（a）所示的房屋图案填充。屋顶为灰色的房瓦，墙面为红色的砖墙，窗玻璃为透明的灰色，如图 2-69（b）所示。

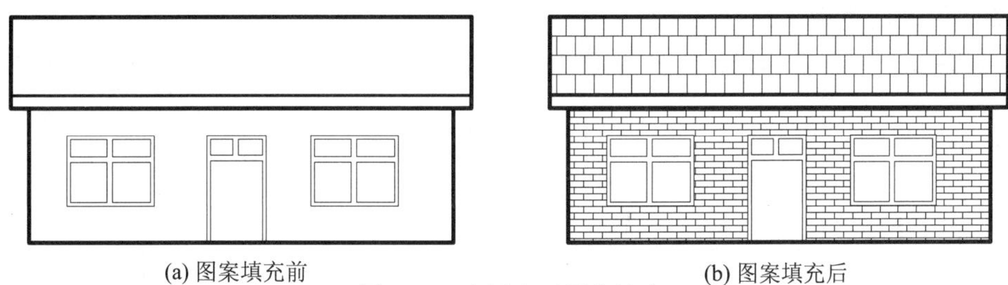

(a) 图案填充前　　(b) 图案填充后

图 2-69　房屋立面图案填充

操作步骤：

（1）单击【图案填充】命令按钮，选项板进入“图案填充创建”。

（2）在“图案”选项板中选择“AR-B88”图案。

（3）在“特性”选项板中，将“渐变色 1”选为黑色，将“渐变色 2”选为灰色，将光标调入屋顶，单击鼠标左键。

（4）在“图案”选项板中选择“AR-B816”图案。

（5）在“特性”选项板中，将“渐变色 1”选为黑色，将“渐变色 2”选为红色，将光标调入墙面，单击鼠标左键。

（6）在“特性”选项板中，选择“渐变色”。

（7）在“特性”选项板中，将“渐变色 1”选为灰色，将“渐变色 2”选为灰色，将“图案填充透明度”调大，光标调入玻璃窗，单击鼠标左键。

2.12 查询命令

用户在作图时，作图信息都存储在图形文件的数据库中，可以使用查询命令重新取得对象信息，如距离、角度、面积等。在实际应用中常常需要计算房间的面积、周长等。

使用测量工具可以测量两点间的距离，几何图形的面积、周长，角度、半径等。

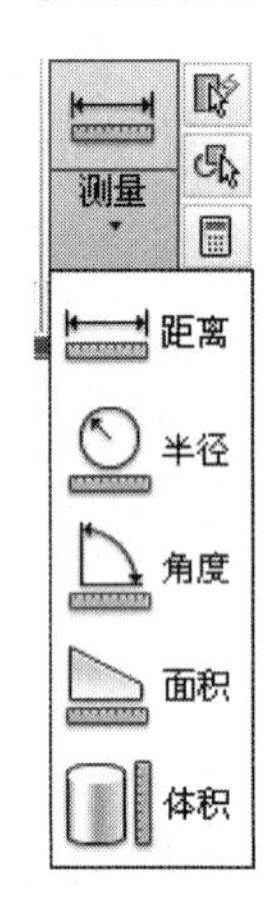

图 2-70 “测量”下拉按钮

操作：在“实用工具”面板上单击“测量”下的“▼”，打开图 2-70 所示的下拉按钮，用户可根据需要选择某一项。

命令行提示：

命令：_MEASUREGEOM

输入选项［距离（D）/半径（R）/角度（A）/面积（AR）/体积（V）］<距离>：_distance

指定第一点：

指定第二个点或［多个点（M）］：距离＝1376.8247，XY 平面中的倾角＝326，与 XY 平面的夹角＝0，X 增量＝1141.0951，Y 增量＝－770.4207，Z 增量＝0.0000

用户可根据需要选择［　］中的某一项，系统默认的是两点距离，即此时在图上拾取两点，就会测得两点间距离及两点间 *X* 增量、*Y* 增量等信息。若选择 AR 则计算面积。在计算不规则图形的面积时，需要填充颜色后，计算该颜色的面积。

［例 2-22］ 测量下列各图形所围成区域 *A* 的面积及总面积（四个区域），如图 2-71 所示。

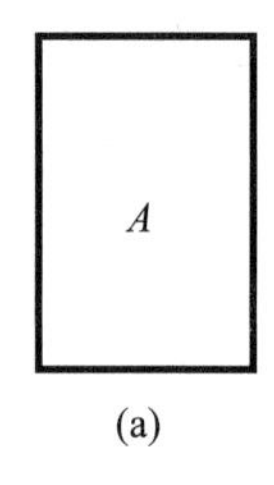

(a)

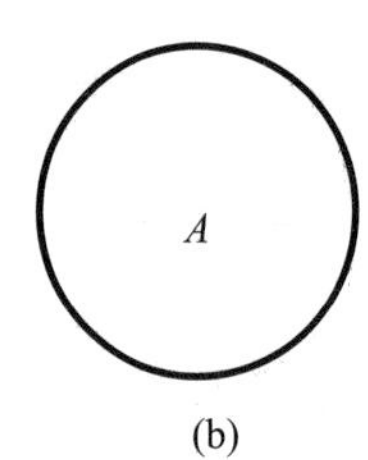

(b)

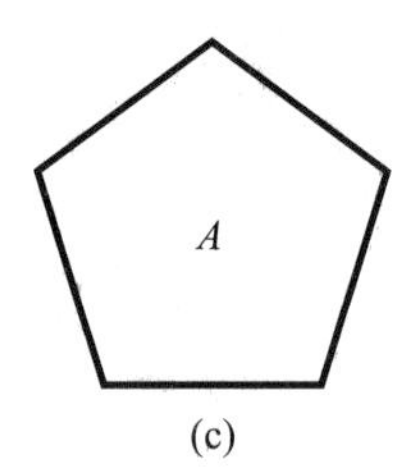

(c)

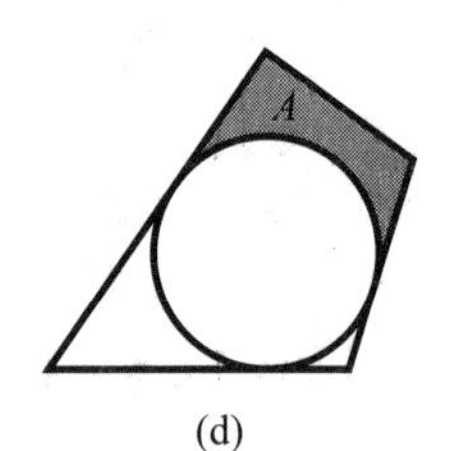

(d)

图 2-71 几何图形

操作如下：

(1) 测量各个区域的面积。

在“实用工具”面板上单击“测量”下的“▼”，在打开的下拉列表中选择**【面积】**命令按钮，命令行提示：

输入选项［距离（D）/半径（R）/角度（A）/面积（AR）/体积（V）］<距离>：_area

指定第一个角点或［对象（O）/增加面积（A）/减少面积（S）/退出（X）］<对象（O）>：（依次拾取图 2-71（a）四边形的四个角点，先拾取第一个角点）

指定下一个点或［圆弧（A）/长度（L）/放弃（U）］：（拾取第二个角点）

指定下一个点或［圆弧（A）/长度（L）/放弃（U）］：（拾取第三个角点）

指定下一个点或［圆弧（A）/长度（L）/放弃（U）/总计（T）］<总计>：（拾取第四个角点）

指定下一个点或［圆弧（A）/长度（L）/放弃（U）/总计（T）］<总计>：（回车）

区域＝2400.0000，周长＝200.0000 （显示出图 2-71（a）四边形的面积和周长）

输入选项［距离（D）/半径（R）/角度（A）/面积（AR）/体积（V）/退出（X）］＜面积＞：AR　　　　（准备计算图 2-71（b）圆形的面积）

指定第一个角点或［对象（O）/增加面积（A）/减少面积（S）/退出（X）］＜对象（O）＞：O　（选择对象）

选择对象：　（光标调到图 2-71（b）圆周上拾取任一点）

区域＝2794.5721，圆周长＝187.3970　（显示出圆的面积和周长）

图 2-71（c）的面积计算：依次输入五个角点。图 2-71（d）的面积计算：先将区域 A 填充颜色，选择对象时选择填充的颜色，就可计算出其面积。

（2）测量总面积。

命令：_MEASUREGEOM

输入选项［距离（D）/半径（R）/角度（A）/面积（AR）/体积（V）］＜距离＞：_area

指定第一个角点或［对象（O）/增加面积（A）/减少面积（S）/退出（X）］＜对象（O）＞：a　（选择增加面积）

指定第一个角点或［对象（O）/减少面积（S）/退出（X）］：　（依次输入四边形角点，计算四边形面积，先拾取四边形第一个角点）

（“加”模式）指定下一个点或［圆弧（A）/长度（L）/放弃（U）］：（拾取四边形第二个角点）

（“加”模式）指定下一个点或［圆弧（A）/长度（L）/放弃（U）］：（拾取四边形第三个角点）

（“加”模式）指定下一个点或［圆弧（A）/长度（L）/放弃（U）/总计（T）］＜总计＞：（拾取四边形第四个角点）

（“加”模式）指定下一个点或［圆弧（A）/长度（L）/放弃（U）/总计（T）］＜总计＞：

区域＝2400.0000，周长＝200.0000　（四边形的面积和周长）

总面积＝2400.0000　（一个区域总面积）

指定第一个角点或［对象（O）/减少面积（S）/退出（X）］：O　（计算圆的面积）

（“加”模式）选择对象：　（选择圆周对象）

区域＝2794.5721，圆周长＝187.3970　（圆形的面积和周长）

总面积＝5194.5721　（两个区域总面积）

（“加”模式）选择对象：（选择五边形对象）

区域＝2798.4197，周长＝201.6517　（五边形的面积和周长）

总面积＝7992.9918　（三个区域总面积）

（“加”模式）选择对象：　（选择图 2-71（d）区域 A 填充对象）

区域＝447.5335，周长＝147.3197　（图 2-71（c）所示图形区域 A 的面积和周长）

总面积＝8440.5253　（四个区域总面积）

注：在计算增加面积时，每增加一个，图形就被填充一个颜色，最后全部填充，如图 2-72 所示。

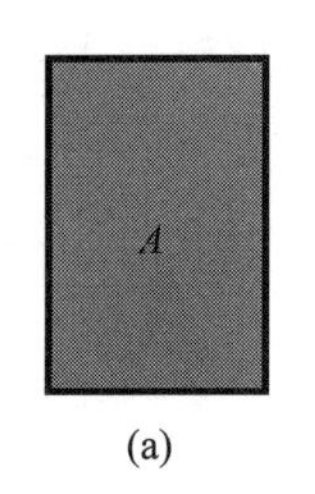

(a)

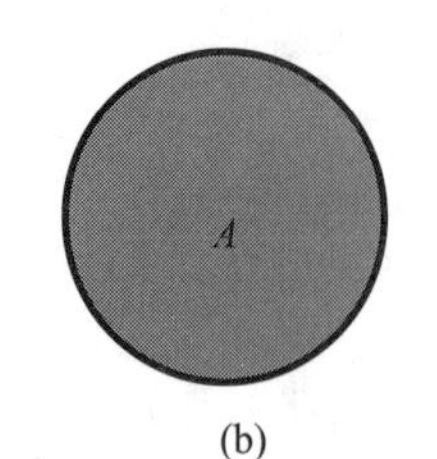

(b)

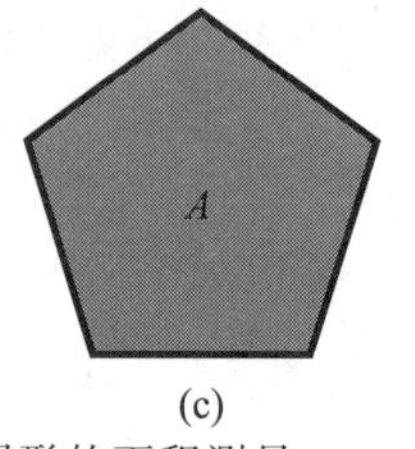

(c)

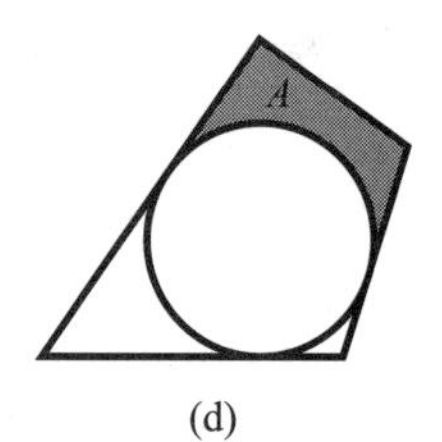

(d)

图 2-72　几何图形的面积测量

2.13　综合练习

2.13.1　平面图形绘制实例

1. 目的

（1）训练直线、多段线、圆、圆弧、多边形等绘图命令的使用方法；
（2）训练复制、偏移、修剪等修改命令的使用方法；
（3）训练辅助绘图设置极轴、对象捕捉、对象追踪等的使用方法。

2. 内容

绘制平面图形。

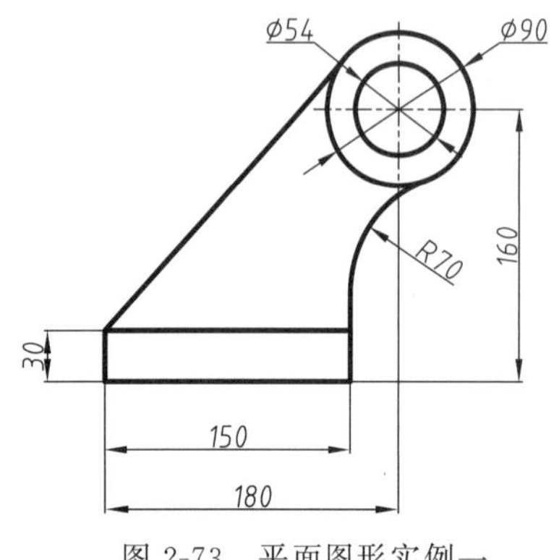

图 2-73　平面图形实例一

［**例 2-23**］　绘制如图 2-73 所示的平面图形（不标注尺寸）。

平面图形实例一绘图步骤：

（1）绘制定位线，应用【直线】命令绘制如图 2-74（a）所示圆的中心线。

（2）应用【圆】、【直线】或【多段线】命令，按所给尺寸绘制如图 2-74（b）所示图形，其中从下面矩形的右上端点绘制的一段直线，长度任定。

（3）打开【对象捕捉】中的“切点”，应用【直线】命令，绘制图 2-74（c）左侧的斜线。应用【圆】命令中的“相切、相切、半径”绘制如图 2-74（c）所示右侧圆。

（4）应用【修剪】命令将多余的圆弧、直线修剪掉。如图 2-73 所示的图形绘制完毕。

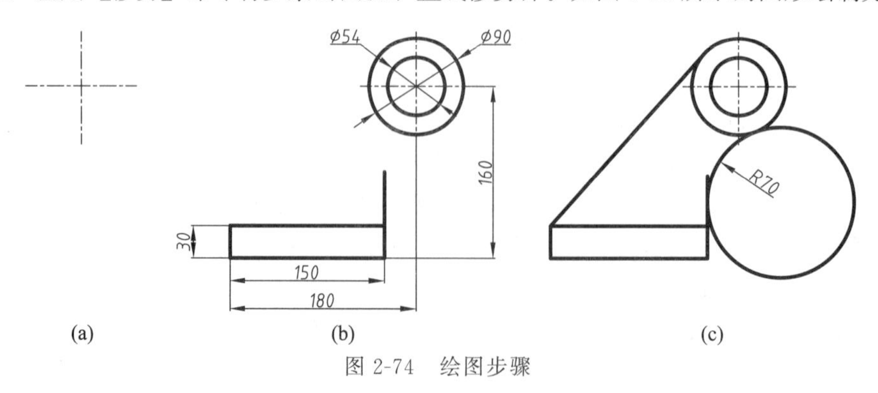

图 2-74　绘图步骤

［**例 2-24**］　绘制如图 2-75 所示的平面图形（不标注尺寸）。

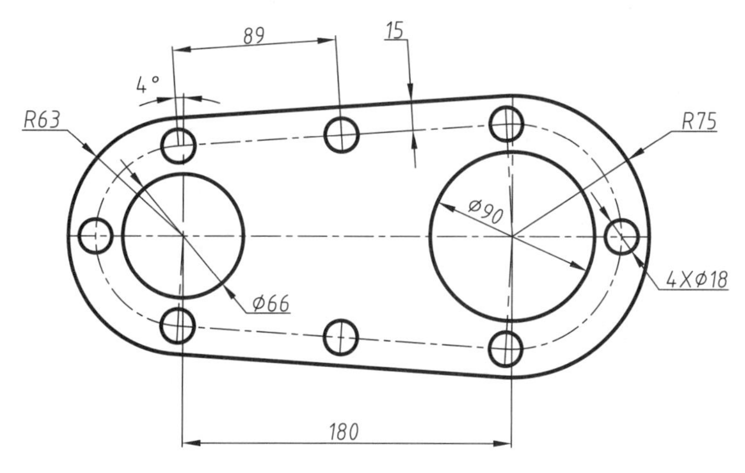

图 2-75　平面图形实例二

平面图形实例二绘图步骤：

（1）绘制定位线，应用【直线】命令绘制圆的中心线，应用【圆】命令绘制左右两个圆，如图 2-76（a）所示。

（2）应用【圆】命令绘制如图 2-76（b）所示的两个圆。打开【对象捕捉】中的“切点”，绘制与两个圆相切的直线，如图 2-76（b）所示。

（3）应用【修剪】命令将多余圆弧剪掉。应用【偏移】命令将实体向内偏移 15，并修改至“点画线”图层。

（4）应用【直线】命令，按图 2-76（d）的尺寸绘制出八个小圆的中心线，应用【圆】命令绘制出八个小圆。如图 2-74 所示的图形绘制完毕。

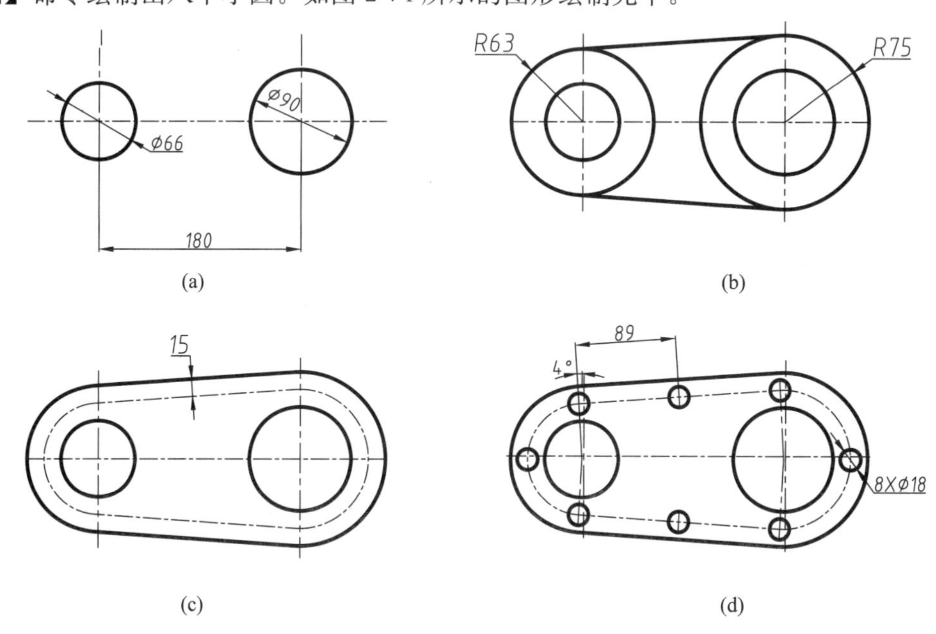

图 2-76　平面图形实例二绘图步骤

［**练习 2-3**］ 绘制平面图形，不标注尺寸，具体如图 2-77 所示。请自行选择绘图命令和方法绘制。

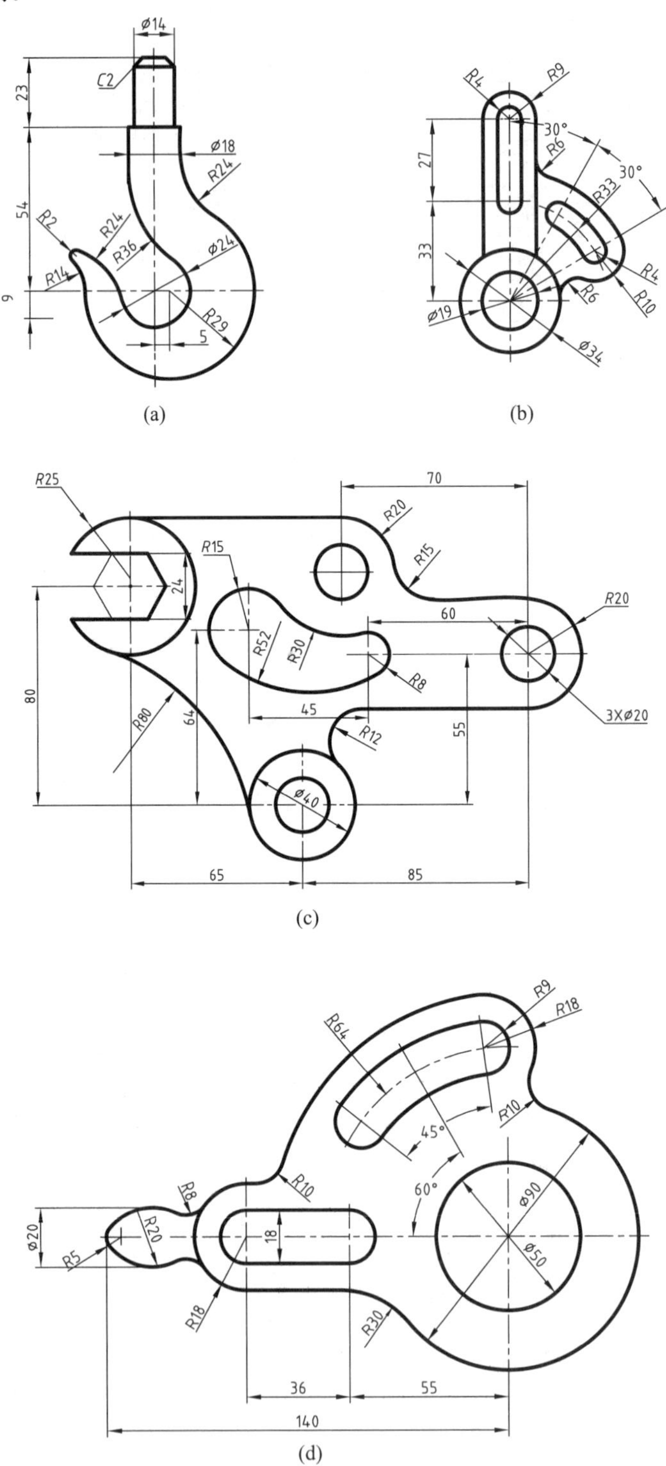

图 2-77 平面图形绘图练习

2.13.2　绘制圣诞卡

1. 目的

(1) 训练直线、多段线、圆弧、曲线等绘图命令的使用方法；
(2) 训练复制、缩放、移动、阵列等修改命令的使用方法；
(3) 训练图案填充；
(4) 训练辅助绘图设置对象捕捉、对象追踪等的使用方法。

2. 内容

(1) 绘制圣诞卡，如图 2-78 所示。
(2) 将图绘制在 A3 图纸内。

图 2-78　圣诞卡

3. 绘图指导

(1) 画 A3 图纸的外框，应用曲线命令绘制山坡线；
(2) 填充天空的蓝色和地面的白雪；
(3) 应用多段线绘制松树，填充颜色，复制多个松树，缩放松树；
(4) 应用云线命令绘制云彩，应用圆弧命令绘制太阳，应用直线命令和环形阵列绘制太阳光线；
(5) 应用曲线命令和颜色填充绘制雪人。

2.13.3　绘制窨井剖面图

1. 目的

(1) 训练图层设置；
(2) 训练偏移、镜像、修剪、图案填充等命令的使用方法；
(3) 训练辅助绘图设置正交、对象捕捉、对象追踪的使用方法；

(4) 训练剖面图的绘制。

2. 内容

(1) 绘制窨井的三视图，并作适当的剖切，如图 2-79 所示。

(2) 要求：图名：窨井；比例：1∶20；图幅：A3；字体：仿宋 _GB2312；不标注尺寸。

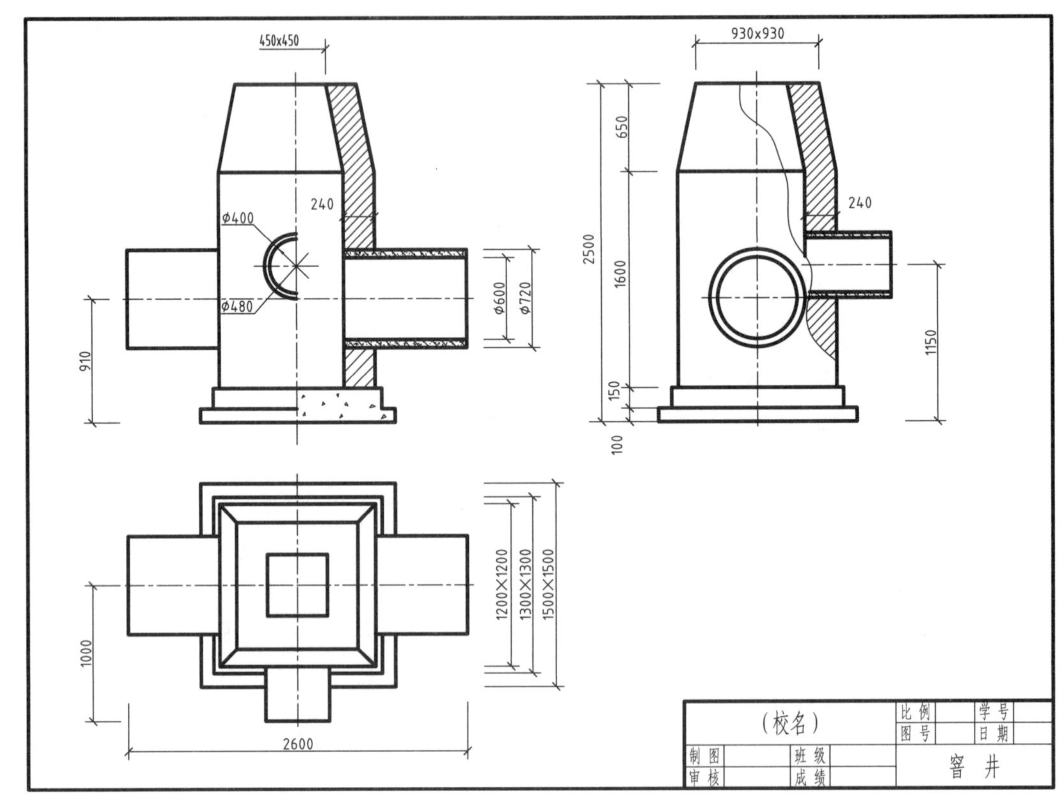

图 2-79　窨井

3. 绘图指导（建议应用 1∶1 比例绘图）

(1) 绘制正立面图——半剖面图。

(a) 设置图层，名称分别为：粗实线、细实线、中虚线、轴线、剖面线、尺寸、文本等；

(b) 调用相应图层利用【直线】命令，绘制平面图定位轴线，利用【直线】命令绘制正立面图基线，利用【偏移】命令确定出窨井各部位高度控制线，利用【偏移】命令确定出左右及前端圆管中心定位线，利用【偏移】命令确定井的长度方向的位置，利用【直线】命令绘制出窨井的左半侧立面图。

(c) 利用【镜像】命令完成右半侧图形，并修改成剖面图。

(d) 利用【删除】、【修剪】、【偏移】等命令整理完成正立面图。

(2) 绘制平面图。

(a) 利用辅助绘图工具及“长对正”原理，用【矩形】命令在立面图下方绘出 450×450 的矩形；

(b) 利用【偏移】命令将 450×450 矩形向外偏移 240 即得 930×930 矩形，同理，绘制出 1200×1200、1300×1300、1500×1500 等矩形；

(c) 利用【复制】命令将立面图的左右圆管复制到平面图上；

(d) 利用【修剪】、【删除】等命令整理图样、补画漏线，平面图绘制完毕。

(3) 绘制侧立面图。

(a) 侧立面投影图可用正立面投影图通过【复制】修改得到。

(b) 利用“高平齐”原理，绘制窨井侧立面图图样。

(4) 调入已绘制的 3 号图框，插入标题栏。

(5) 利用【缩放】命令将绘制好的图样缩小 20 倍，缩放比例因子为 1/20 或 0.05，将缩小后的图样通过【移动】命令移动到图框里，并用【图案填充】命令对剖面图进行填充。

2.13.4 几何作图及测量

1. 目的

(1) 训练绘图技巧；

(2) 训练测量工具的使用。

2. 内容

完成图 2-80 (a) 的绘制。要求△ABC 是等腰三角形，并测量填充部分的面积。

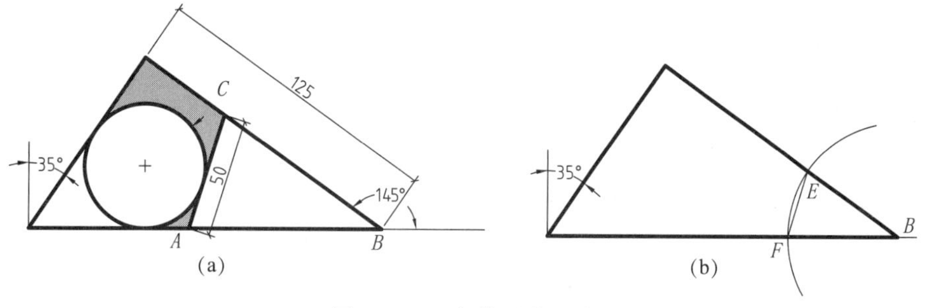

图 2-80 几何作图并查询

3. 绘图指导

(1) 绘制三角形。

打开状态栏的极轴，应用【直线】命令绘制长 125、角度 145°的直线，过 B 点绘制水平线，过直线 BC 的另一个端点绘制与直线 BC 垂直的直线，【修剪】图线。

(2) 绘制直线 AC。

利用【缩放】命令中的“参照”来完成。以 B 点为圆心，任意长为半径画圆弧，交直线 AB、BC 于 E、F 点，连接 EF，则△BEF 为等腰三角形。使用“缩放”命令中的“参照 (R)”，选择 EF 为参照长度，50 为新长度，如图 2-80 (b) 所示。

(3) 绘制圆。

选择【圆】下拉命令中的【相切、相切、相切】，光标分别在三条边上各拾取一点，绘图结束。

(4) 查询面积。

将所要查询的区域图案填充渐变色，选择颜色对象来查询面积。

第 3 章　文字与表格

文字是工程图的重要组成部分，文字对象是 AutoCAD 图形中的重要元素。在 AutoCAD 中文字的输入方式有两种：单行文字和多行文字。单行文字适合于一些内容简短的文字，多行文字适合于长段落的文字。

本章主要介绍如何创建及编辑单行、多行文字。

3.1　相关知识点介绍

3.1.1　基本概念

【单行文字】：每次只能输入一行文本，不会自动换行。

【多行文字】：可以一次输入多行文本，并且可以对文字进行编辑，使用方便，也便于修改。

注意：文字对象同图形一样，可以移动、复制和缩放。

3.1.2　文字的规定

国标（GB/T 50001－2001）中对文字的规定如下：

（1）工程图上的汉字用长仿宋体字。

（2）常用字号（字高）应从以下系列中选用：2.5、3.5、5、7、10、14、20（单位：mm）。

（3）字体的宽高比为 2∶3，即 0.7。如：7 号字，高度为 7，宽度为 5。

（4）如果采用斜体字，文字向右倾斜 15°。

3.2　设置文字样式

3.2.1　文字样式

文字样式主要是控制文件与文本链接的字体文件、字符宽度、文字倾斜角度及高度等定义文字外观的界面。可以针对每种不同风格的文字创建对应的文字样式，这样在输入文本时就可用相应的文字样式来控制文本的外观。使用 STYLE 命令新建和管理文字样式。所有图形均包含两个默认的字体，一个是 Standard，另一个是 Annotative，且 Standard 被默认为当前使用的字体。如果要使用其他的字体来注写文字，则需要设置新的文字样式。

3.2.2　创建文字样式

创建文字样式的步骤如下：

1. 打开“文字样式”对话框

在“注释”选项卡下【文字】面板上，单击 文字 右端箭头，或点开 Standard 下拉列表，单击【管理文字样式】（图 3-1），弹出“文字样式”对话框，如图 3-2 所示。

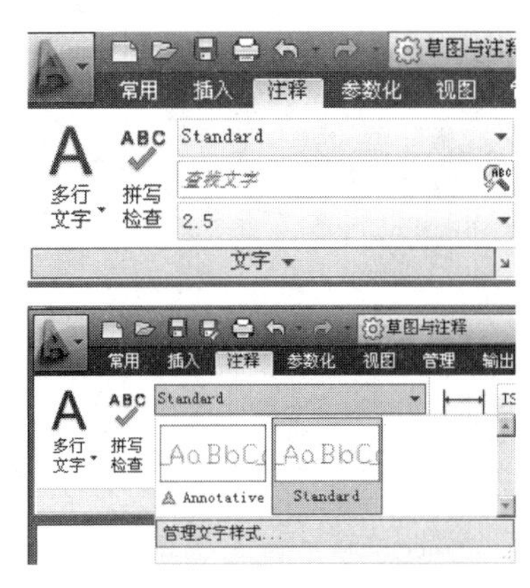

图 3-1 “文字”面板

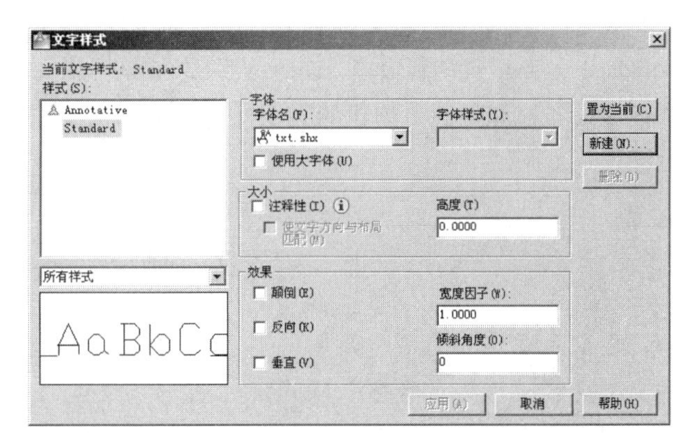

图 3-2 “文字样式”对话框

2. 设置样式名

在“文字样式”对话框中单击【新建】按钮，打开“新建文字样式”对话框，如图 3-3 所示。在“样式名”文本框中输入新文字样式的名称，如“工程字”，按【确定】返回“文字样式”对话框。

3. 设置字体

在“字体名”下拉列表中可以选取某一种字体类型作为当前文字类型。工程图上常用的字体，汉字为仿宋 _GB2312 字体，数字为 gbenor.shx 字体。

字体列表中有两种字体，其中 True Type 字体是由 Windows 系统提供的已经注册的字体，SHX 为 AutoCAD Fonts 文件夹中的字体，在字体文件名前分别用 、 前缀区别。当选择了 字体时，“使用大字体”复选框显亮；如果选择 字体时，需将“使用大字体”关闭。如图 3-4 所示。

图 3-3 “新建文字样式”对话框

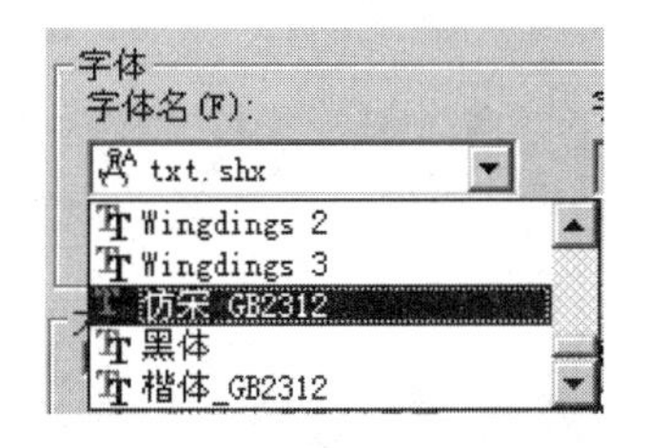

图 3-4 选择字体

4. 设置文字大小

在“大小”文本框中可输入文字的高度。但一般不输入，保持默认值 0 不变，因为一旦设定了高度，该样式的文字将都使用这个高度，在使用多行文字命令时字高将不能按需要进行更改。

5. 设置文字效果

在"效果"文本框中输入"宽度因子"0.7。另外还可以根据需要对其他效果选项如"颠倒"、"反向"、"角度"进行选择，单击【应用】按钮完成设置。

如果没有新建任何文字样式，AutoCAD将默认Standard文字样式。不能删除或对Standard文字样式重新命名。如果从别的图形复制文字或者插入图块，会保留来源文字的文字样式名称和特性。创建的文字样式如果未被使用，可以用Purge命令清理掉或被直接删除。

3.3 输入文字

在输入文字前，应将要用的文字样式置为当前样式。可在"文字"面板中选择所需的文字样式，例如"数字"样式，如图3-5所示。

3.3.1 创建单行文字

单行文字，每一行都是独立的对象，可以单独进行编辑，这是单行文字与多行文字之间最大的差异。

1. 命令操作

命令区：TEXT；DTEXT；DT。
功能区：注释/文字/单行文字。
菜单：绘图/文字/单行文字。
以上三种方式都可以创建单行文字。

2. 操作步骤

下面以输入字体为"工程字"，字高为7、旋转角度为0，内容为"单行文字"的文本为例，说明其操作步骤。在"注释"选项卡下"文字"面板上，单击 A 按钮下的"▼"符号，选择【单行文字】，如图3-6所示。命令行提示：

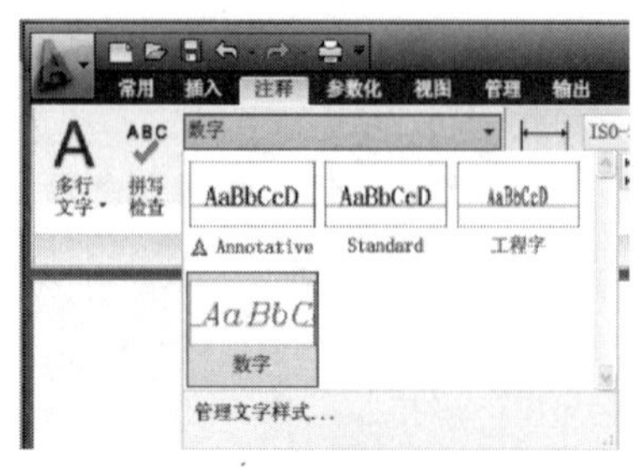

图3-5 选择"数字"样式

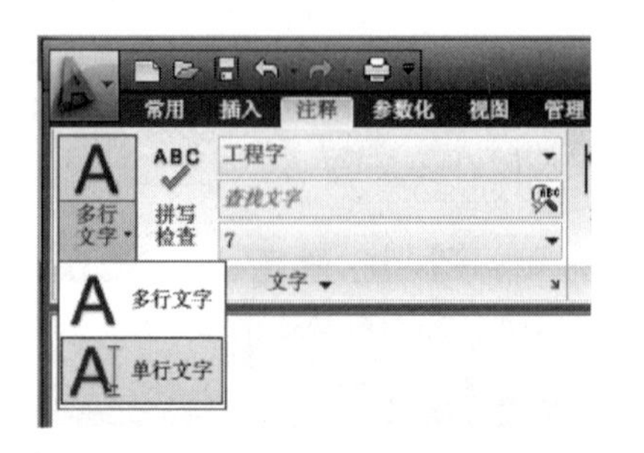

图3-6 选择"单行文字"命令

命令：text

当前文字样式：　“工程字”　文字高度：　2.5000　注释性：　否

指定文字的起点或［对正（J）/样式（S）］：j　（选择文字的对正方式）

（若要改变当前文字样式，选 S）

输入选项：

［对齐（A）/调整（F）/中心（C）/中间（M）/右（R）/左上（TL）/中上（TC）/右上（TR）/左中（ML）/正中（MC）/右中（MR）/左下（BL）/中下（BC）/右下（BR）］：BL　（书写文字的对齐方式，BL 为左下对齐）

指定文字的左下点：　（拾取一点作为单行文字的对齐点）

指定高度＜2.5000＞：7　（给出字体的高度）

指定文字的旋转角度＜0＞　（给出字体的旋转角度，不选就直接回车）

单行文字（输入文本的内容，回车结束）

3.3.2 创建多行文字

多行文字是文字、符号和其他可以书写的信息的组合形式，多行文字编辑器可对文字进行格式化编辑，包含对正、斜体、底线、粗体和插入符号等。当启用多行文字时，功能区会自动切换到“文字编辑器”。

1. 命令操作

命令区：MTEXT；MT；T。

功能区：注释/文字/多行文字。

菜单：绘图/文字/多行文字。

以上三种方式都可以创建多行文字。

2. 操作步骤

下面以输入字体为“工程字”，字高为 7，内容为“工程图学”的文体为例，说明其操作步骤。在“注释”选项卡下“文字”面板上，单击 A 按钮下的“▼”符号，选择【多行文字】，如图 3-6 所示。

命令行提示：

命令：_mtext 当前文字样式：　" 工程字"　文字高度：　2.5　注释性：　否

指定第一角点：　（拾取一点作为多行文字的一个角点）

指定对角点或［高度（H）/对正（J）/行距（L）/旋转（R）/样式（S）/宽度（W）/栏（C）］：

（拾取一点作为多行文字的第二个角点，同时打开“文字编辑器”，如图 3-7 所示）

文本可书写于两点所确定的范围（相当于在一张白纸上写字）。输入“工程图学”（图 3-7），单击左键或单击 关闭文字编辑器 结束。

注：常用符号的输入：

【度数】：输入“%%d”，显示的符号为“ ° ”；

【正/负】：输入“%%p”，显示的符号为“ ± ”；

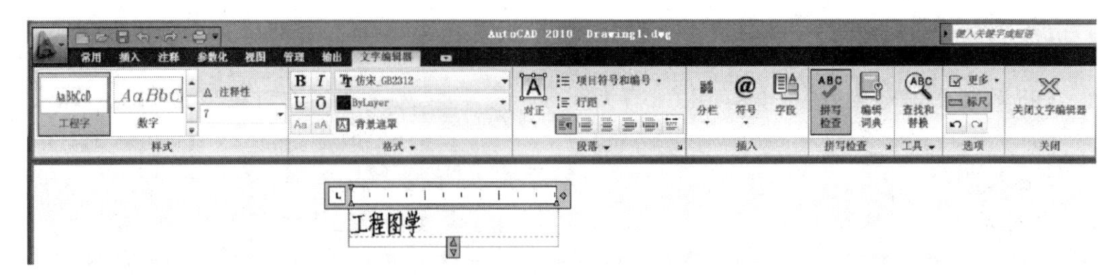

图 3-7　文字编辑器

【直径】：输入“%%c”，显示的符号为“ϕ”。

3.4　编辑文字

3.4.1　编辑单行文字

（1）双击要编辑的文字对象，可以修改文字的内容。

（2）使用【特性】选项板既可以修改文字内容又可以修改文字的大小。

单击要编辑的文字，选中文字后，单击鼠标右键，弹出快捷菜单，如图 3-8 所示。选择【特性】，打开如图 3-9 所示的“特性”选项板，在其上可以修改各种信息。

（3）在“文字”面板上单击“文字”下拉符号“▼”按钮，选择【缩放】或【对正】来编辑文字，如图 3-10 所示。

图 3-8　选择快捷菜单“特性”

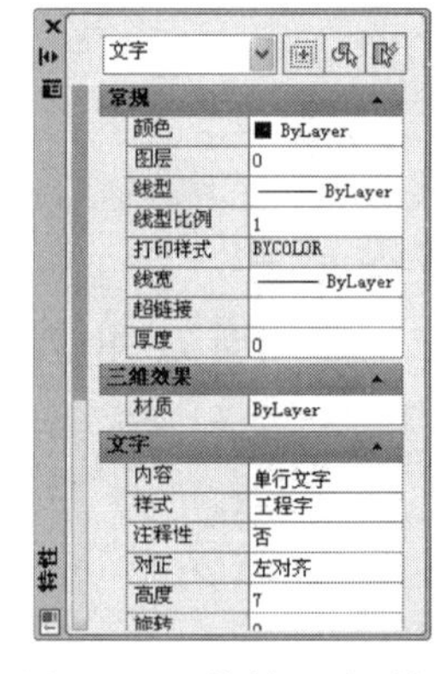

图 3-9　“特性”选项板

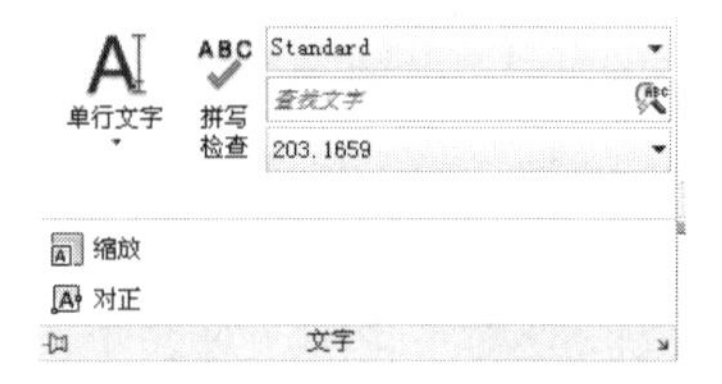

图 3-10　“文字”下拉按钮

3.4.2　编辑多行文字

（1）双击要编辑的多行文字对象，可打开“文字编辑器”来编辑文字。

（2）使用【特性】选项板编辑多行文字。

[例 3-1]　书写如图 3-11 所示标题栏。要求：图名（建筑平面图）、校名字高为 7，其他字高为 5。

操作步骤：

（1）将已设置的文字样式“工程字”设定成当前样式。

<table>
<tr><td colspan="4" rowspan="2">（校名）</td><td>比 例</td><td></td><td>学 号</td><td></td></tr>
<tr><td>图 号</td><td></td><td>日 期</td><td></td></tr>
<tr><td>制 图</td><td></td><td>班 级</td><td></td><td colspan="4" rowspan="2">（图名）</td></tr>
<tr><td>审 核</td><td></td><td>成 绩</td><td></td></tr>
</table>

图 3-11 标题栏

（2）使用【多行文字】命令输入汉字，根据文字位置确定范围，即文本框的对角点。注意设定对正方式为“正中”，并根据汉字的大小设定不同的汉字高度，例如“校名”、“图名”字高为 7，“制图”、“班级”等字高为 5。由于“制图”、“班级”等文字框大小一致，可以采用复制文字再编辑的方式快速输入文字。

命令行提示：

命令：_mtext 当前文字样式："工程字" 当前文字高度：2.5 注释性： 否

指定第一角点： （拾取标题栏左上角点，如图 3-12（a）所示）

指定对角点或［高度（H）/对正（J）/行距（L）/旋转（R）/样式（S）/宽度（W）/栏（C）］：h

指定高度〈10〉：7 （确定字的高度为 7）

指定对角点或［高度（H）/对正（J）/行距（L）/旋转（R）/样式（S）/宽度（W）/栏（C）］：j

（选择字体对正的方式）

输入对正方式［左上（TL）/中上（TC）/右上（TR）/左中（ML）/正中（MC）/右中（MR）/左下（BL）/中下（BC）/右下（BR）］〈左上（TL）〉：MC

（选择“正中”对正）

指定对角点或［高度（H）/对正（J）/行距（L）/旋转（R）/样式（S）/宽度（W）/栏（C）］：

（拾取格的对角点，如图 3-12（b）所示）

输入“建筑平面图”，在文本框外单击左键结束，如图 3-12（c）所示。

同样方法书写“制图”，并将其复制到大小相同的其他文字框里，如图 3-12（d），再将其修改完成，结果如图 3-12（e）所示。

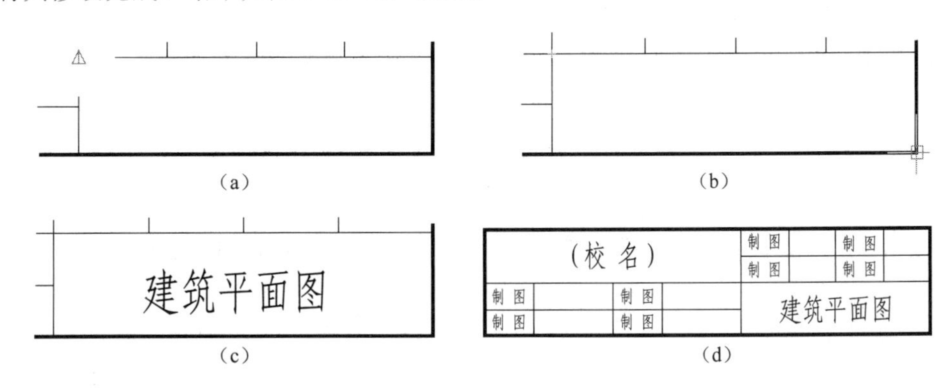

（a） （b） （c） （d）

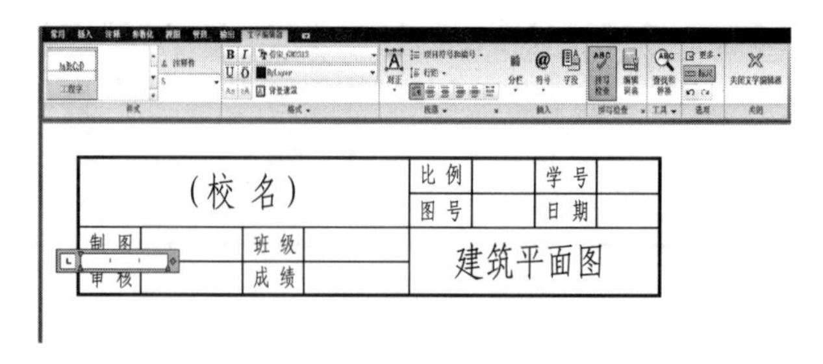

(e)

图 3-12　标题栏文字的输入

3.5　创 建 表 格

在图纸中表格主要用来展示与图形相关的数据信息等。

3.5.1　创建表格样式

创建表格样式即设置一个样式供图形使用，TABLESTYLE 命令可以用来管理和新建表格样式。表格样式控制表格的显示方式，可以设置多种表格样式。

1. 命令操作

命令区：TABLESTYLE；TS。

功能区："常用"选项卡/"注释"面板/【表格样式】，如图 3-13 所示。

功能区："注释"选项卡/"表格"面板/【表格样式】，如图 3-14 所示。

图 3-13　"常用"选项卡下选择"表格样式"

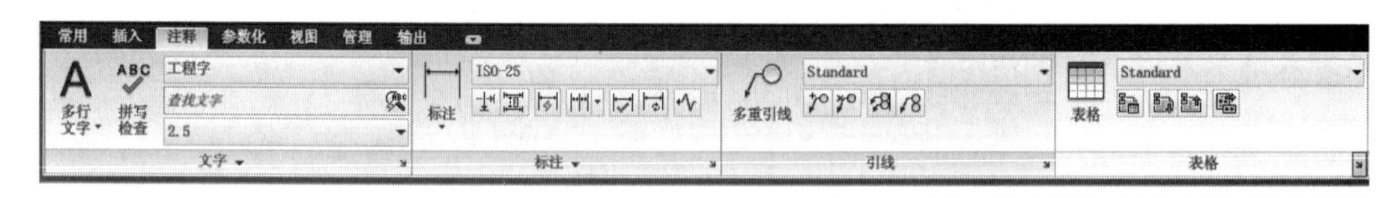

图 3-14　"注释"选项卡下选择"表格样式"

2. "表格样式"对话框

"表格样式"对话框用于新建、编辑、管理表格样式，如图 3-15 所示。

3. "新建表格样式"对话框

单击"表格样式"对话框中【新建】按钮，弹出"新建表格样式"对话框，其功能

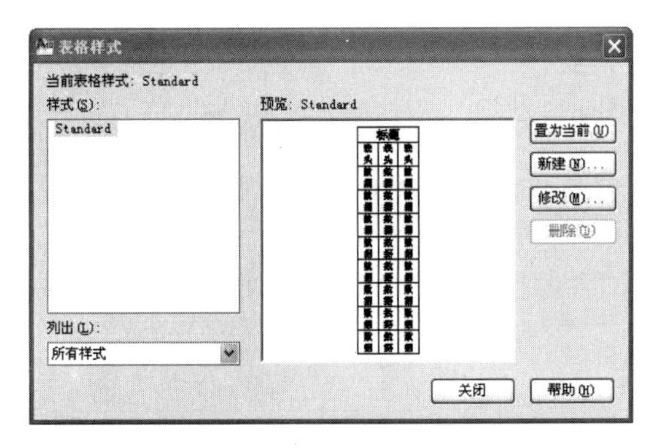

图 3-15 “表格样式”对话框

如下：可以选择图形上的表格当做新形式的参考格式；设置表格方向，向上或向下；预览区可以观察修改后的表格样式；设置数据、表头和标题的格式及其单元格内的边界值。新样式名命名及设置如图 3-16、图 3-17 所示。

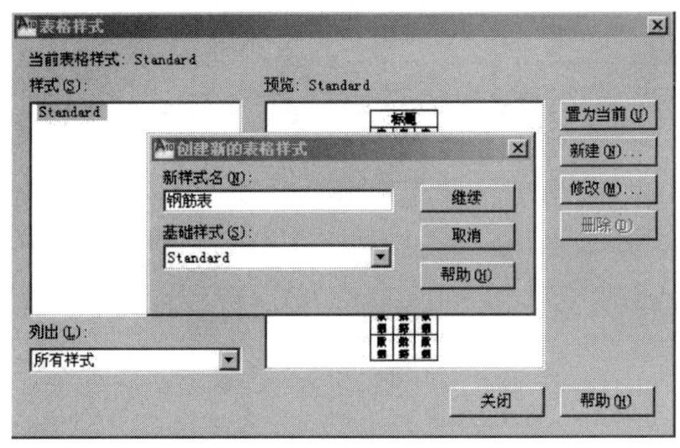

图 3-16 命名“新样式名”

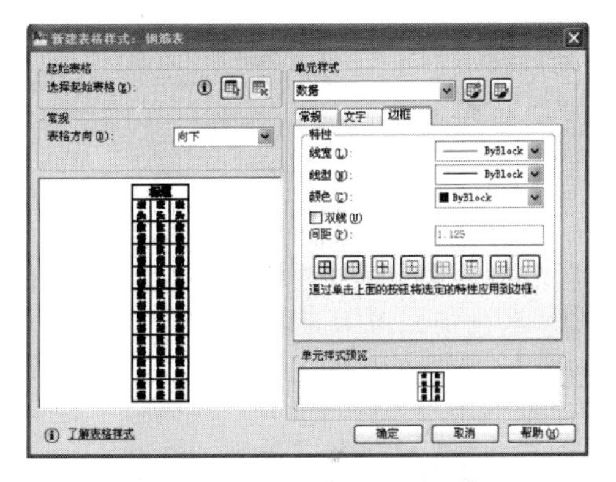

图 3-17 设置“数据”格边框

3.5.2 插入表格和输入表格数据

插入表格的主要步骤为：第一，选择表格样式；第二，将表格插入图形；第三，在适当的单元格中输入数据。在“插入表格”对话框中可以设置行和列的数量和尺寸。

1. 命令操作

命令区：TABLE；TB。

功能区：“常用”选项卡/“注释”面板/【表格】，如图 3-18 所示。

功能区：“注释”选项卡/“表格”面板/【表格】，如图 3-19 所示。

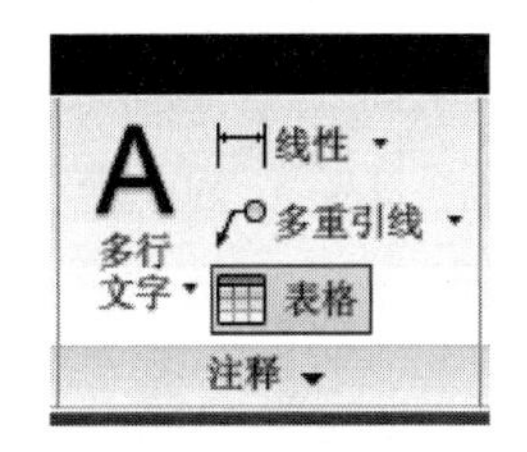

图 3-18 “注释”面板中“表格”

图 3-19 “表格”面板中“表格”

2. “插入表格”对话框

执行 TABLE 命令。首先选择新表格要使用的表格样式，之后选择插入方式，指定插入点或指定窗口。在“列和行设置”区域中，调整列数和宽度、数据行数和高度，如图 3-20 所示。

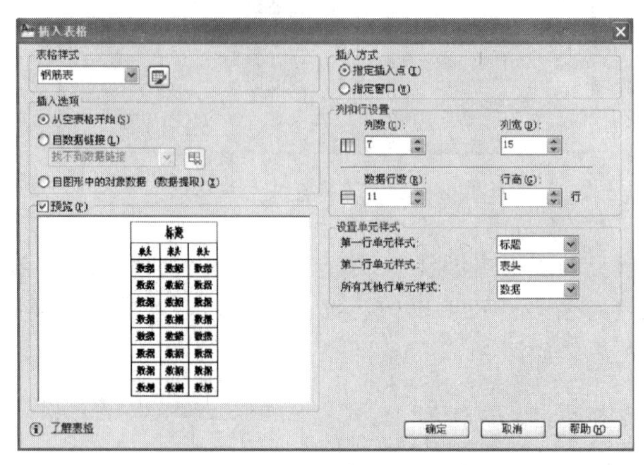

图 3-20　“插入表格”对话框

3. 插入表格

执行 TABLE 命令，在“插入表格”对话框中选择表格样式，选择插入方式并设置列、行选项，单击【确定】按钮。指定表格插入点，表格中的第一个字段会自动变成编辑状态，如同编辑多行文字一样。

4. 在表格内移动和输入数据

在单元格间移动数据可使用键盘操作：按 Tab 键，往右移动到下一个单元格；按 Shift+Tab 组合键，可向左移动；按四个箭头键，可向所需方向移动；在单元格上双击，打开“文字编辑器”选项卡，可以在单元格内输入需要的数据或文字；按 Esc 可退出命令，如图 3-21 所示。

图 3-21　在表格内输入文字

［例 3-2］　绘制钢筋混凝土梁钢筋数量表，如图 3-22 所示。要求：表格中汉字均采用仿宋_GB2312 字体，标题字高为 3.5，表头字高为 2.5。数据采用 gbeitc 字体，字

高均为 2.5。表格的行高和列宽根据内容自定。格内文字的对正方式为正中。

钢筋混凝土梁钢筋数量表						
编号	钢号和直径(mm)	长度(cm)	根数	共长(m)	每米重量(kg/m)	共重(kg)
1	Φ22	528	1	5.28	2.984	15.76
2	Φ22	708	2	14.16	2.984	42.25
3	Φ22	892	2	17.84	2.984	53.23
4	Φ22	881	3	26.43	2.984	78.87
5	Φ22	745	2	14.90	0.888	13.23
6	Φ8	745	4	29.80	0.395	11.77
7	Φ8	198	24	47.52	0.395	18.77
总　计						233.88
绑扎用铅丝0.5%						1.17

图 3-22　绘制“钢筋表”

操作步骤：

1）创建“钢筋表”的表格样式

（1）单击“常用”选项卡下“注释”面板中的【表格样式】命令按钮。

（2）在弹出的“表格样式”对话框中单击【新建】按钮。

（3）在弹出的“新建表格样式”对话框中“新样式名”下文本框中输入“钢筋表”，单击【继续】按钮，如图 3-16 所示。

（4）在弹出的“新建表格样式：钢筋表”对话框中分别按要求调整数据、表头和标题的相关性质，包括常规、文字、边框的设置。单击【确定】按钮，如图 3-17 所示。

提示：应先创建题目要求的文字样式，再用于表格中的文字设置。标题的边框选择“底部边框”；各项中的【页边距】均设为 1.5。

（5）在“表格样式”对话框中，双击“钢筋表”样式，将其设置为当前使用的样式。

2）插入表格“钢筋表”

（1）单击“常用”选项卡下“注释”面板中的【表格】表格命令按钮。

（2）在弹出的“插入表格”对话框中各项设置如下：

• 表格样式：钢筋表；插入方式、插入选项为默认。

• 列和行设置：列数为 7、列宽为 15；数据行数为 9、行高为 1。

如图 3-23 所示。单击【确定】。

（3）在图形中适当位置单击左键确定表格的插入点，表格中的第一个字段会自动变成编辑状态。如图 3-24 所示，就可以在表格中依次输入钢筋表的标题、表头和数据的相关文本及数据值。

3）编辑表格

当创建完表格后，一般都需要对表格的格式或内容进行修改。编辑表格可以利用“夹点”、“特性”选项板或快捷菜单完成。

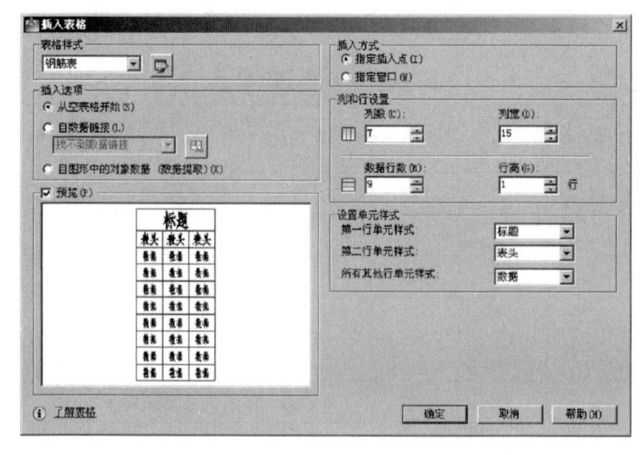

图 3-23　插入表格“钢筋表”的设置

	A	B	C	D	E	F	G
1	钢筋混凝土梁钢筋数量表						
2							
3							
4							
5							
6							
7							
8							
9							
10							
11							

图 3-24　输入表格“钢筋表”的文本和数据值

(1) 利用夹点调整表格。

选中表格，会出现许多“夹点”，如图 3-25 所示。选中表格的“夹点”可以调整列宽、行高。各夹点作用如下：

- 左上夹点：移动表格；
- 右上夹点：修改表宽并按比例改变所有列宽；
- 左下夹点：修改表高并按比例改变所有行高；
- 右下夹点：同时修改表宽和表高并按比例改变所有列宽和行高；
- 列夹点：修改相邻列宽不改变表宽；
- Ctrl＋列夹点：修改列宽而不改变相邻列宽；
- 下边中间夹点：打断表格。

(2) 利用“表格”工具条及快捷菜单编辑表格性质。

选中表格中的一个或多个格后，会弹出“表格”工具条，同时单击鼠标右键弹出快捷菜单，如图 3-26 所示。可以编辑表格性质，例如设置单元格的对齐方式、插入行或

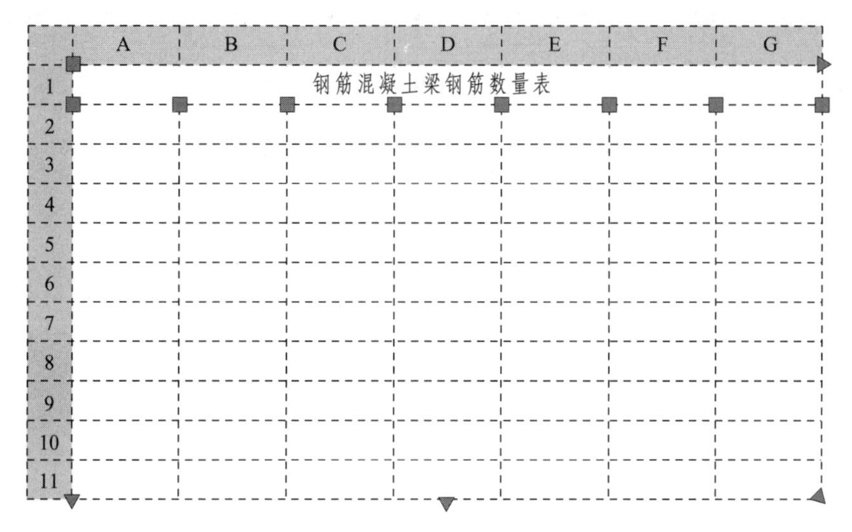

图 3-25　表格的“夹点”模式

列、合并单元格、设置数据格式等。

图 3-26 所示为利用快捷菜单的“合并”选项“按行”合并了表格的单元格。

图 3-27 所示为设置表格单元格数据的小数精度，具体为：单击快捷菜单中的“数据格式”，弹出“表格单元格式”对话框，选择“数据类型”和“格式”为小数，打开“精度”下拉列表，选择 0.000。提示：“精度”也可以先在“格式/单位”菜单下设置。

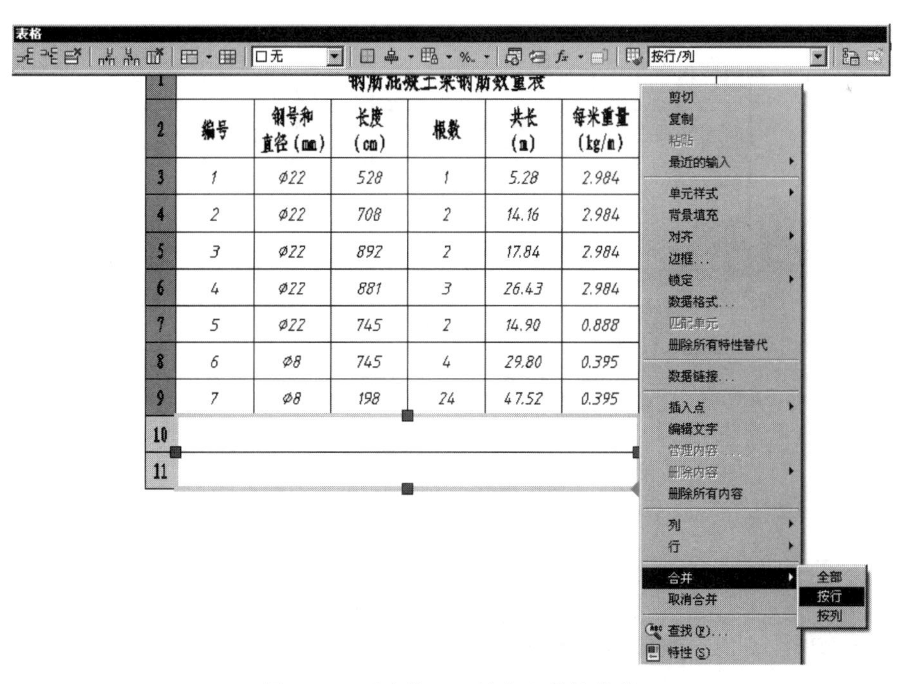

图 3-26　“表格”工具条和快捷菜单

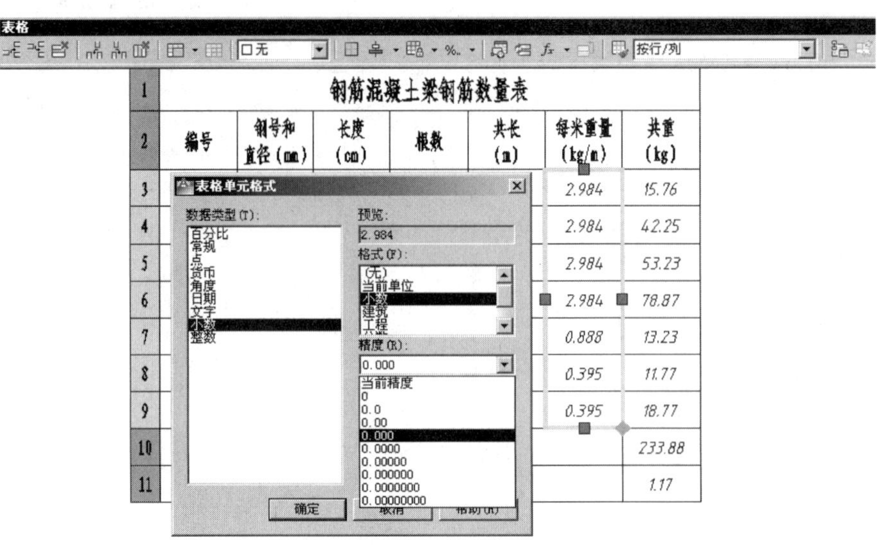

图 3-27　利用“表格单元格式”设置数据“精度”

［**例 3-3**］　绘制图 3-28 所示某千斤顶装配图中的明细栏。

要求：表格中汉字均采用仿宋 _GB2312 字体，表头字高为 3.5；数据中数字及字母采用 gbeitc 字体，字高均为 3.5。粗线 b=0.5。

说明：明细栏是机械装配图的组成部分，是机器或部件中全部零件、部件的详细目录，其内容一般有序号、代号、名称、数量、材料以及备注等项目。明细栏一般直接画在标题栏上方，明细栏左边外框线和内格竖线为粗实线，内格横线和顶格线画细实线，按自下而上的顺序填写。

5		底　座	1	BT200	
4		螺　套	1	ZCuA110Fe3	
3		绞　杠	1	Q215	
2		螺旋杆	1	Q275	
1		顶　盖	1	Q275	
序号	代　号	零件名称	数量	材　　料	备　注

8x6=48

15　25　25　15　25

140

图 3-28　明细栏

操作步骤：

1）创建“明细栏”中的文字样式

（1）样式名：“工程字”；字体：仿宋 _GB2312；字高 3.5；宽度比例：0.7。

（2）样式名：“数字”；字体：gbeitc；字高 3.5；宽度比例：1。

2）创建样式名为“明细栏”的表格样式

提示：

（1）“明细栏”的表格样式创建步骤同例 3-2“钢筋表”。

（2）“新建表格样式：明细栏”的各项设置注意应根据该表的性质调整如下：

• 表格方向：向上。

• “数据”单元样式设置：文字样式：数字（高：3.5）；对正：正中；左、右边框线宽：0.5、底部、上边框线宽：0.13；

• “表头”单元样式设置：文字样式：汉字（高：3.5）；对正：正中；左、右、上边框线宽：0.5、底部边框线宽：0.13；

• 由于“明细栏”无标题栏，所以不设置“标题”的单元样式。其他均为默认。

3）插入表格“明细栏”

（1）单击“常用”选项卡下“注释”面板中的【表格】表格命令按钮。

（2）在弹出的“插入表格”对话框中各项设置如下：

• 表格样式：明细栏。

• 插入方式、插入选项：（默认）。

• 列和行设置：列数为6、列宽为15；数据行数为4、行高为1。

• 设置单元样式：第1行单元样式：表头；第2行单元样式：数据；其他所有行单元样式：数据。

如图3-29所示，单击【确定】。

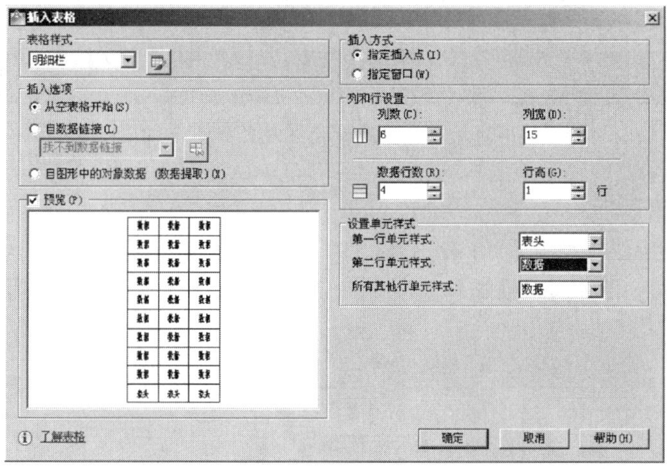

图3-29　插入表格“明细栏”设置

（3）在图形中适当位置单击左键确定表格的插入点，表格中的第一个字段会自动变成编辑状态。如图3-30所示，就可以在表格中依次输入表头和数据的相关内容。

6						
5						
4						
3						
2						
1	序号					
	A	B	C	D	E	F

图3-30　插入表格“明细栏”

4）编辑表格“明细栏”

(1) 修改列宽：利用 Ctrl＋列夹点的方式按图 3-28 所示尺寸调整列宽。

(2) 修改文字样式：双击第三列“零件名称”下单元格内文字，打开“文字编辑器”，将其字体改为“工程字”样式，如图 3-31 所示。

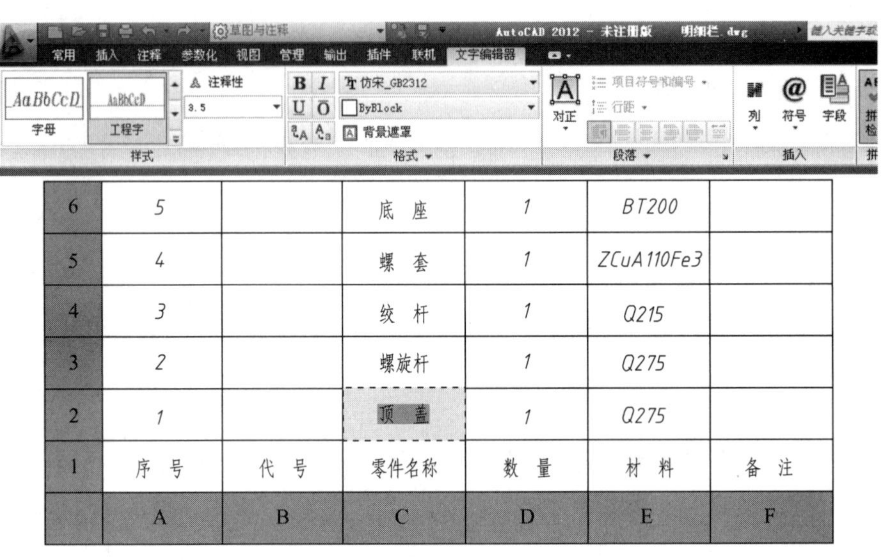

图 3-31 修改单元格内文字样式

［练 习］ 绘制如图 3-32 所示的门窗表。

要求：表格中汉字均采用仿宋 _GB2312 字体，标题字高为 3.5，表头字高为 2.5；数据中数字及字母采用 gbeitc 字体，字高均为 2.5。表格的行高和列宽根据内容自定。

门窗表

设计编号	洞口尺寸（宽×高）	备 注
M1	1200×2700	柚木门
M2	900×2100	双面夹板木门
M3	800×2100	双面夹板木门
M4	700×2000	豪华塑料门
C1	2400×2300	铝合金窗
C2	1200×2300	铝合金窗
C3	900×1200	铝合金高窗
C4	700×1200	铝合金高窗
C5	2400×2100	铝合金窗

图 3-32 门窗表

第 4 章　图形尺寸的标注

尺寸标注是工程图样中的一项重要内容，它能准确无误地反映物体的形状大小和各部分间的相互位置关系，是实际施工和生产的重要依据。本章主要讲述尺寸标注样式的设置及尺寸的标注。

4.1　相关知识点介绍

4.1.1　基本概念

（1）尺寸的组成（尺寸的四要素）：尺寸线、尺寸界线、箭头（尺寸的起止符号）、尺寸数字。

（2）尺寸的标注形式：线性标注、半径标注、直径标注、角度标注等。图 4-1 所示为几种常见的标注形式。

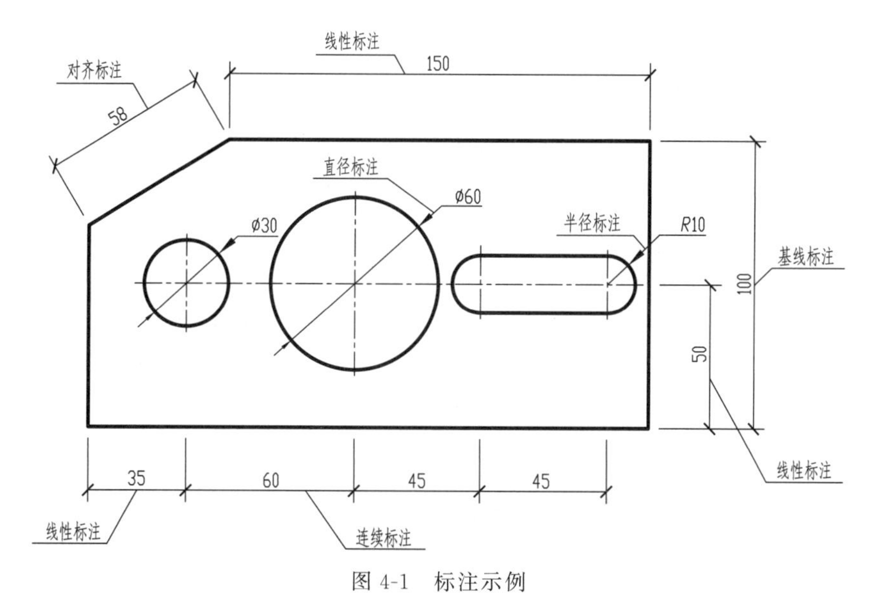

图 4-1　标注示例

4.1.2　尺寸标注的规定

国家制图标准对尺寸标注的画法做了如下的规定：

（1）尺寸线：尺寸线为细实线，尺寸线与所注的线段间距应大于 10mm，两个尺寸线的间距应为 7～10mm（基线间距），不能超出尺寸界线。

（2）尺寸界线：尺寸界线为细实线，一般与被注长度垂直。其一端与图样轮廓线的间距(起点偏移量)：建筑制图应大于 2mm，机械制图为零；另一端宜超出尺寸线 2～3mm。

（3）尺寸起止符号（箭头）：建筑制图标注线性对象时尺寸起止符号为中实线，长度为 2～3mm，倾斜方向以尺寸线为基准逆时针旋转 45°，标注半径、直径、角度、弧长尺寸时宜用箭头；机械制图一律为箭头。

（4）尺寸数字（文字）常用 2.5、3.5 号字（或按绘图比例设定）。

4.2 设置尺寸标注样式

尺寸标注是一个复合体，它以块的形式存储在图形中，它们的格式都由标注样式来控制，要想改变尺寸的某个要素，只要调整样式中的某些尺寸变量，就能灵活地变动标注外观。标注尺寸之前应先设定标注样式，以便使标注符合国家标准的规定。

4.2.1 标注样式

在给图形标注尺寸前，先要根据所画的图样来设置所需的尺寸标注样式。例如，图形的比例不同，标注的样式就不同，建筑制图和机械制图的标注样式不同。每个图形文件可以创建多组标注样式，但至少包含一组。AutoCAD 自带三种样式，就是说每个新建图形都包含 Standard、ISO-25 和一个 Annotative 样式，默认 ISO-25 为当前样式。

4.2.2 创建尺寸标注样式

当用户要新建标注样式时，首先要打开“标注样式管理器”对话框，如图 4-2 所示。打开该对话框的方式有三种：

命令区：DIMSTYLE 或 D。

菜单：“格式”/“标注样式”。

功能区：“注释”选项卡/“标注”面板/“标注样式”按钮 。

“标注样式管理器”会显示所有在图形上可用的样式，可以新建标注样式（图 4-3）、修改现有标注样式、替代现有的标注样式、比较形式的差异或是将选择的样式置为当前。

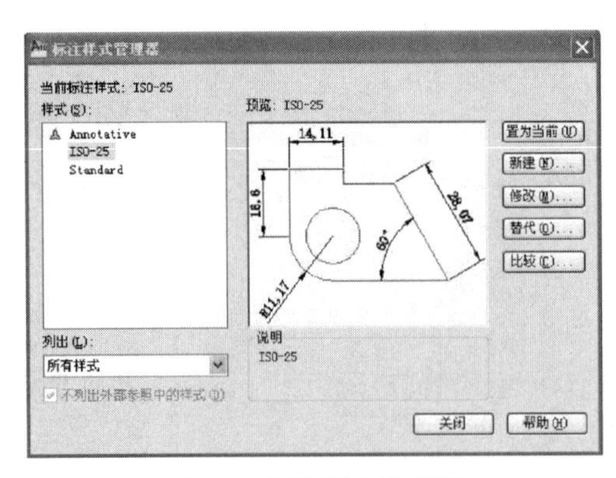

图 4-2 标注样式管理器

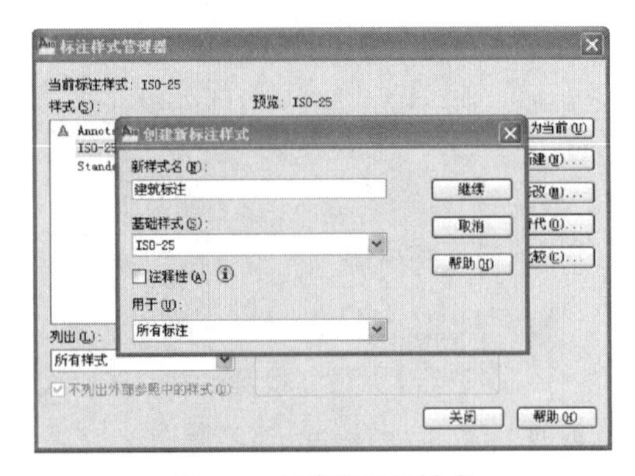

图 4-3 创建新标注样式

1. 新建标注样式

在“标注样式管理器”中单击【新建】按钮，弹出“创建新标注样式”对话框，输入新样式名称，例如“建筑标注”。在“基础样式”下拉列表中选择一个现有的标注样式。单击【继续】按钮，将弹出“新建标注样式：”设定对话框，如图 4-4 所示。用户可按国标要求和自己需要的标注要求进行设定。如对“尺寸线”、“尺寸界线”、“箭头”、“文字”、“主单位”等项依次进行设定。

例如：按《建筑制图标准》要求，设定名为“建筑标注”，比例为 1∶100 的标注样式。操作如下：

（1）在选项卡【线】下设定尺寸线、尺寸界线的线的颜色、线型、线宽、超出尺寸线大小、起点偏移量等有关信息，如图 4-4（a）所示。

（2）在选项卡【符号和箭头】下设定箭头（尺寸起止符号）的类型、大小等有关信息，如图 4-4（b）所示。

（3）在选项卡【文字】下设定尺寸数字的样式、颜色、字高、数字的标注位置等有关信息，如图 4-4（c）所示。

（4）在选项卡【主单位】下设定尺寸的单位、精度、比例因子等信息。其中比例因子是描述绘图比例，如该图的比例是 1∶100，则比例因子是 100，如图 4-4（d）所示。

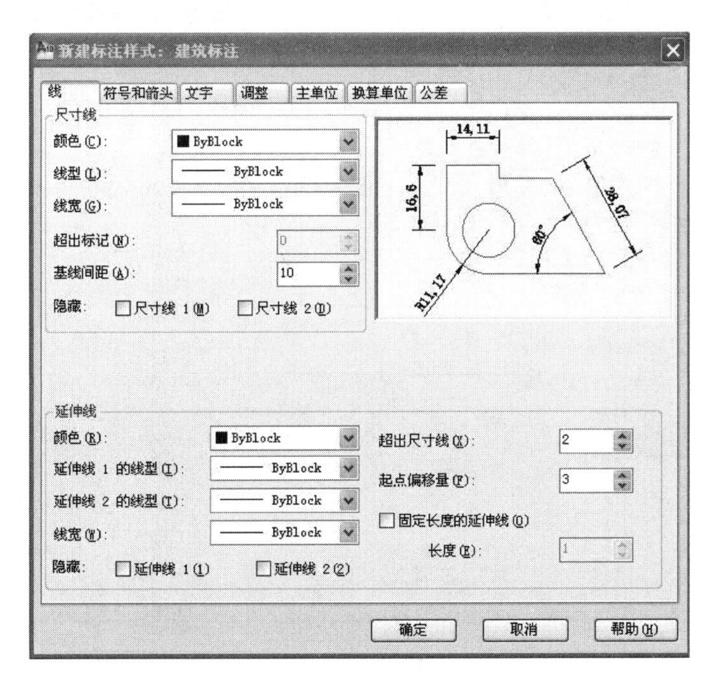

(a)

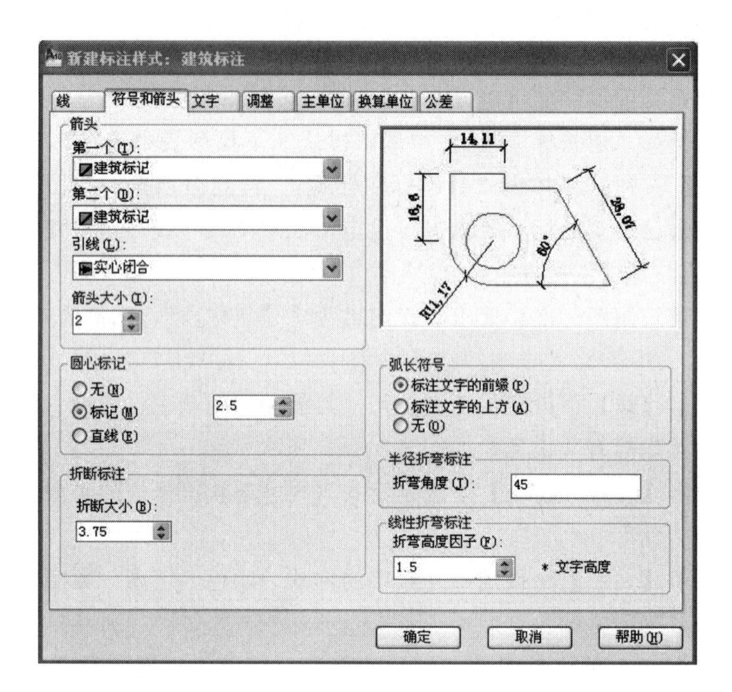
新建标注样式：建筑标注
线
符号和箭头
文字
调整
主单位
换算单位
公差
箭头
第一个(I):
建筑标记
第二个(D):
建筑标记
引线(L):
实心闭合
箭头大小(I):
2
圆心标记
无(N)
标记(M)
直线(E)
2.5
折断标注
折断大小(B):
3.75
弧长符号
标注文字的前缀(P)
标注文字的上方(A)
无(O)
半径折弯标注
折弯角度(J):
45
线性折弯标注
折弯高度因子(F):
1.5
* 文字高度
确定
取消
帮助(H)

(b)

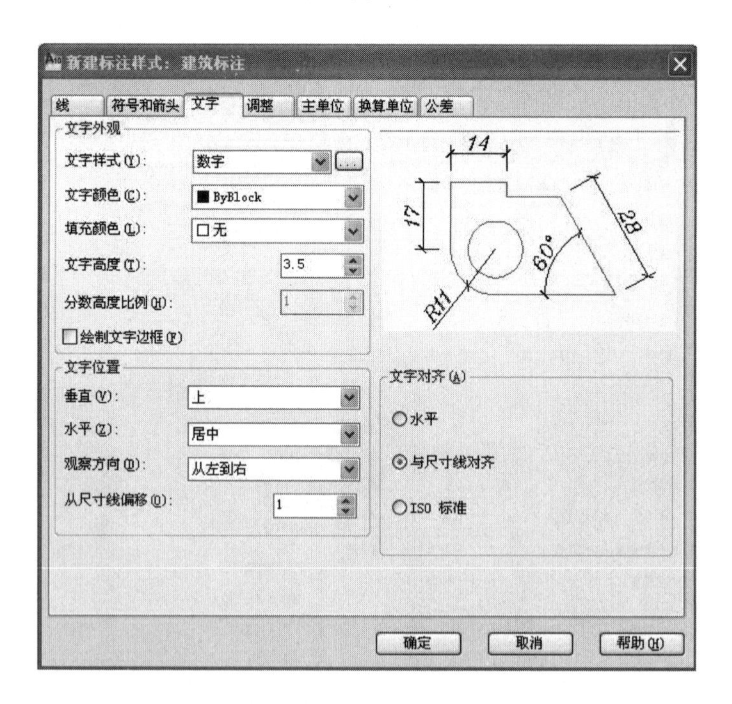
新建标注样式：建筑标注
线
符号和箭头
文字
调整
主单位
换算单位
公差
文字外观
文字样式(Y):
数字
文字颜色(C):
ByBlock
填充颜色(L):
无
文字高度(T):
3.5
分数高度比例(H):
1
绘制文字边框(F)
文字位置
垂直(V):
上
水平(Z):
居中
观察方向(D):
从左到右
从尺寸线偏移(O):
1
文字对齐(A)
水平
与尺寸线对齐
ISO 标准
14
17
28
60°
R11
确定
取消
帮助(H)

(c)

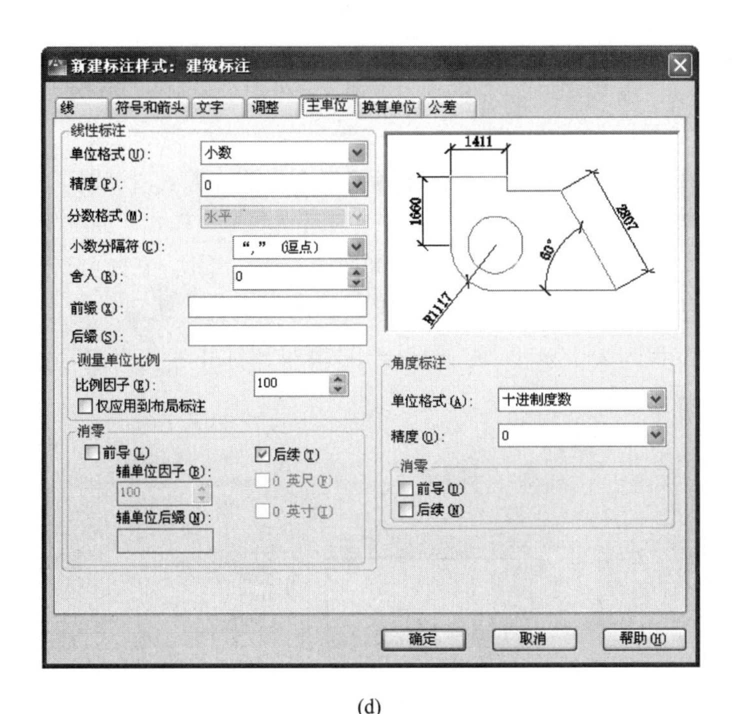

(d)

图 4-4　新建标注样式的设定

以上的尺寸标注样式设定是通常的设定，如有一些特殊的设定要求还可以通过选择“调整”来进一步设定。如图 4-5 所示，在“调整”选项卡中对尺寸数字的位置、箭头的位置、引线等信息进行了设定。

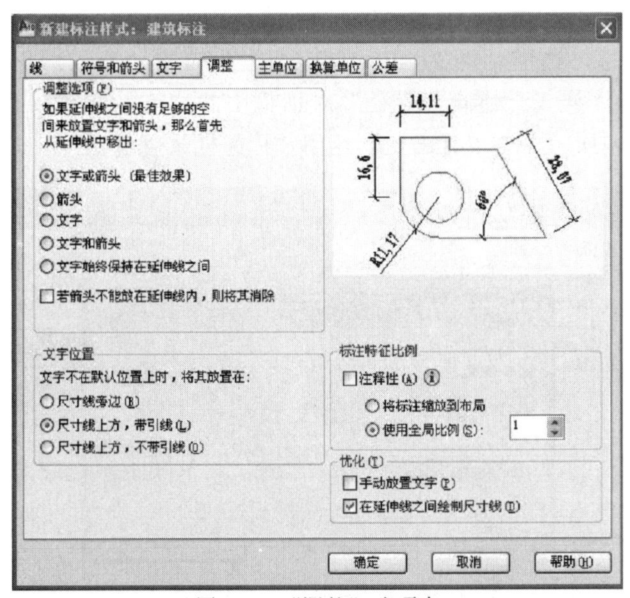

图 4-5　“调整”选项卡

2. 修改尺寸标注样式

在“标注样式管理器”中单击【修改】按钮，弹出“修改标注样式”对话框，该对话框与图 4-4 相同，可以在此修改标注样式。

3. 置为当前

在标注尺寸前，要把所用的尺寸标注样式置为当前，方式有两种：

（1）在“注释”选项卡下，“标注”面板上显示当前标注样式，如图 4-6（a）所示。单击下拉列表符号“▼”，打开标注样式列表，如图 4-6（b）所示，在此可以选择所需样式。

（2）在“常用”选项卡“注释”面板上，如图 4-6（c）所示，单击 注释 ▾ 按钮，在打开的下拉列表中单击 建筑标注 ▾ 按钮，打开下拉列表，如图 4-6（d）所示，在此可以选择所需样式。

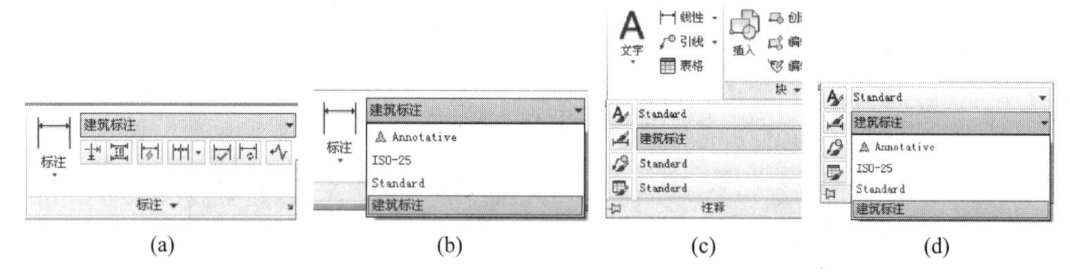

(a) (b) (c) (d)

图 4-6　当前标注样式设置

4. 标注子样式设置

在建筑制图尺寸标注中，线性标注的尺寸起止符号用 45°斜线，而直径半径角度的尺寸标注用的是箭头，所以在设置样式时要用子样式区分开来。具体操作如下：

打开“标注样式管理器”，在“建筑”标注样式的基础上，单击【新建】，弹出图 4-7（a）所示对话框，选择“用于”中“半径标注”或者“直径标注”，单击【继续】，在弹出的“新建标注样式：建筑：半径”对话框中的“符号和箭头”选项中选取“箭头”，如图 4-7（b）所示。单击【确定】返回“标注样式管理器”，如图 4-7（c）所示。

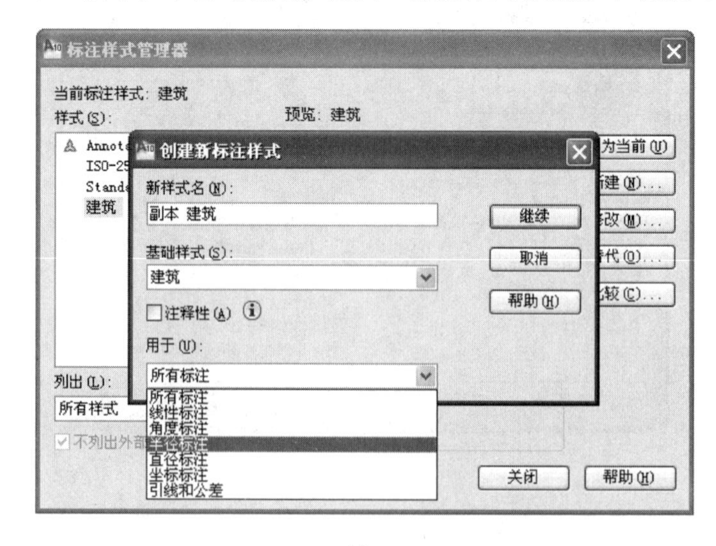

(a)

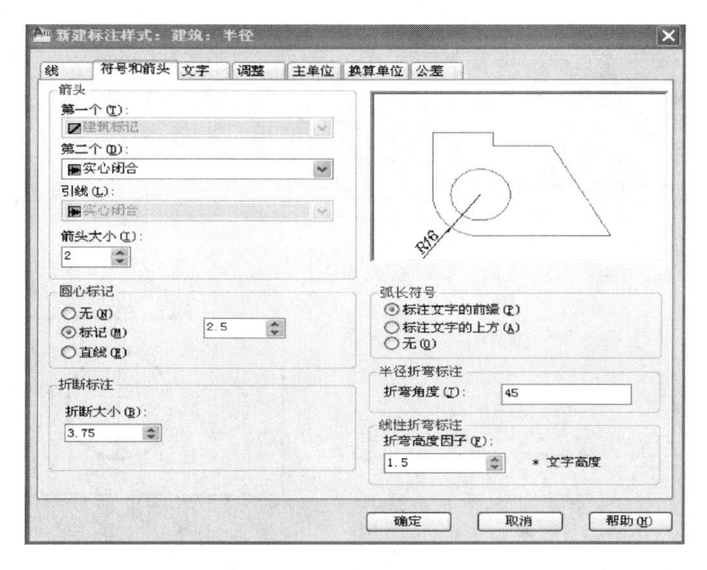

(b)

(c)

图 4-7　标注子样式设置

4.3　尺寸标注

针对尺寸标注的形式 AutoCAD 提供了相应的尺寸标注命令，在“常用”选项卡下“注释”面板上和“注释”选项卡下“标注”面板上均可以调用尺寸标注命令，如图 4-8 所示。

[例 4-1]　给图 4-9 所示的平面图形标注尺寸。

操作步骤：

1）线性尺寸标注

（1）单击 [线性] 按钮，光标拾取 $P1$、$P2$ 点，给出尺寸线与线段的距离，标注出尺寸 150。重复操作，拾取 $P3$、$P4$ 点，其中 $P4$ 点的拾取是利用对象捕捉与追踪功能，

追踪 $P5$ 点，标注出尺寸 35，如图 4-10（a）所示。

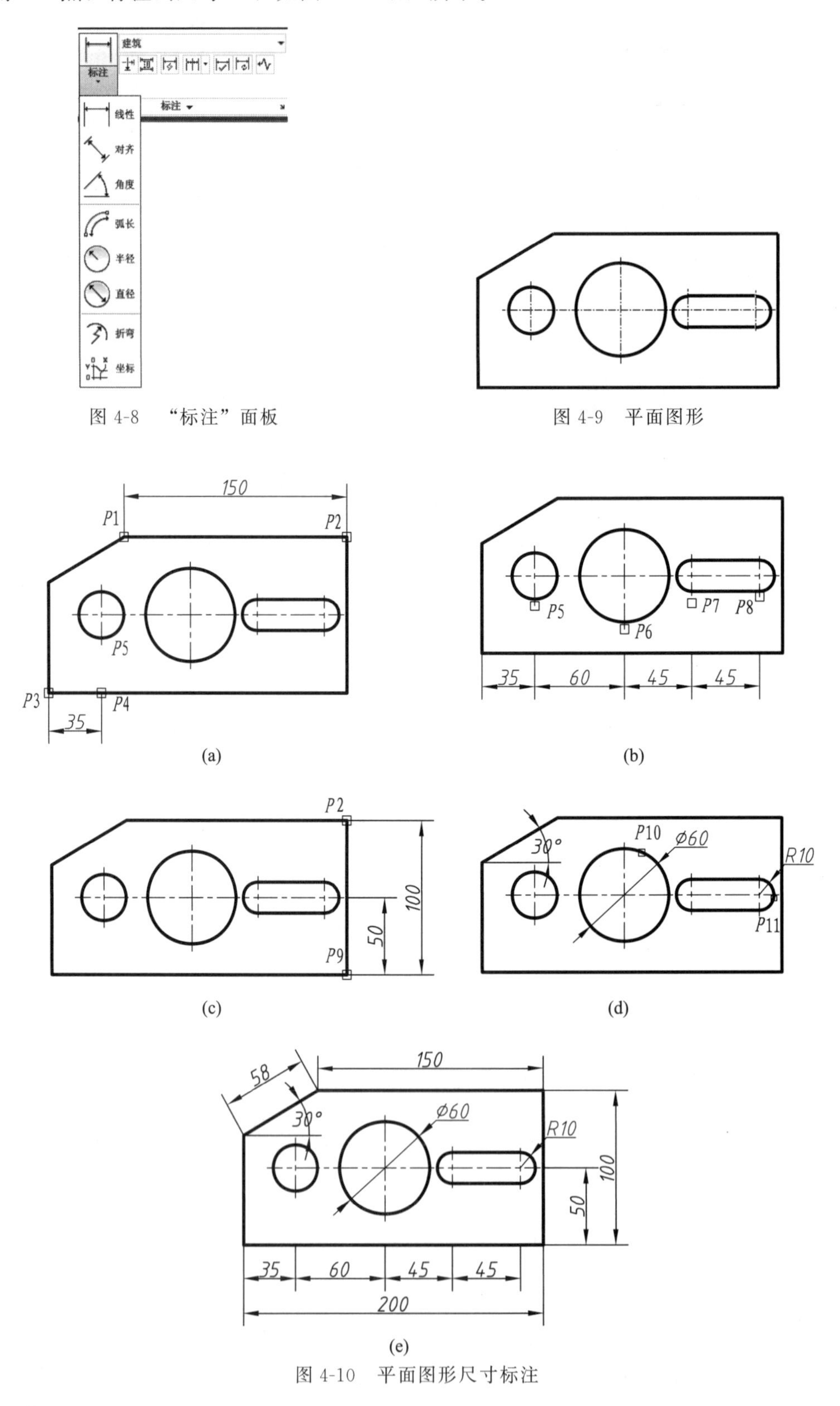

图 4-8 “标注”面板

图 4-9 平面图形

(a)

(b)

(c)

(d)

(e)

图 4-10 平面图形尺寸标注

（2）单击 连续 按钮，进行连续标注，如图 4-10（b）所示，注意标注第一个尺寸 35 要用线性标注，单击“连续”标注命令后，利用对象捕捉与追踪功能，依次追踪 $P5$、$P6$、$P7$、$P8$ 点，在图形下面的线段处拾取点，这样尺寸界线就与这条线对齐了。

（3）单击 基线 按钮，进行基线标注，如图 4-10（c）所示。其中第一个尺寸 35 要用线性标注，单击【基线】标注命令后拾取 $P2$、$P9$ 点，即可标注尺寸 100。

2）曲线尺寸标注

单击 直径 按钮，光标在圆弧上任意拾取一点 $P10$，即可注出直径尺寸；单击 半径 按钮，光标在半圆弧上任意取一点 $P11$，即可注出半径尺寸；单击 角度 按钮，光标分别在两条线上各拾取一点，即可注出角度尺寸。如图 4-10（d）所示。

3）综合标注

该平面图形尺寸标注结果如图 4-10（e）所示。

4.4 编辑标注

编辑标注可以改变尺寸标注的外形、标注的位置、数字的内容及位置。编辑的方法也是多种的，可以使用 DIMTEDIT 命令编辑标注文字的位置，或用夹点编辑尺寸线、尺寸界线、尺寸数字的位置，也可以应用“标注”面板上的命令编辑标注，还可以应用“特性”选项板编辑标注。

1. 夹点编辑标注

单击要编辑的尺寸标注，则该尺寸组出现五个夹点，如图 4-11 所示。单击每个夹点后，可以拖动该点移动。$P1$、$P2$、$P5$ 点意义相同，移动该点可改变尺寸线和尺寸数字的位置；$P3$、$P4$ 点意义相同，移动该点可改变尺寸界线的位置，如图 4-11（a）所示，拖动夹点 $P3$ 点向左移动，可得图 4-11（b）所示结果。

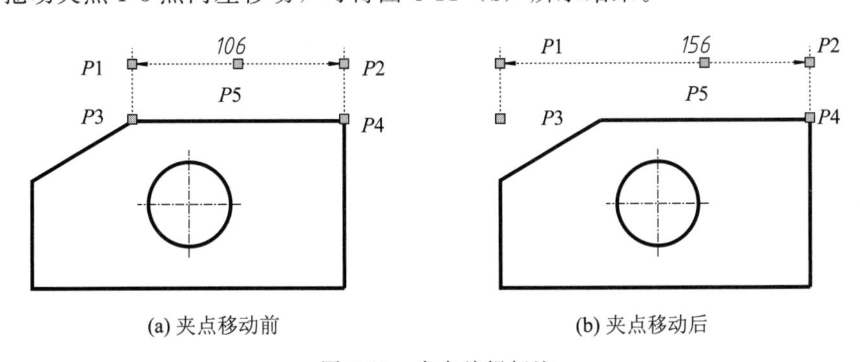

(a) 夹点移动前　　(b) 夹点移动后

图 4-11　夹点编辑标注

2. 尺寸数字编辑

AutoCAD2012 版中，双击尺寸数字即可进入编辑状态，可以增加和修改文字内容，如图 4-12 所示。

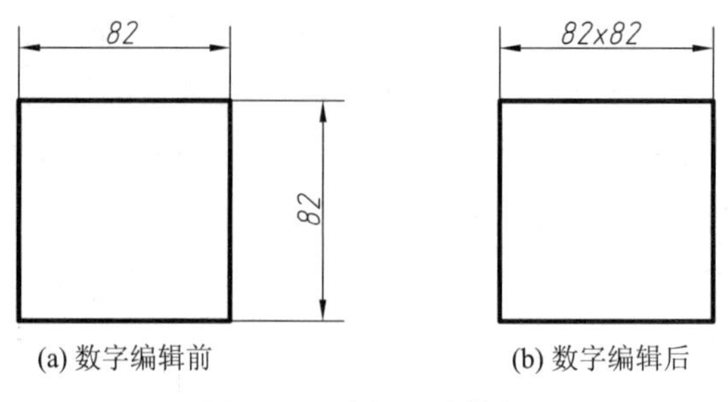

图 4-12　编辑尺寸数字

3. “特性”选项板编辑标注

单击选择要编辑的尺寸标注，如图 4-13（a）所示。再单击右键，弹出快捷菜单，如图 4-13（b）所示。单击“特性”，弹出“特性”选项板，如图 4-13（c）所示。在“特性”选项板上除了可以编辑标注样式外，还可以编辑标注文字及其他有关内容，例如在“文字替代”栏中填写“82×82”，结果如图 4-13（d）所示。

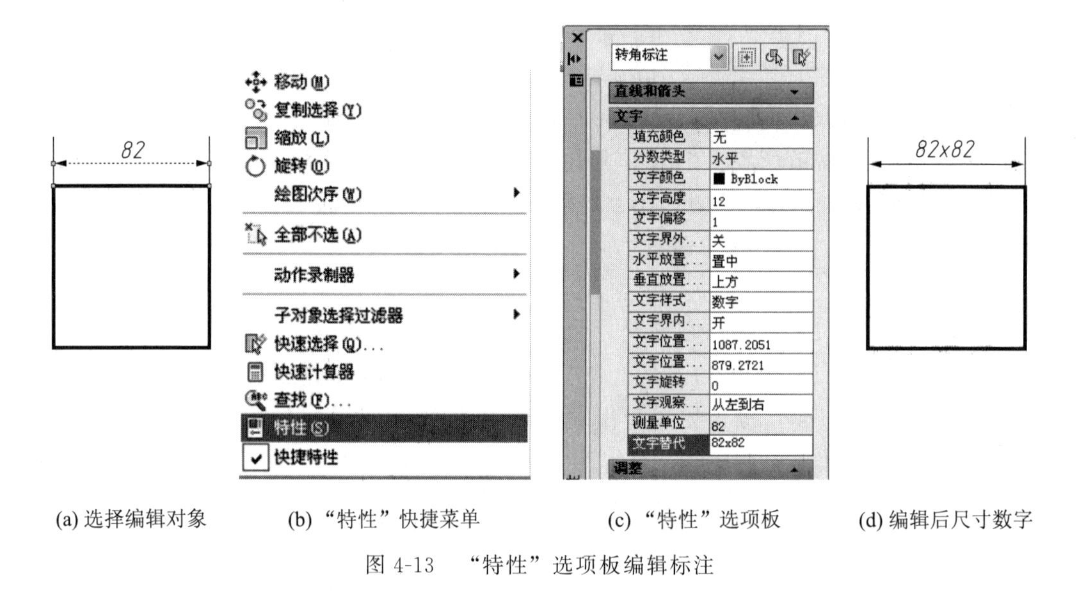

图 4-13　“特性”选项板编辑标注

第 5 章　图块与属性

在使用 AutoCAD 绘图时，如果图形中有大量相同或相似的内容（如门、窗、标高符号、表面结构符号等），则可以把要重复使用的复杂对象组成一组实体（称之为图块）。在需要时使用插入命令，以任意比例、任意角度插入到图形中即可。也可以将已有的图形文件建成图块直接插入到当前图形中，从而提高绘图效率。此外，用户还可以根据需要，为块创建属性，就是包含在块中的非图形的、且在插入时可以改变内容的文字对象，以说明块。

本章主要介绍图块及带属性图块的创建与插入。

5.1　图　　块

5.1.1　创建图块

图块的创建有两种方法：

（1）创建内部图块：在当前图形中创建块，通过插入命令将它插入到该图形中。

（2）创建外部图块：创建图块并以图形文件单独保存。通过写块命令将它做成块，再插入到其他图形中。

1. 创建内部块

1）命令操作

命令区：BLOCK；B。

功能区：插入/块定义/创建块。

2）操作步骤

如图 5-1 所示，在“插入”选项卡下的“块定义”面板中，单击【创建块】命令按钮，弹出如图 5-2 所示“块定义”对话框。需要定义图块名称、插入基点，并选择要定义成图块的对象，根据需要还可以进行一些其他的设置。其中主要设置如下：

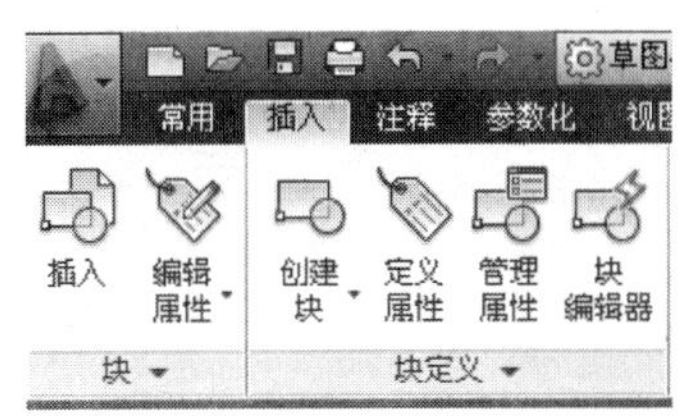

图 5-1　“块定义”面板

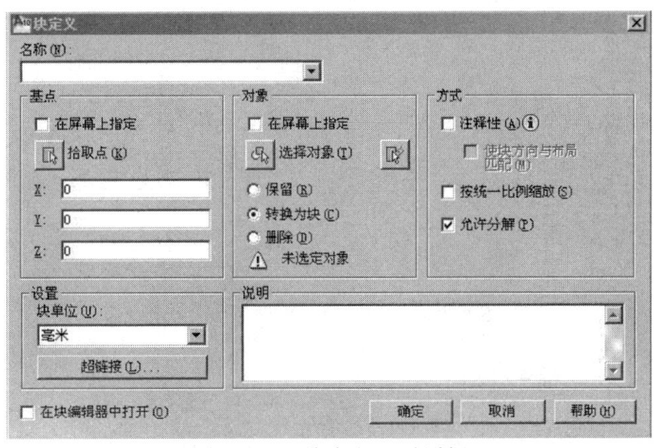

图 5-2　“块定义”对话框

（1）名称：用于指定块的名称。

（2）基点：用于指定块的插入基点，可以输入插入点坐标，默认值是（0，0，0）。一般选择在图形上拾取插入基点，即单击拾取点(K)按钮，暂时关闭对话框，用光标在当前图形中拾取插入基点，回到对话框，并显示出该点的坐标值。

（3）选择对象：用于指定新块中要包含的对象，以及创建块之后如何处理这些对象——是保留还是删除选定的对象，或者将它们转换成块。

（4）设置：用于指定块的设置。

提示：如果图块对象都在 0 层新建，且特性均设定为 Bylayer，则该图块插入时其属性将会沿用当前层的属性。若要在插入后保有原图块图层的特性，则在新建图块时，对象属性都不能设为 Bylayer 或 Byblock。

［**例 5-1**］　将图 5-3 所示单扇门图例创建成图块“门”，图形中直边长 10mm、双线间距 0.5mm。

操作步骤：

（1）按给定尺寸 1∶1 绘制单扇门图例图形。

（2）输入【创建块】命令，弹出图 5-2 所示“块定义”对话框，各参数设置如下：

①在“名称”文本框中输入块名“门”。

②单击【拾取点】按钮，拾取“门”图形的左下角点作为块的插入基点。

③单击【选择对象】按钮选择对象(T)，使用窗口方式选中所绘制的单扇门图例图形，回车完成对象选择，回到“块定义”对话框，可以预览到“门”图块图标，如图 5-4 所示。

④单击【确定】按钮，完成图块“门”的创建。

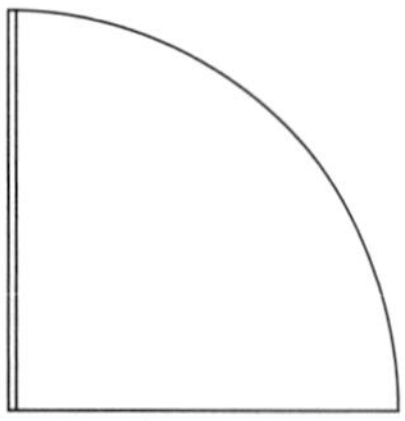

图 5-3　“门”图例

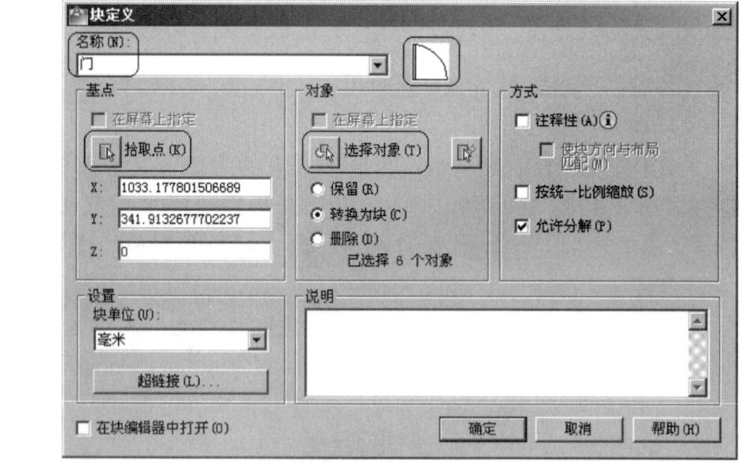

图 5-4　设置“块定义”对话框

2. 创建外部块

1）命令操作

命令区：WBLOCK；W。

功能区：插入/块定义/写块。

2）操作步骤

如图 5-5 所示，在“插入”选项卡的“块定义”面板中，单击【创建块】下拉命令按钮【写块】，弹出如图 5-6 所示“写块”对话框。“写块”对话框中“基点”和“对象”选项区的设置与“块定义”对话框是一致的，这里不再重复。“写块”和“块定义”对话框的区别在于“源”选项区和“目标”选项区。

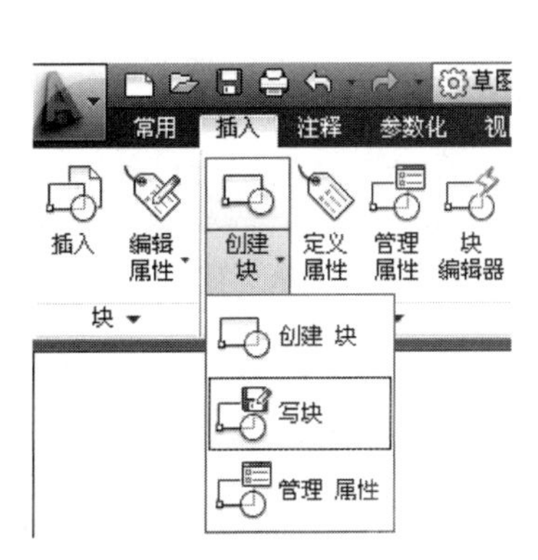

图 5-5 【写块】命令

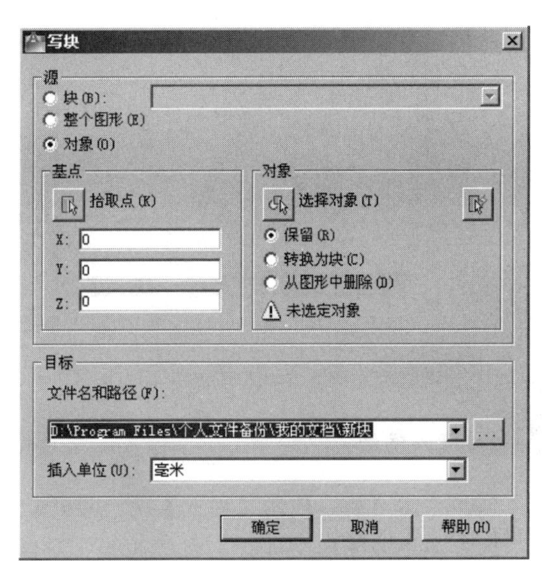

图 5-6 “写块”对话框

“源”是指对象来源，当选择“块”时，是将现有块保存为文件，可以从下拉列表框中选择。当选择“整个图形”时，选择当前图形作为一个块保存为文件。当选择“对象”时，类似于“创建块”操作，选择基点和对象创建块，然后保存为文件。

“目标”选项组用于设置图块保存的位置和名称。用户可以在“文件名和路径”下拉列表框中直接输入图块保存路径和文件名；或者单击 ... 按钮，打开“浏览图形文件”对话框，在“保存于”下拉列表框中选择保存路径，在“文件名”文本框中设置名称。

［**例 5-2**］ 通过“写块”操作，将图 5-3 所示“门”图例创建成外部图块“单扇门”，同时在 E 盘下创建“外部块”文件夹，并将其保存在该文件夹中。

操作步骤：

（1）绘制单扇门图例图形（同上）。

（2）输入【写块】命令，弹出如图 5-6 所示“写块”对话框。

①单击【拾取点】按钮，拾取“门”图形的左下角点作为插入基点，如图 5-7 所示。

②单击【选择对象】按钮，选中所绘制的门图例图形，回车完成对象选择。

③在“文件名和路径”下拉列表框中输入“E:\外部块\单扇门.dwg”，如图 5-8 所示。

④单击【确定】按钮，完成外部块的创建。

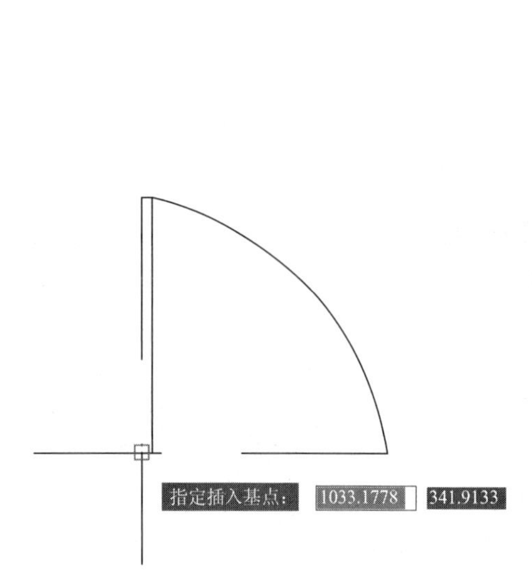

图 5-7　拾取“插入基点”

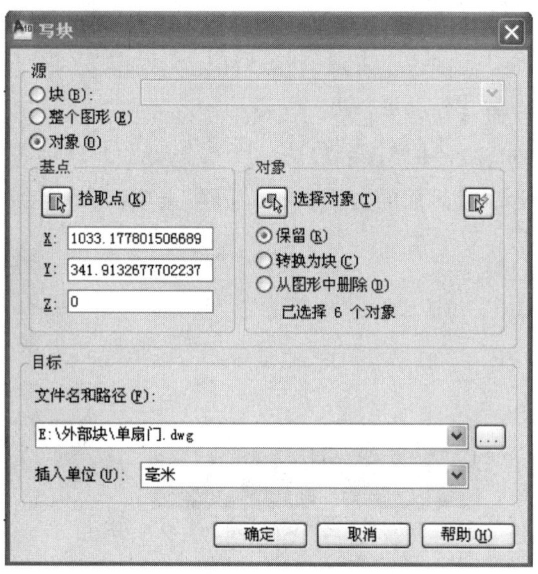

图 5-8　设置“写块”对话框

5.1.2　插入图块

创建完图块后，使用【插入】命令就可以将图块插入到图形中。

插入图块或图形文件时，在“插入”对话框中可以设置图块的插入点、比例和选择角度。下面举例说明插入图块的方法和步骤。

[例 5-3]　在图 5-9（a）所示图形的门洞处，插入已创建好的“门”图块，插入结果如图 5-9（b）所示。

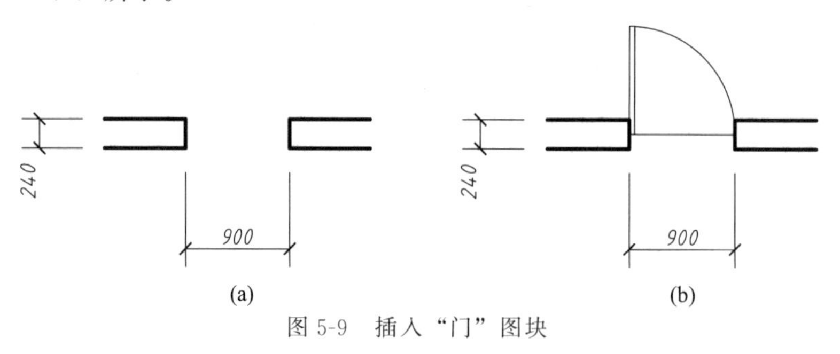

图 5-9　插入“门”图块

操作步骤：

（1）如图 5-10 所示，在“插入”选项卡的“块”面板中单击【插入块】命令按钮，将弹出图 5-11 所示“插入”对话框。

（2）在“插入”对话框的“名称”下拉列表中选择内部块“门”，或单击【浏览】，从弹出的“选择图形文件”对话框找到图形文件“单扇门”（外部图块）所在位置，并选择它。

（3）在“插入”对话框的“插入点”下勾选“在屏幕上指定”复选框，“缩放比例”选择“统一比例”复选框且比例为 0.9，“旋转”角度为 0。如果要将块中的对象作为单独的对象而不是单个块插入，需要选择“分解”复选框。

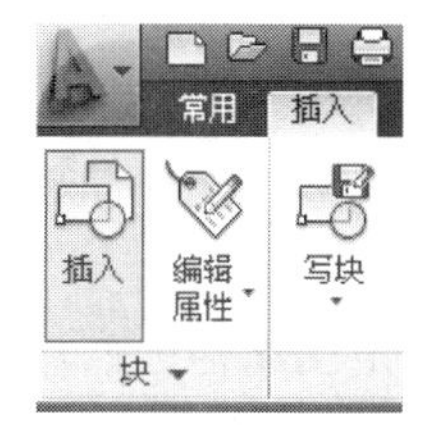

图 5-10 “块”面板

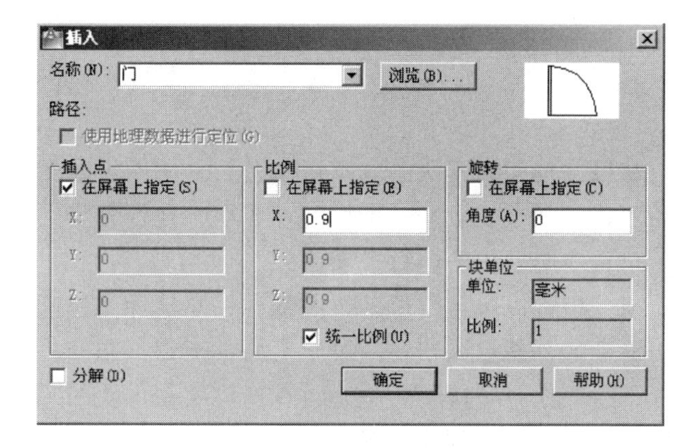

图 5-11 “插入”对话框

(4) 单击【确定】按钮，回到绘图窗口，命令行提示：

命令： _insert

指定插入点或［基点（B）/比例（S）/旋转（R）］：

(5) 捕捉门洞墙厚中点为插入点，即可完成“门”图块的插入操作。

［练习 5-1］ 用定义块的方法绘制窗图例，并插入到图 5-12 中，图样比例 1∶100。

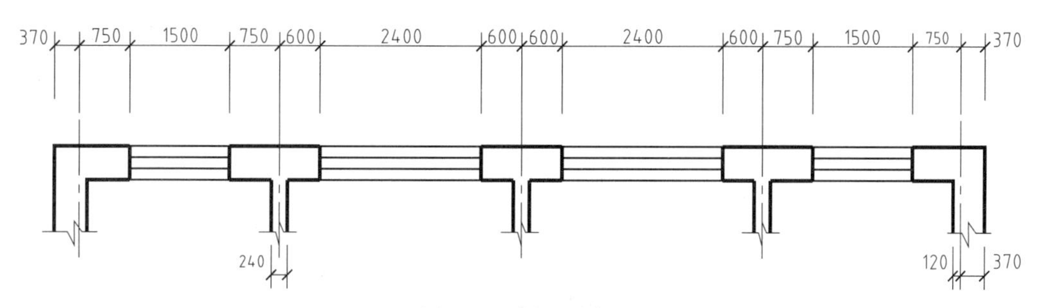

图 5-12 插入“窗”

提示：

第一步：绘制单位长度为 10mm×1mm 的窗图例图形，如图 5-13（a）所示；

第二步：将单位长度的窗图例图形定义成图块“窗”；

第三步：插入“窗”图块，注意按照窗洞口大小给定插入比例，如图 5-13（b）所示。

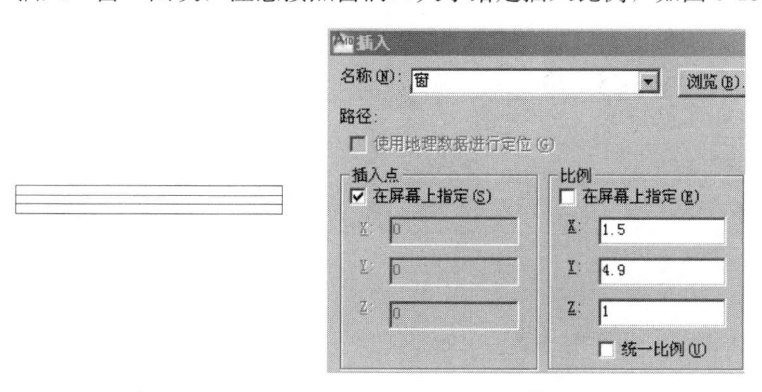

图 5-13 “窗”图块的创建与插入

5.2 带属性的图块

块属性是附属于块的非图形信息，是块的组成部分，是特定的可包含在块定义中的文字对象，并且在定义一个块时，属性必须预先定义而后被选定。通常情况下，在块的插入过程中属性用于进行自动注释。

属性中可以包含定位轴线的编号、建筑标高的标高值、零件编号、注释和名称等内容。对于每个新插入的块，可以为属性指定不同的值。

如果要让一个块带有属性，首先要绘制出块的图形文件，并定义属性，然后将属性连同图形对象一起创建成图块。

1. 命令操作

命令区：ATTDEF；A。

功能区：插入/块定义/定义属性。

2. 操作步骤

如图 5-14 所示，在“插入”选项卡下的“块定义”面板中，单击【定义属性】命令按钮，弹出如图 5-15 所示“属性定义”对话框。其中包含“模式”、“属性”、“插入点”和“文字设置”四个选项区。通过该对话框每次只能定义一个属性，但并不能指定它属于哪个图块，必须通过“块定义”对话框将它与相关的图形一起定义成一个新的图块。下面通过例题介绍如何创建及插入带属性的图块。

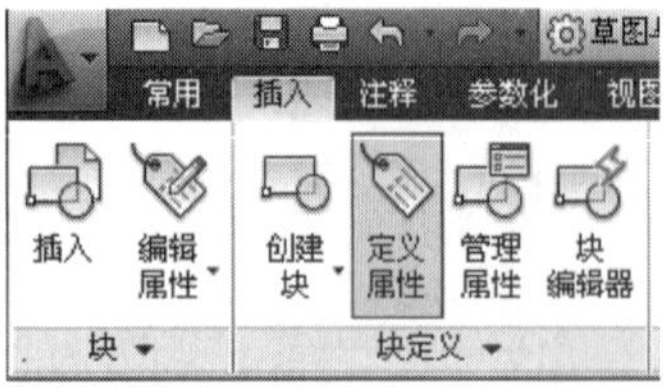

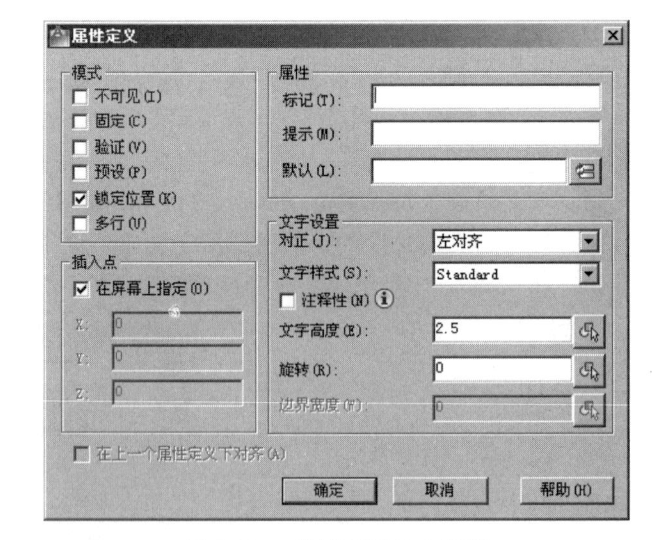

图 5-14 “块定义”面板

图 5-15 “属性定义”对话框

图 5-16 轴线圆

［例 5-4］ 如图 5-16 所示，给直径为 8mm 的轴线圆内的编号定义一个属性，属性设置：标记为“X”，提示为“输入轴线编号”，默认值为“1”。文字设置：对正为“正中”，文字样式为

"数字"（字体：gbenor，预先设定好文字样式），文字高度为"5"，旋转为"0"。属性的插入点为圆心。并将该属性与轴线圆一起定义为"轴线号"的图块，图块的插入点为轴线圆顶部的象限点。

操作步骤：

（1）绘制直径为8mm的细实线轴线圆。

（2）执行【定义属性】命令，弹出如图5-15所示"属性定义"对话框。

①属性设置：在"标记"文本框中输入"X"；在"提示"文本框中输入"输入轴线编号"；在"默认"文本框中输入"1"。

②文字设置：在"对正"下拉列表框中选择"正中"；在"文字样式"下拉列表框中选择"数字"；在"文字高度"文本框中输入"5"；旋转为默认设置"0"。如图5-17所示；

③单击"确定"按钮，回到绘图区，命令行提示：

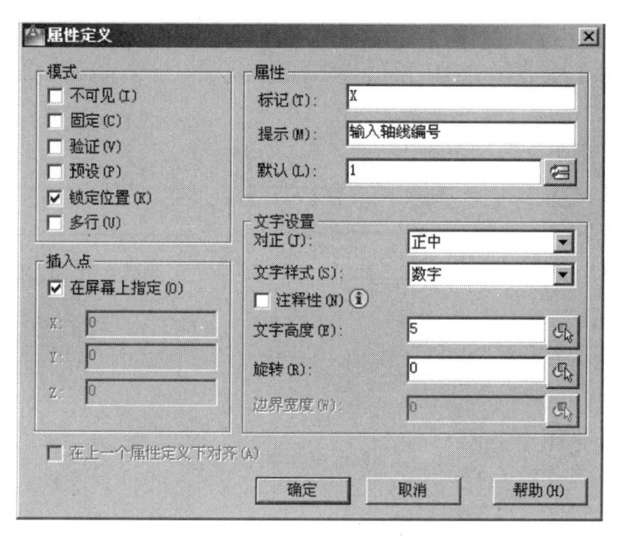

图5-17 "属性定义"的设置

命令：_attdef

指定起点：（拾取圆心为属性的插入点，结果如图5-18所示）

（3）输入【创建块】命令，弹出"块定义"对话框各参数设置如下：

图5-18 属性定义与轴线圆

①在"名称"文本框中输入块名"轴线号"。

②单击【拾取点】按钮，拾取轴线圆顶部的象限点作为插入基点。

③单击【选择对象】按钮 选择对象(T)，将轴线圆连同属性一起选中，回车完成对象选择，回到"块定义"对话框。

④单击【确定】按钮，完成带属性图块"轴线号"的创建。

［练习5-2］ 利用例5-4创建的带属性图块"轴线号"绘制图5-19所示轴号，比例1∶100。

提示：打开例5-4的图形文件，先用【直线】、【偏移】命令绘制直线，然后执行【插入块】命令，完成轴号的绘制。

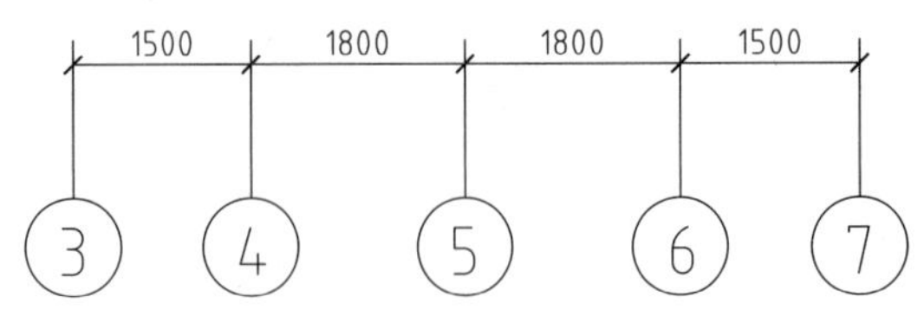

图 5-19　绘制轴号

图 5-20　表面结构符号

［**例 5-5**］　用定义带属性图块的方法绘制图 5-20 所示表面结构符号。

操作步骤：

（1）在 0 图层绘制表面结构符号。绘制长 15mm 的直线，采用【偏移】命令画出另外两条直线，偏移距离为 3.5mm，右键单击状态栏的“极轴”，然后单击“设置”。在弹出的对话框中，在“极轴追踪”选项卡中将“增量角”设置为 60。选取【修剪】、【删除】命令，修剪图形并删除多余线段，步骤如图 5-21（a）、（b）所示。

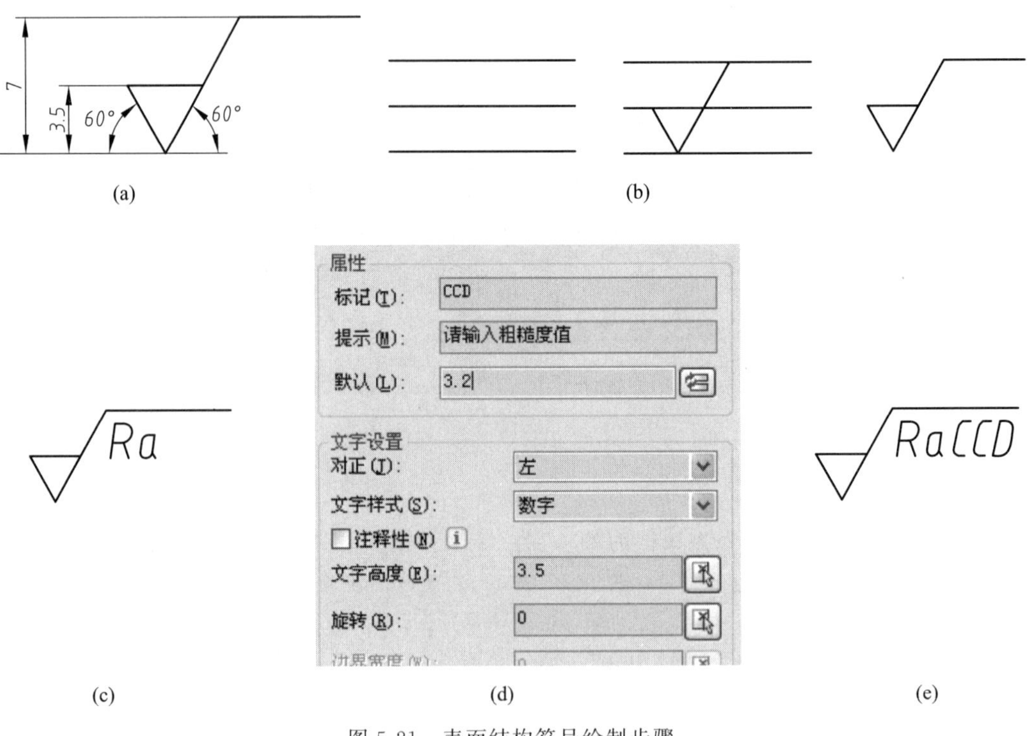

图 5-21　表面结构符号绘制步骤

（2）选取【单行文字】命令，设置“文字高度”为 3.5，输入文字“*Ra*”，确定后将文字移至恰当位置，如图 5-21（c）所示。

（3）执行【定义属性】命令，打开块“属性定义”对话框，填写对话框所需内容，如图 5-21（d）所示。确定后得图 5-21（e）。

（4）执行【创建块】命令，打开“块定义”对话框，给出块名称，将图 5-21（e）作为对象选中，单击“确定”，带属性块的表面结构符号制作完毕。

［例 5-6］ 用定义带属性图块的方法绘制图 5-22 所示标高符号，尺寸根据国标确定。

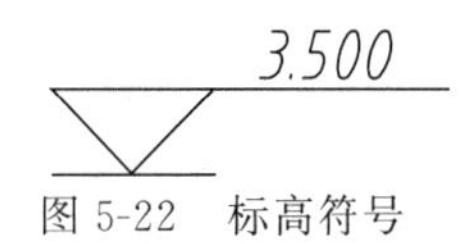

图 5-22 标高符号

操作步骤：

（1）执行【直线】命令，绘制如图 5-23（a）所示的图形。

（2）执行【直线】命令，绘制如图 5-23（b）所示的图形。

（3）执行【删除】命令，删除多余直线，如图 5-23（c）所示。

（4）执行【定义属性】命令，弹出“属性定义”对话框，设置相关内容，如图 5-23（d）所示。

（5）将标记的数字“3.500”插到如图 5-22 所示图形的位置。

（6）执行【创建块】命令，弹出“块定义”对话框，给出块名称，选择三角形下部顶点为块的插入点，将图 5-22 作为对象选中，单击【确定】，带属性块的标高符号制作完毕。

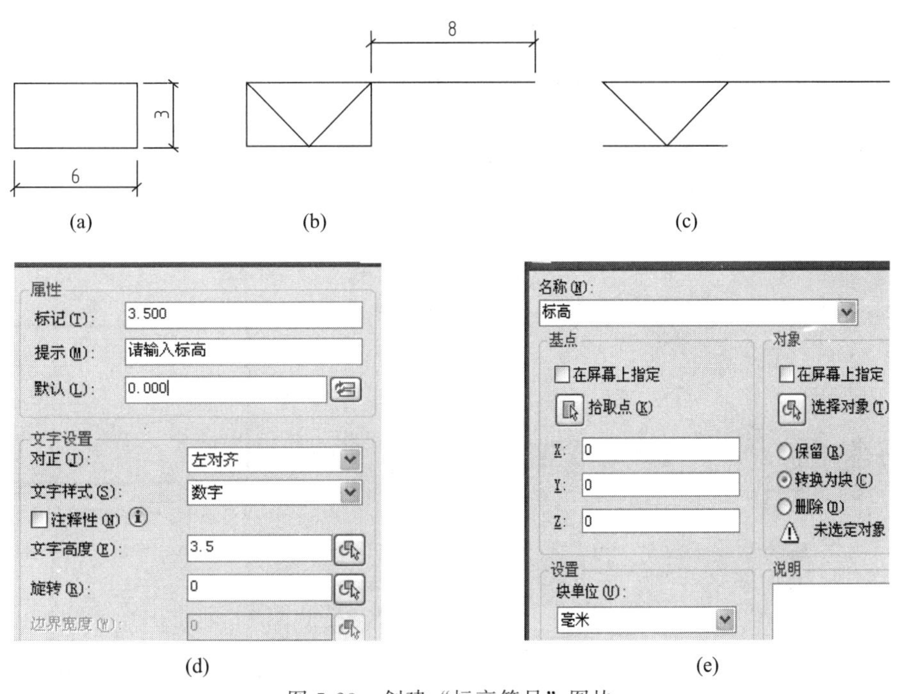

图 5-23 创建“标高符号”图块

［练习 5-3］ 完成如图 5-24（a）所示标题栏。将该标题栏定义成块，并将图名及比例、图号、日期所对应的右边格内定义成属性。

提示：

首先按照图 5-24（a）尺寸绘制标题栏图形，书写文字，然后在题目要求的格内分别定义属性，最后将所有属性和标题栏图形一起创建成图块。具体步骤如下。

第一步：将图名处定义成“图名”属性，字高为 7，如图 5-24（b）。

第二步：将比例后待填的空定义成“比例”属性，字高为 5，如图 5-24（c）。

第三步：将图号和日期右侧空格用同样的方法定义成相应的属性（图 5-24（d））。

第四步：最后将定义好属性的标题栏定义成图块（图 5-24（e））。

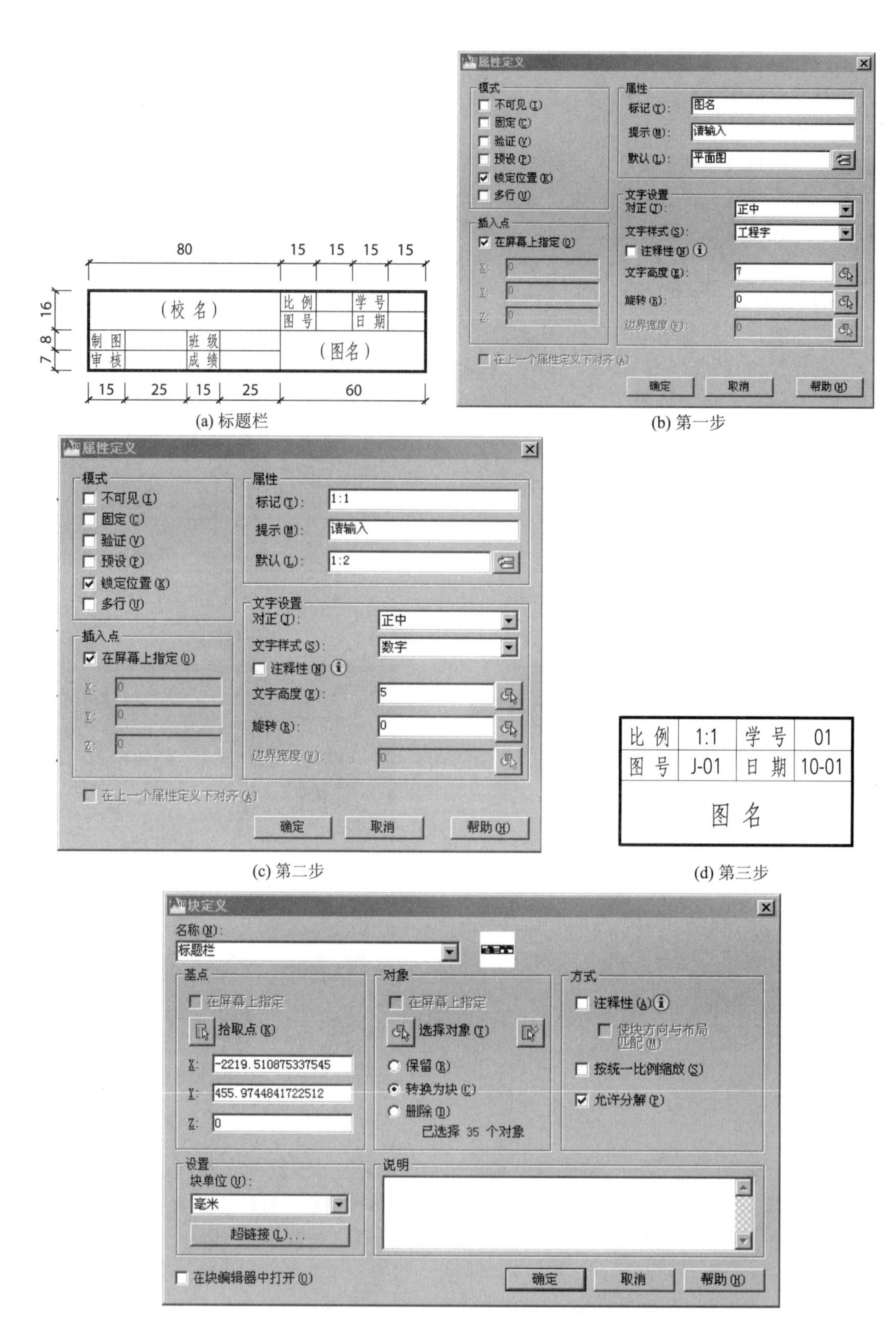

(a) 标题栏

(b) 第一步

(c) 第二步

(d) 第三步

(e) 第四步

图 5-24 标题栏绘制步骤

第 6 章　三维绘图基本操作

AutoCAD 2012 提供了三维绘图功能，并专门提供了用于三维绘图的工作界面——三维建模和三维基础，可以对三维对象进行移动、复制、镜像、旋转、对齐、阵列等操作，或对实体进行布尔运算，编辑边面、和体等操作。因此，可以创建曲面模型和基本实体模型，并能够将基本实体模型编辑成复杂模型。通过本章的学习，可使读者了解 AutoCAD 的三维绘图基本概念与基本操作。

6.1　三维建模界面介绍

6.1.1　三维建模界面

AutoCAD 2012 注重了三维设计，当打开软件之后是二维的“草图与注释”模式，在“快捷访问工具栏”单击 草图与注释 按钮，在下拉列表中选择“三维建模”。也可以用以下方法切换到三维模式，单击右下角的“切换工作空间”，选择“三维建模”，如果需要切换成二维界面，则还是继续单击右下角的“切换工作空间”，选择“草图与注释”。

如果以文件 ACADISO3D. DWT 为样板建立新图形，可以直接进入三维绘图工作界面，即三维建模界面，如图 6-1 所示。

三维建模界面内容包括以下几个部分。

（1）坐标系图标。

坐标系图标显示成了三维图标，且默认显示在当前坐标系的坐标原点位置，而不是绘图窗口的左下角。

（2）光标。

在三维建模界面中，光标变为三维光标，并且显示出坐标轴的标签（即 X、Y、Z）。

（3）功能区。

功能区中有：常用、实体、曲面、网格、渲染、插入、注释、视图、管理和输出十个选项卡，每个选项卡对应多个面板，每个面板上有一些命令按钮。

（4）View Cube。

View Cube 是一个三维导航工具，利用它可以方便地将视图按不同的方位显示。

（5）切换工作空间。

需要三维绘图时，选择“三维建模”，如果需要切换成二维界面，则单击右下角的“切换工作空间”，选择“草图与注释”即可。

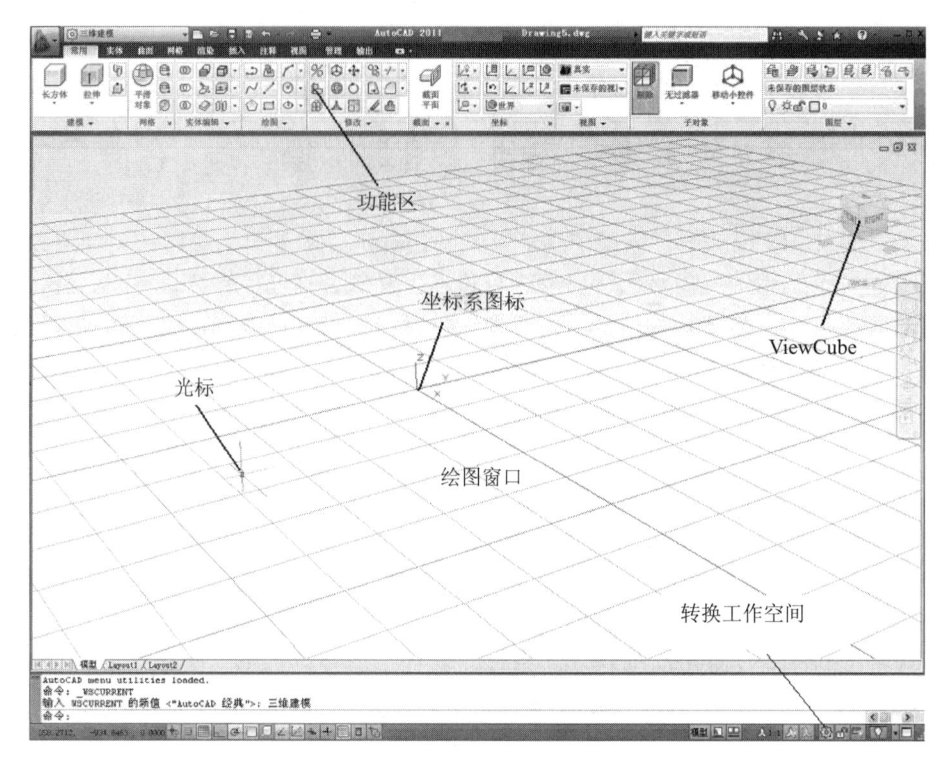

图 6-1　三维建模界面

6.1.2　视觉样式

利用 AutoCAD 提供的“视图”选项卡下的“视觉样式”面板、“视图”菜单或工具栏，可以更方便地设置视觉样式，如图 6-2（a）、（b）所示。

AutoCAD 2012 通过“视觉样式”来控制三维模型的显示方式，可将模型以真实二维线框、三维线框、三维隐藏、概念等视觉样式显示，如图 6-2（c）～（f）所示。

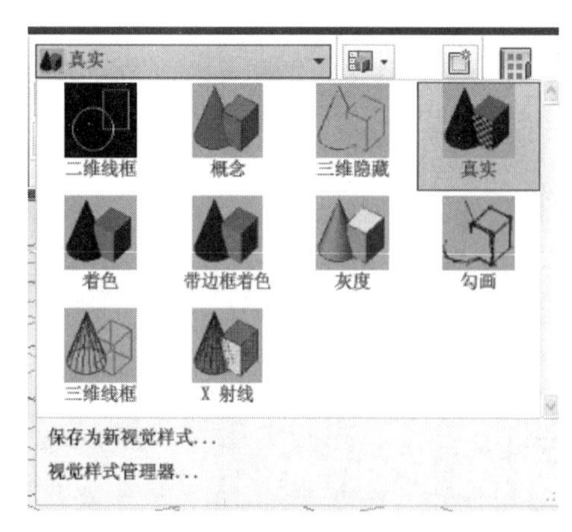

(a)“视觉样式”面板

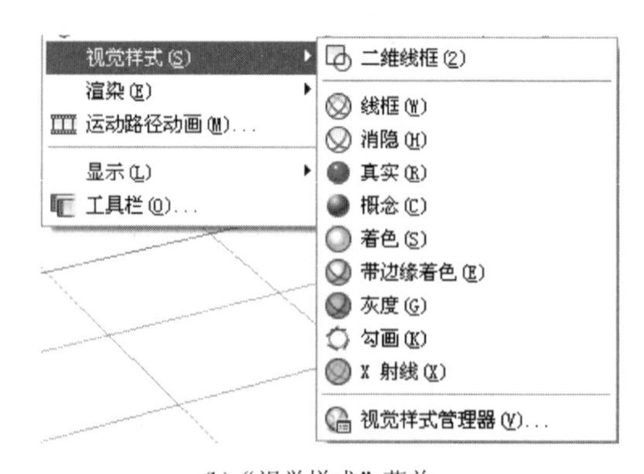

(b)“视觉样式”菜单

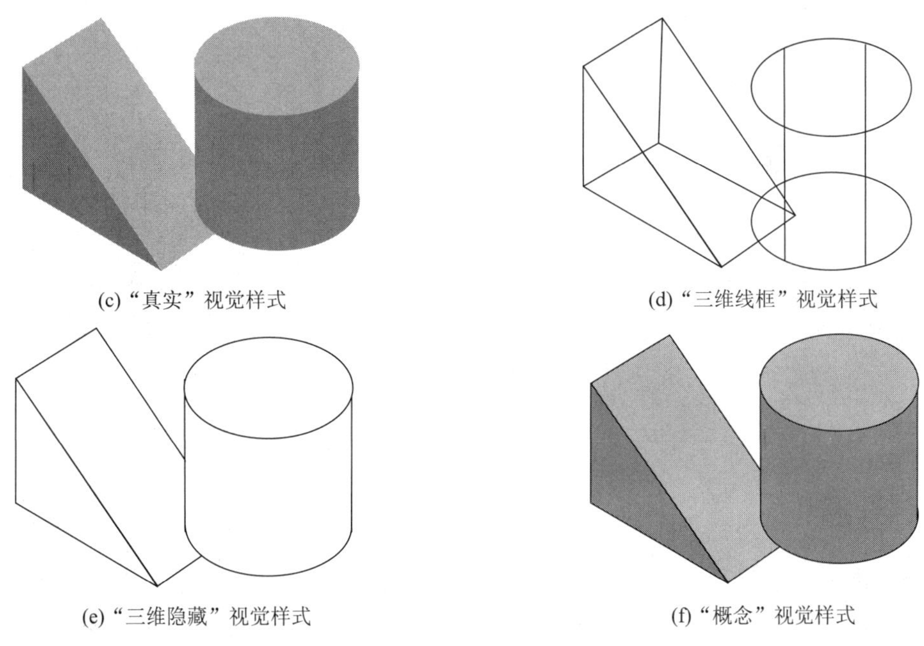

(c)“真实”视觉样式　(d)“三维线框”视觉样式

(e)“三维隐藏”视觉样式　(f)“概念”视觉样式

图 6-2　视觉样式

6.1.3　用户坐标系

世界坐标系（World Coordinate System，WCS）又称通用坐标系或绝对坐标系，其原点以及各坐标轴的方向固定不变。二维绘图时使用的坐标系一般是世界坐标系。AutoCAD允许用户定义自己的坐标系，即用户坐标系（User Coordinate System，UCS）。三维绘图时一般要用到用户坐标系。用于定义UCS的命令是【UCS】，但利用AutoCAD 2012提供的“工具”菜单或工具栏，可以方便地创建UCS。图6-3所示为用于UCS操作的菜单命令、功能区以及工具栏。

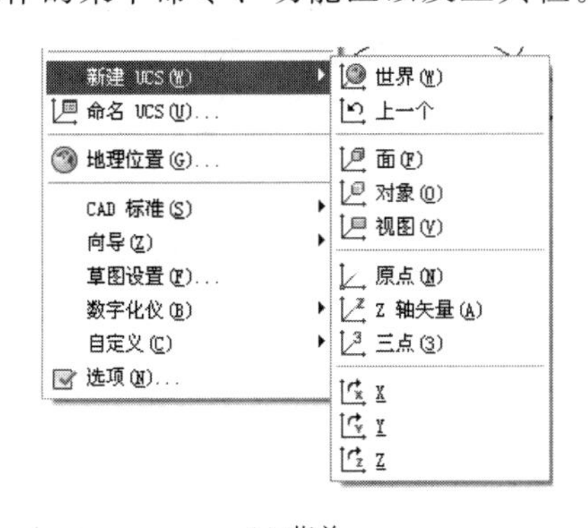

(a) 菜单

(b)“坐标”面板

(c) UCS 工具栏

图 6-3　“坐标系”命令

用户坐标系非常重要，在三维绘图过程中，首先要确定二维的图形。该过程是在 *XOY* 坐标系中进行的，如需要在其他方向绘制二维图形，必须新建坐标系，过程如图 6-4 所示。

(a) 坐标系位于长方体的左前下　　(b) 选择“UCS”命令创建新坐标系　　(c) 坐标系位于长方体的上面

图 6-4　确定坐标系

6.1.4　视点

视点用于确定观察三维对象的观察方向。当用户指定视点后，AutoCAD 将该点与坐标原点的连线方向作为观察方向，并在屏幕上显示图形沿此方向的投影。

利用“视图”可以快速地确定一些特殊视点。视图的设置有三种方法：①在下拉菜单“视图”/“三维视图”中选择几个特殊角度的视图。②单击工具栏里面的视图，可以选择几个特殊角度的视图。③在“视图”面板上选择几个特殊角度的视图。如果需要新建个角度来观察视图，单击命名视图就可以了，如图 6-5 所示。

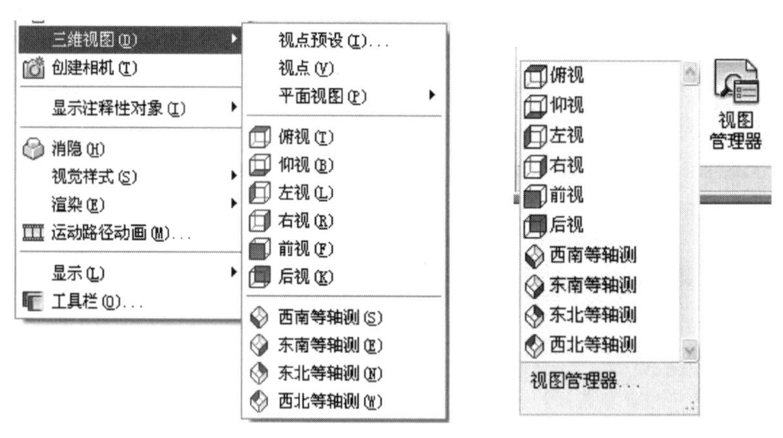

图 6-5　视图的设置

6.2　绘制简单三维对象

6.2.1　创建基本实体模型

1. 创建长方体

在 AutoCAD 2012 中，单击功能区中的“常用”/“建模”/【长方体】命令按钮，或者单击“建模”工具栏上的【长方体】命令按钮（AutoCAD 经典），或者选择下拉菜单“绘图”/“建模”/【长方体】命令，或者直接执行 BOX 命令，都可启动创建长方体的操作。

在“建模”面板上单击按钮，按命令区的提示要求给出长方体的起点及底面的长、宽和长方体的高，如画正方体选择“c”，再给出正方体的边长。操作如下：

（1）在“视图”面板上选择视图方向为【西南等轴测】，在“视觉样式”面板上选择【概念】，如图 6-6（a）、（b）所示。

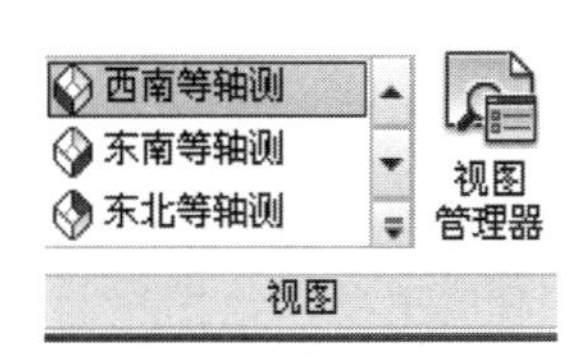

(a) 选择“西南等轴测”视图

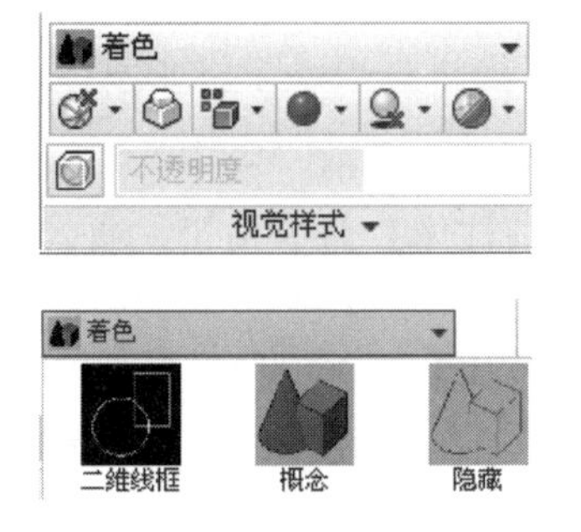

(b) 选择“概念”视图样式

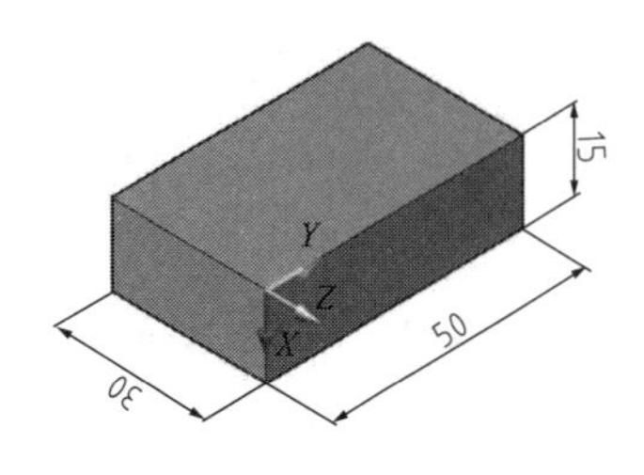

(c) 绘制的长方体

图 6-6　绘制长方体

（2）单击按钮。命令提示：

命令：_box

指定第一个角点或［中心（C）］：0，0

指定其他角点或［立方体（C）/长度（L）］：30，50

指定高度或［两点（2P）］<45.4564>：15

所绘长方体如图 6-6（c）所示。

也可以应用【矩形】命令，先绘制长方体的底面，然后利用【拉伸】命令绘制矩形。操作如下：

在“绘图”面板上，单击【矩形】命令按钮，命令行提示：

命令：_rectang

指定第一个角点或［倒角（C）/标高（E）/圆角（F）/厚度（T）/宽度（W）］：0，0

指定另一个角点或［面积（A）/尺寸（D）/旋转（R）］：30，50

如图 6-7（b）所示，在“建模”面板上，单击按钮（图 6-7（c）），命令提示：

命令：_extrude

当前线框密度：ISOLINES=4，闭合轮廓创建模式=实体

选择要拉伸的对象或［模式（MO）］：找到 1 个　　　　（选择已绘制的矩形）

选择要拉伸的对象或［模式（MO）］：　　　　（回车结束）

指定拉伸的高度或［方向（D）/路径（P）/倾斜角（T）/表达式（E）］<15.0000>：15（给出长方体的高度），如图 6-7（d）所示。

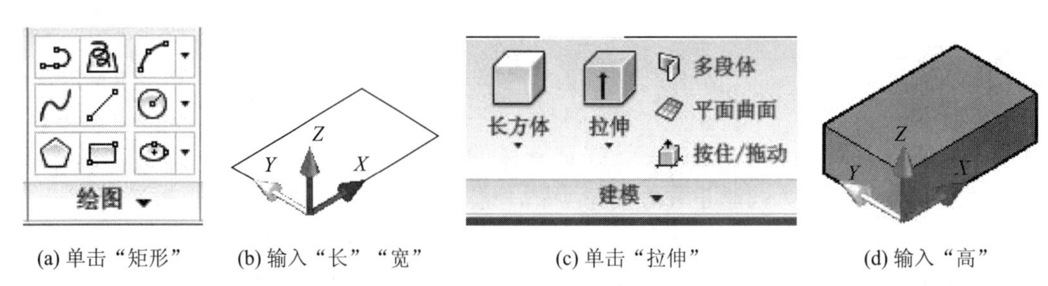

(a) 单击“矩形”　(b) 输入“长”“宽”　(c) 单击“拉伸”　(d) 输入“高”

图 6-7　利用“拉伸”绘制长方体

2. 创建圆柱体

在 AutoCAD 2012 中，单击功能区中的“常用”/“建模”/【圆柱体】命令按钮，或者单击“建模”工具栏上的【圆柱体】命令按钮，或者选择下拉菜单“绘图”/“建模”/【圆柱体】命令，或者直接执行 CYLINDER 命令，都可启动创建圆柱体的操作。

在“建模”面板上单击【圆柱体】命令按钮，如图 6-8（a）所示。按命令区的提示要求给出圆柱底面的起点、直径和圆柱体的高，即可绘出如图 6-8（b）所示的圆柱体。

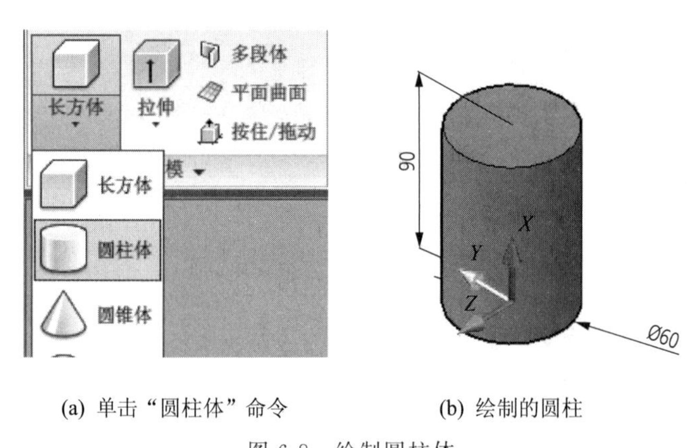

(a) 单击“圆柱体”命令　(b) 绘制的圆柱

图 6-8　绘制圆柱体

操作如下：

（1）选择视图方向为【西南等轴】视图，视觉样式选择【概念】。

（2）单击【圆柱体】命令按钮，命令行提示：

命令：_cylinder

指定底面的中心点或［三点（3P）/两点（2P）/切点、切点、半径（T）/椭圆（E）］：0，0

指定底面半径或［直径（D）］：30

指定高度或［两点（2P）/轴端点（A）］：90

命令行提示说明：

“指定底面的中心点”选项用于确定圆柱体底面的中心点位置。

“三点（3P）、两点（2P）、相切、相切、半径（T）”这三个选项分别用于以不同方式确定圆柱体的底面圆，其操作与用 CIRCLE 命令绘制圆的操作相同。

“椭圆（E）”创建椭圆柱体，即横截面是椭圆的圆柱体。

“直径（D）”选项输入直径。

“指定高度”选项要求用户指定圆柱体的高度，即根据高度创建圆柱体。

“两点（2P）”选项要求指定两点，以这两点之间的距离为圆柱体的高度。

“轴端点（A）”选项用于根据圆柱体另一端面上的圆心位置创建圆柱体。

3. 创建基本几何形体

创建基本几何形体的方法，同创建长方体、圆柱体的方法相同，在功能区“常用”选项板下的“建模”面板中，单击“长方体”下“▼”命令列表，选取相应的形体命令，按照“命令提示”要求给出绘图的基本要素，即可绘出相应的形体。

4. 平面立体组合实例

［例 6-1］ 绘制如图 6-9（a）所示的平面组合体。

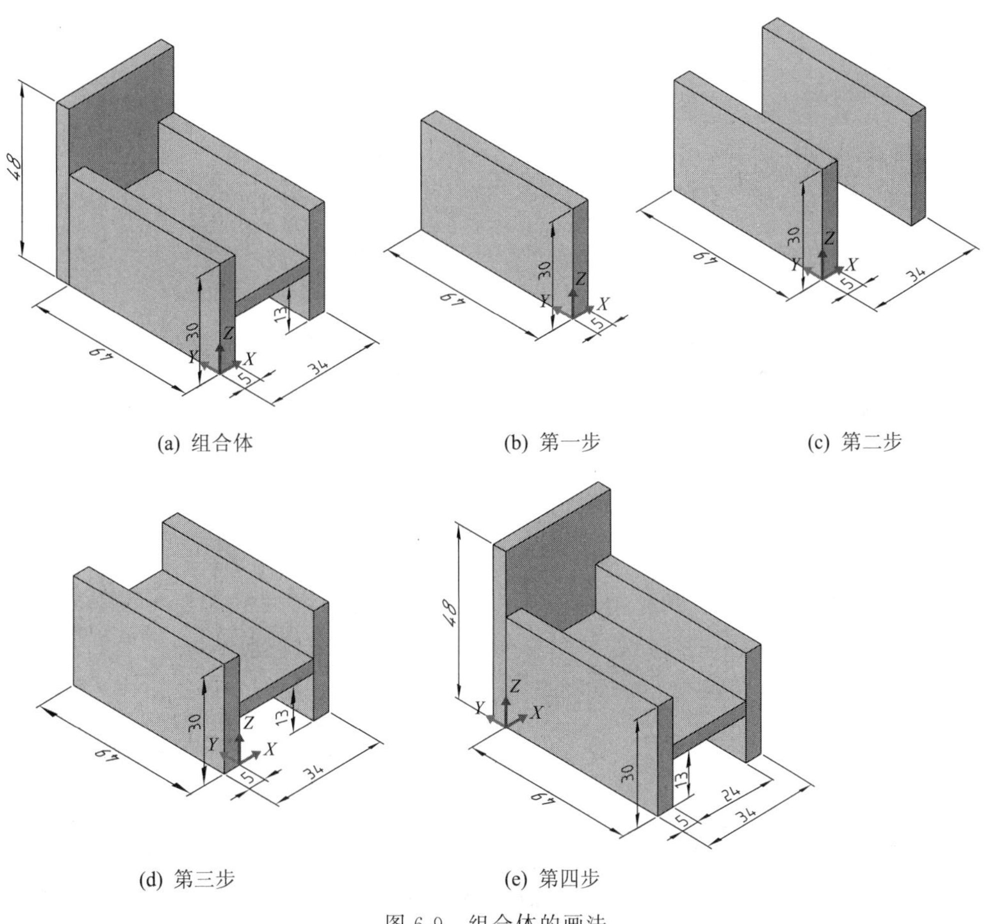

图 6-9 组合体的画法

绘图步骤：

首先，选择视图方向为【西南等轴测】视图，视觉样式选择【概念】。

第一步：单击【长方体】命令，绘制长 5、宽 49、高 30 的长方体。如图 6-9（b）所示。

第二步：应用“修改”面板上【复制】命令，将该长方体沿 *X* 轴方向复制，距离为 29。如图 6-9（c）所示。

第三步：绘制中间长方体。将光标移动到第一个长方体的右前下角，绘制长 24、宽 49、高 4 的长方体，应用“修改”面板上【移动】命令，将该长方体沿 *Z* 轴方向向上移动 13。如图（d）所示。

第四步：绘制后面长方体。将光标移动到第一个长方体的右后下角，绘制长 34、宽 4、高 48 的长方体。如图 6-9（e）所示。

6.2.2 三维实体特性编辑

1. 拉伸

拉伸是指通过将二维封闭对象按指定的高度或路径拉伸来创建三维实体，如图 6-10 所示。

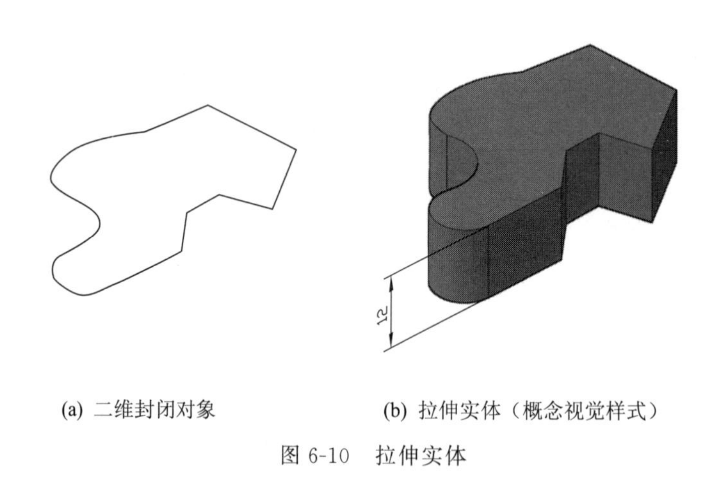

(a) 二维封闭对象　　(b) 拉伸实体（概念视觉样式）

图 6-10　拉伸实体

在 AutoCAD 2012 中，单击功能区中的“常用”/“建模”/【拉伸】命令按钮，或者单击“建模”工具栏上的【拉伸】命令按钮，或者选择下拉菜单“绘图”/“建模”/【拉伸】命令，或者直接执行 EXTRUDE 命令，可启动创建拉伸实体的操作。

操作如下：

(1) 创建一个二维的平面图形，如果该图形的边框不是一个实体，则用“常用”/“绘图”/【面域】将其构造成一个实体，单击【面域】按钮，按命令提示要求选择所有边框，回车结束。

(2) 单击“控制面板”上按钮。命令行提示如下：

命令：_extrude

当前线框密度：ISOLINES=4，闭合轮廓创建模式=实体

选择要拉伸的对象或［模式（MO）］：_MO 闭合轮廓创建模式［实体（SO）/曲面（SU）］<实体>：_SO

选择要拉伸的对象或［模式（MO）］：找到 1 个　　　　　　（单击二维封闭线框）

选择要拉伸的对象或［模式（MO）］：　　　　　　　　　　（回车，选择结束）

指定拉伸的高度或［方向（D）/路径（P）/倾斜角（T）/表达式（E）］＜－12.8787＞：12　　　　　　　　　　　　　　　　　　　　　　　（给出拉伸高度）

选项说明：［方向（D）］用于确定拉伸方向，［路径（P）］用于按路径拉伸，［倾斜角（T）］用于确定拉伸倾斜角，［表达式（E）］表示通过表达式确定拉伸角度。

［例 6-2］　用所学的“拉伸”方法，完成如图 6-11（a）所示的组合体。

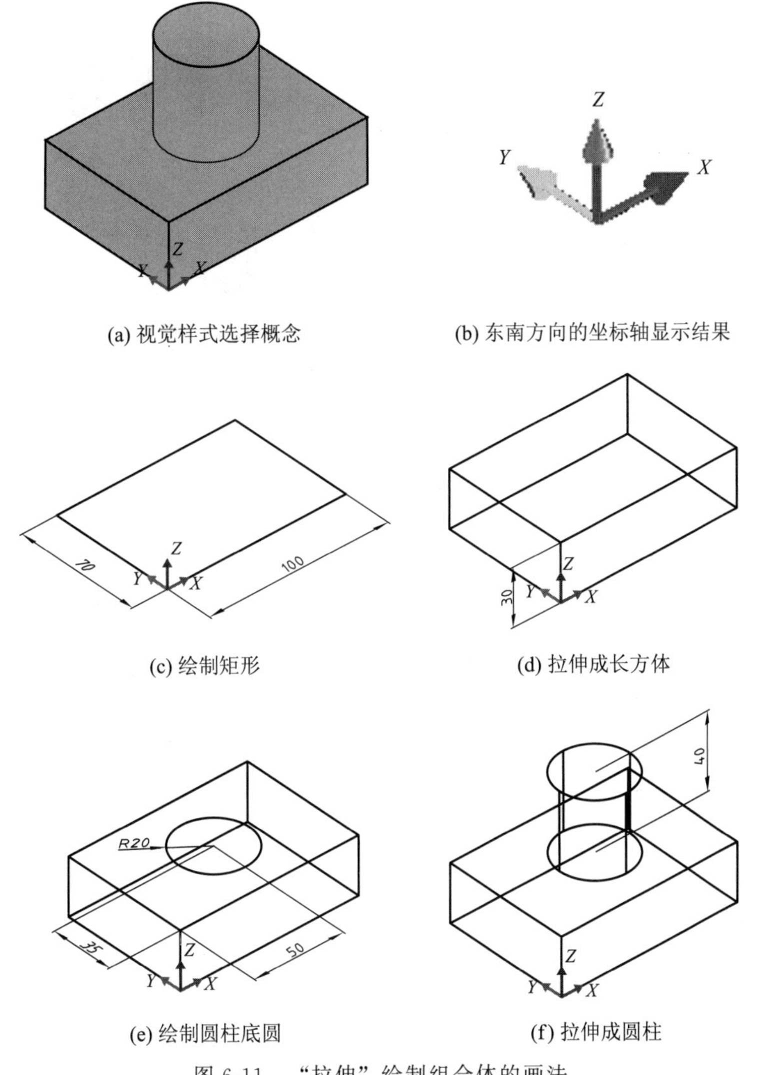

(a) 视觉样式选择概念　(b) 东南方向的坐标轴显示结果

(c) 绘制矩形　(d) 拉伸成长方体

(e) 绘制圆柱底圆　(f) 拉伸成圆柱

图 6-11　“拉伸”绘制组合体的画法

操作步骤如下：

(1) 选择【东南等轴测】视图，将视图转换为东南视点，此时坐标轴显示如图 6-11（b）所示。视觉样式选择【二维线框】。

(2) 用【直线】命令绘制矩形，如图 6-11（c）所示，用【面域】命令将其构造成一个实体。

（3）用【拉伸】命令将矩形向上拉伸 30，如图 6-11（d）所示。

（4）将光标移到矩形上面左前角点，用【圆】命令绘制底圆，如图 6-11（e）所示。

（5）用【拉伸】命令将圆向上拉伸 40，如图 6-11（f）所示。

（6）将视觉样式选择为【概念】，即可绘制出如图 6-11（a）所示组合体图形。

2. 旋转

旋转是指通过绕轴旋转封闭二维对象来创建三维实体，如图 6-12 所示。

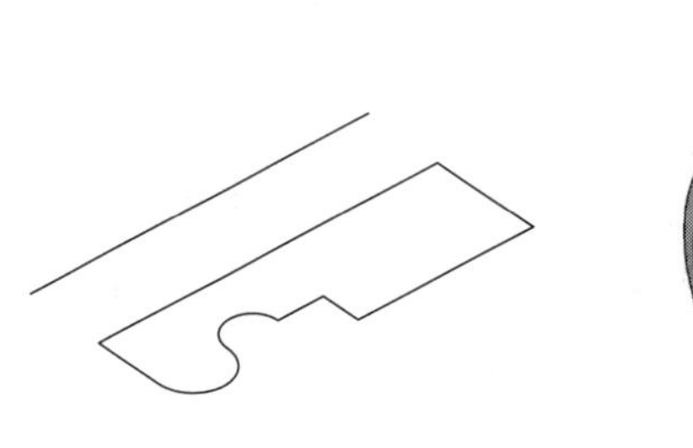

(a) 封闭对象与旋转轴

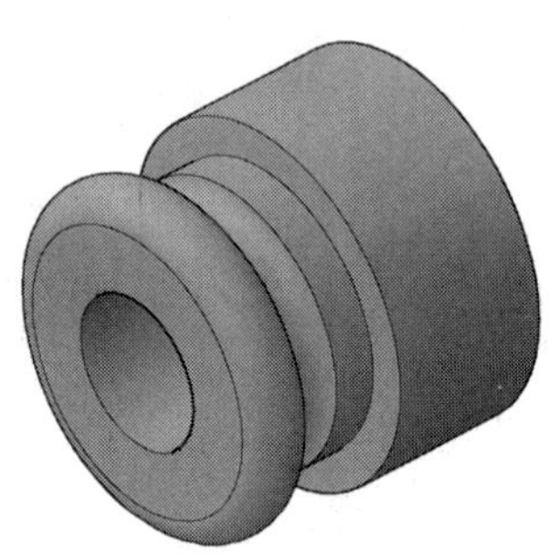

(b) 旋转360°构造成三维实体

图 6-12　“旋转”创建三维实体

在 AutoCAD 2012 中，单击功能区中的“常用”/“建模”/【旋转】按钮，或者单击“建模”工具栏上的【旋转】命令按钮，或选择下拉菜单“绘图”/“建模”/【旋转】命令，或者直接执行 REVOLVE 命令，可启动创建旋转实体的操作。

操作如下：

（1）创建一个封闭的二维平面图形，该图形的边框是一个实体。

（2）单击“建模”面板上【旋转】命令按钮。命令行提示：

命令：_ revolve

当前线框密度：ISOLINES=4，闭合轮廓创建模式＝实体

选择要旋转的对象或［模式（MO）］：_ MO 闭合轮廓创建模式［实体（SO）/曲面（SU）］＜实体＞：_ SO

选择要旋转的对象或［模式（MO）］：找到 1 个　　（单击二维封闭线框）

选择要旋转的对象或［模式（MO）］：　　（可继续选择，回车结束选择）

指定轴起点或根据以下选项之一定义轴［对象（O）/X/Y/Z］＜对象＞：

（拾取旋转轴线的一个端点）

指定轴端点：　　（拾取旋转轴的另一个端点）

指定旋转角度或［起点角度（ST）/反转（R）/表达式（EX）］＜360＞：360

选项说明：［指定轴起点］用于通过指定旋转轴的两端点位置确定旋转轴；［对象（O）/X/Y/Z］分别绕 X、Y、Z 轴旋转成实体。

［例 6-3］　绘制如图 6-13（a）所示的轴。

操作步骤：

（1）选择【东南等轴测】视图，视觉样式为【概念】，坐标位置如图 6-13（b）

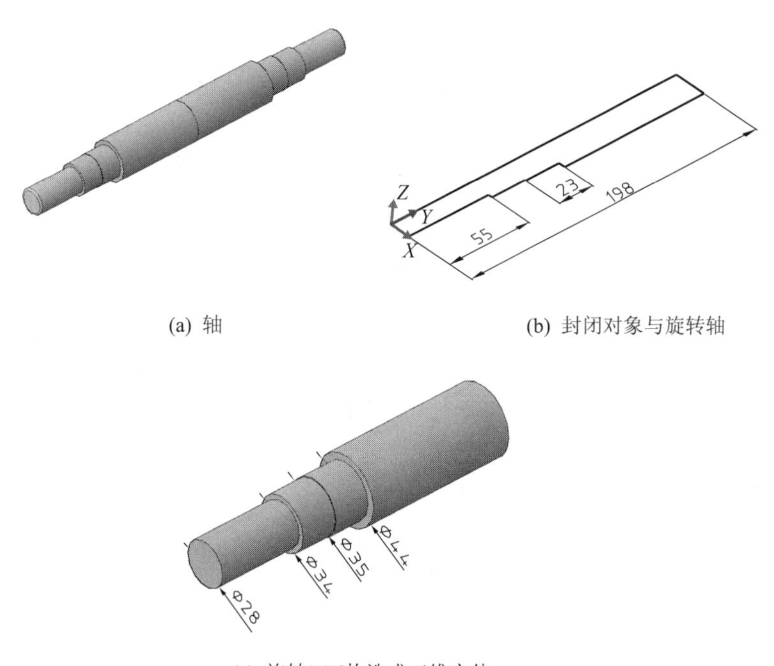

(a) 轴　　(b) 封闭对象与旋转轴

(c) 旋转360°构造成三维实体

图 6-13　“旋转”创建轴

所示。

（2）由于该轴是对称的，因此可绘制一半，然后应用【镜像】命令绘出另一半。用【直线】、【偏移】、【修剪】、【面域】等命令，绘出如图 6-13（b）所示二维封闭的平面图形。

（3）将该图形绕着直边旋转 360°，形成图 6-13（c）的图形。

说明：轴的镜像、圆角在后续课程中介绍。

6.3　三维实体编辑与创建复杂实体

在二维图形中介绍的许多编辑命令仍适用于三维操作，如复制、移动、删除等，但执行这些操作时可能需要指定三维空间的点，而某些编辑命令对三维操作有特殊的要求。此外，AutoCAD 2012 还专门提供了用于三维编辑的命令。

6.3.1　创建圆角

AutoCAD 2012 中，为实体创建圆角的命令与为二维图形创建圆角的命令一样，即 FILLET 命令。可通过单击功能区“常用”/“修改”/【圆角】命令按钮，或单击“修改”工具栏上的【圆角】命令按钮，或选择下拉菜单“修改”/【圆角】命令启动创建圆角的操作。

执行 FILLET 命令，AutoCAD 提示：

当前设置：模式＝修剪，半径＝0

选择第一个对象或［放弃（U）/多段线（P）/半径（R）/修剪（T）/多个（M）］：
（选择实体）

输入圆角半径或［表达式（E）］<0.0000>：2　　　　（输入圆角半径）

选择边或［链（C）/环（L）/半径（R）］：C　　（选择边链，可以选择多个倒圆角的边）

选择边链或［边（E）/半径（R）］：　　　　　（选择边链，回车结束）

已选定 2 个边用于圆角。

6.3.2 创建倒角

AutoCAD 2012 中，为实体创建倒角的命令与二维倒角时使用的命令一样，即 CHAMFER 命令。可通过单击功能区“常用”/“修改”/【倒角】命令按钮，或单击“修改”工具栏上的【倒角】按钮，或选择下拉菜单“修改”/【倒角】命令启动创建倒角的操作。

执行 CHAMFER 命令，AutoCAD 提示：

命令：_chamfer

（“修剪”模式）当前倒角距离 1=5.0000，距离 2=9.0000

选择第一条直线或［放弃（U）/多段线（P）/距离（D）/角度（A）/修剪（T）/方式（E）/多个（M）］：

在此提示下选择实体上要倒角的边，AutoCAD 会自动识别出该实体，并将选择边所在的某一个面亮显。

基面选择...

输入曲面选择选项［下一个（N）/当前（OK）］<当前（OK）>：

此提示要求用户选择用于倒角的基面。基面是指构成选择边的两个面中的某一个面。确定基面后，AutoCAD 继续提示：

指定基面倒角距离或［表达式（E）］<5.0000>：10　　　（输入在基面上的倒角距离）

指定其他曲面倒角距离或［表达式（E）］<9.0000>：10　　（输入与基面相邻的另一面上的倒角距离）

选择边或［环（L）］：　　　　　　　（依次选择倒角的边，回车结束）

6.3.3 三维旋转

三维旋转是指将选定的对象绕空间轴旋转指定的角度。

在 AutoCAD 2012 中，单击功能区中的“常用”/“修改”/【三维旋转】命令按钮，或者选择下拉菜单“修改”/“三维操作”/【三维旋转】命令，或者直接执行 3DROTATE 命令，可启动三维旋转的操作。执行 3DROTATE 命令，AutoCAD 提示：

选择对象：　　　　　　（选择要旋转的对象）

选择对象：　　　　　　（可以继续选择要旋转的对象，回车结束）

指定基点：　　　　　　（指定旋转基点）

拾取旋转轴：　　　　　（确定旋转轴）

指定角的起点或键入角度：　（指定一点作为角的起点，或直接输入角度）

指定角的端点：　　　（指定一点作为角的终止点，AutoCAD 执行对应的旋转）

6.3.4 布尔操作

1. 并集操作

利用并集操作，可以将多个实体组合成一个实体，如图 6-14 所示。

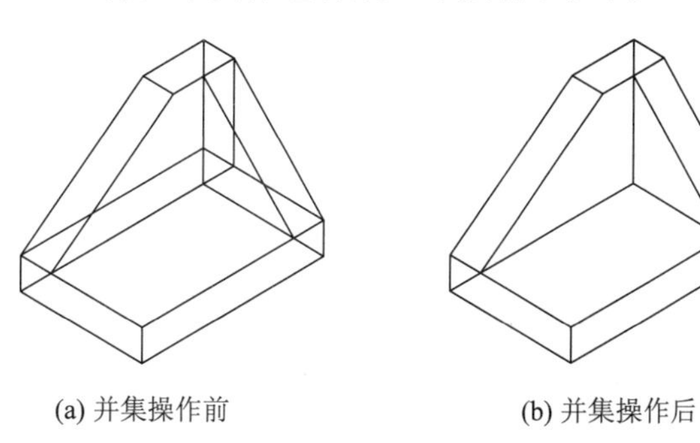

(a) 并集操作前　　(b) 并集操作后

图 6-14　并集操作

在 AutoCAD 2012 中，单击功能区中的“常用”选项板/“实体编辑”/【并集】命令按钮，或者单击“建模”工具栏上的【并集】按钮，或者选择下拉菜单“修改”/【实体编辑】/【并集】命令，或者直接执行 UNION 命令，可启动并集操作。

执行 UNION 命令，AutoCAD 提示：

选择对象：　　　　　　　　　　（选择要进行并集操作的实体对象）

选择对象：　　　　　　　　　　（继续选择实体对象）

…

选择对象：　　　　　　　　　　（回车结束）

执行结果：将多个实体组合成一个实体。

2. 差集操作

差集操作是指从一些实体中去掉另一些实体，从而得到新实体，如图 6-15 所示。

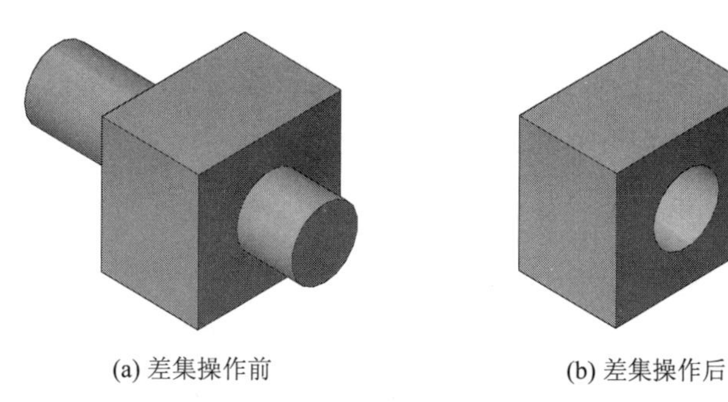

(a) 差集操作前　　(b) 差集操作后

图 6-15　实体差集操作

在 AutoCAD 2012 中，单击功能区中的“常用”选项卡/“实体编辑”面板/【差集】命令按钮，或者单击“建模”工具栏上的【差集】按钮，或者选择下拉菜单“修改”/【实体编辑】/【差集】命令，或者直接执行 UNION 命令，可启动差集操作。

执行 SUBTRACT 命令，AutoCAD 提示：
选择要从中减去的实体、曲面和域...
选择对象：　　　　　　　　　　（选择对应的实体对象）
选择对象：　　　　　　　　　　（回车结束）
选择要减去的实体、曲面和面域...
选择对象：　　　　　　　　　　（选择对应的实体对象）
选择对象：　　　　　　　　　　（回车结束）
执行结果：从指定的实体中去掉另一些实体后得到一个新实体。

3. 交集操作

交集操作是指由各实体的公共部分创建新实体。如图 6-16 所示。

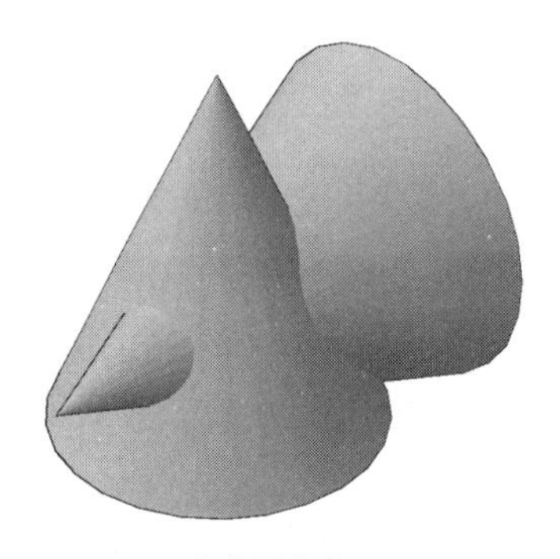

(a) 交集操作前

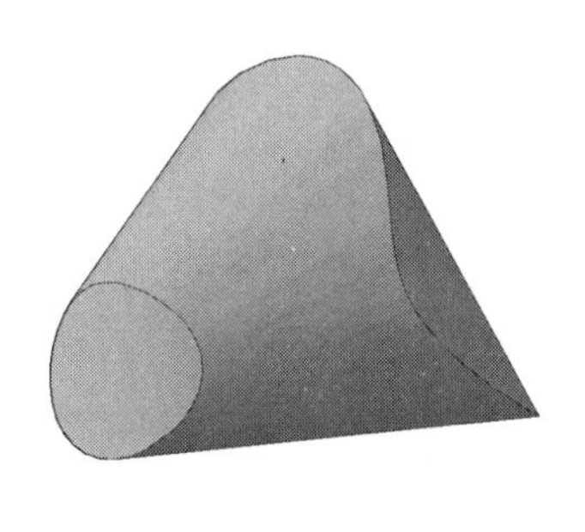

(b) 交集操作后

图 6-16　实体交集操作

在 AutoCAD 2012 中，单击功能区中的“常用”/“实体编辑”/【交集】按钮，或者单击“建模”工具栏上的【交集】按钮，或者选择下拉菜单“修改”/“实体编辑”/【交集】命令，或者直接执行 INTERSECT 命令，可启动交集操作。
执行 INTERSECT 命令，AutoCAD 提示：
选择对象：　　　　　　（选择进行交集操作的实体对象）
选择对象：　　　　　　（继续选择对象）
选择对象：　　　　　　（如不选择，回车结束）
执行结果：由各实体的公共部分创建出一个新实体。

6.3.5　创建复杂实体实例

[**例 6-4**]　绘制如图 6-17（a）所示的图形。
操作步骤如下：
（1）将光标调成如图 6-17（b）所示的样式，选择前视视图，视点在正前方，如图 6-17（b）所示的光标位置。
（2）按照所给尺寸绘制封闭的二维线框，并应用【面域】命令将其构成一个实体。如图 6-17（b）所示。
（3）应用“导航”面板中【旋转】命令将封闭的二维线框，旋转至如图 6-17（c）

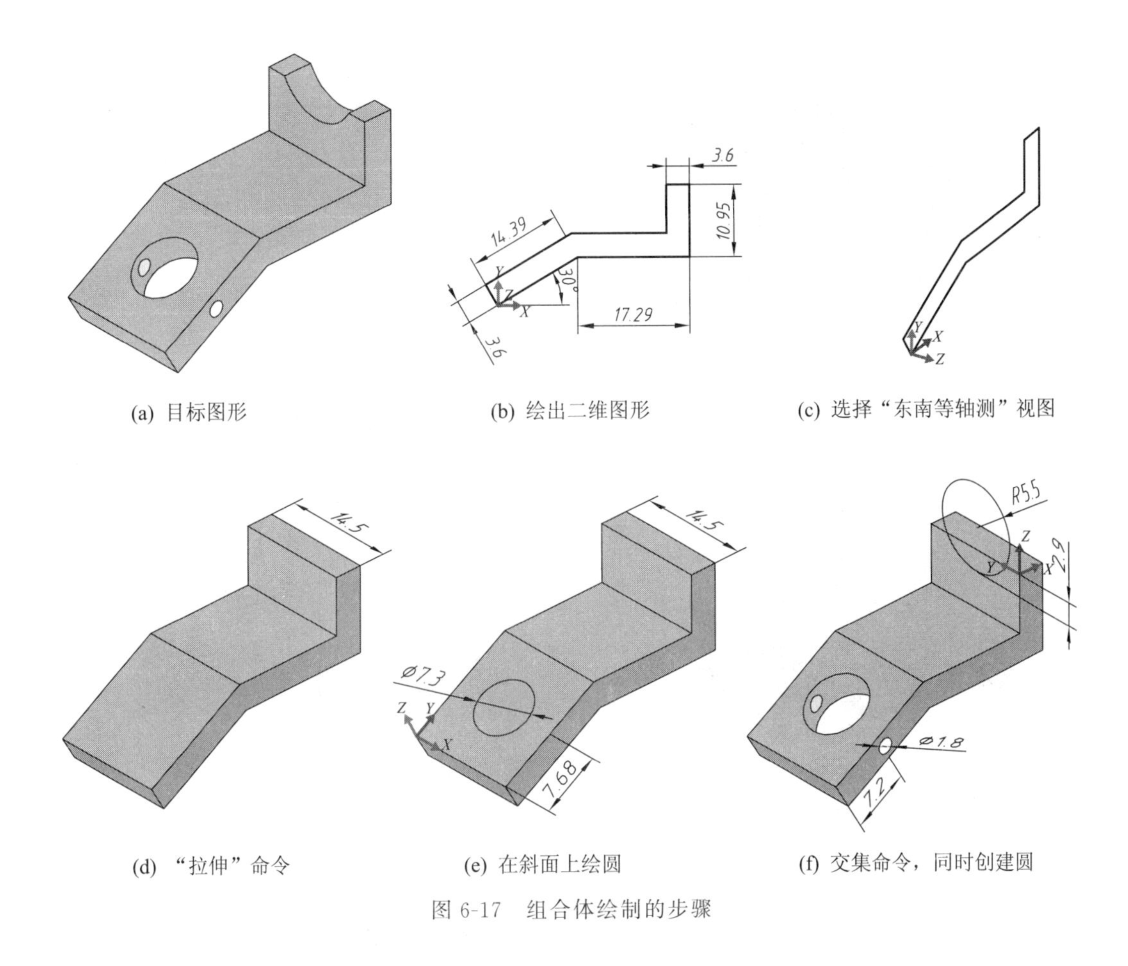

(a) 目标图形　(b) 绘出二维图形　(c) 选择“东南等轴测”视图

(d) “拉伸”命令　(e) 在斜面上绘圆　(f) 交集命令，同时创建圆

图 6-17　组合体绘制的步骤

的位置（“东南等轴测”视图）。

(4) 用【拉伸】命令将已绘制的封闭线框拉伸为 14.5，如图 6-17（d）所示。

(5) 将光标调至斜面的角点上，在斜面上绘制直径为 1.3 的圆，并拉伸成圆柱，如图 6-17（e）所示。

(6) 应用实体【交集】命令，在将斜面挖一个圆孔。同时在立板上根据所给尺寸绘制半径为 5.5 的圆。在前面绘制直径为 1.8 的圆，如图 6-17（f）所示。

(7) 应用实体【交集】命令挖孔，即为所求。

[例 6-5]　绘制如图 6-18（a）沙发组合。

绘图步骤如下：

(1) 选择“东南等轴测”视图，将视图转换为东南视点，此时坐标轴显示如图 6-18（b）所示。视觉样式选择二维线框。

(2) 绘制如图 6-18（c）所示的单个沙发。将坐标移到适当的地方，单击【长方体】命令，绘制长 50、宽 12、高 55 的长方体。如图 6-18（d）所示。

(3) 重复绘制长方体命令，捕捉如图 6-18（e）所示的端点为起点，绘制一个长 12、宽 50、高 75 的长方体为沙发靠背。再绘制一个长 50、宽 50、高 40 的长方体为沙发。

(4) 应用“修改”面板中的【圆角】命令，将所有长方体的角倒成圆角，半径为

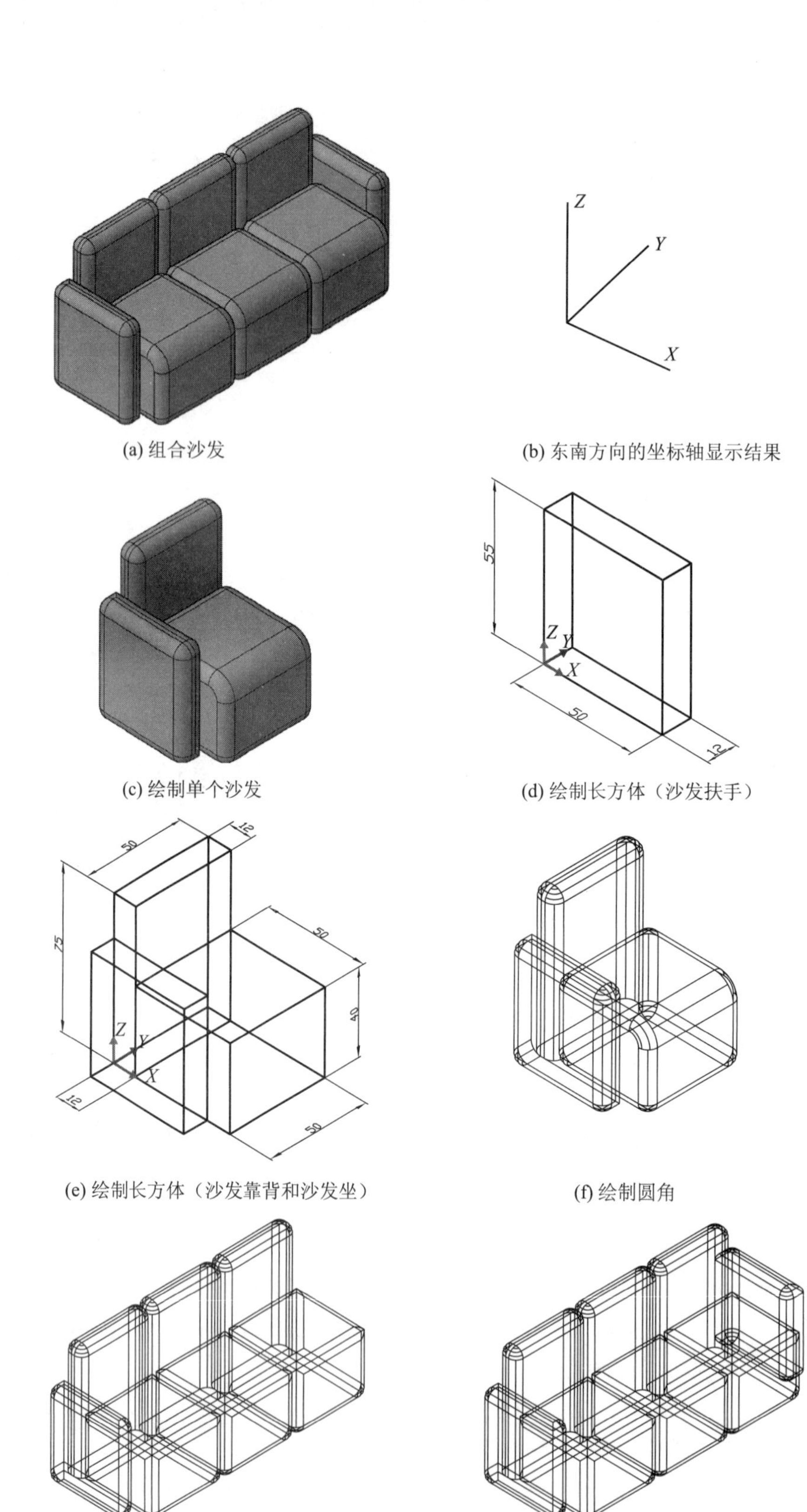

(a) 组合沙发
(b) 东南方向的坐标轴显示结果
(c) 绘制单个沙发
(d) 绘制长方体（沙发扶手）
(e) 绘制长方体（沙发靠背和沙发坐）
(f) 绘制圆角
(g) 复制成一组沙发
(h) 镜像沙发扶手

图 6-18　组合沙发绘图步骤

5。操作如下：

单击“圆角”命令按钮，命令行提示：

命令：_fillet

当前设置：模式＝修剪，半径＝10.0000

选择第一个对象或［放弃（U）/多段线（P）/半径（R）/修剪（T）/多个（M）］：

（单击最后一个长方体的任意一个边，回车）

指定圆角半径＜10.0000＞：5　　　　　　（输入圆角半径）

选择边或［链（C）/环（L）/半径（R）］：c　　　　（分别选择长方体上的各边）

已选定 12 个边用于圆角。

重复操作将另外两个长方体的边倒成圆角，选择边的范围及圆角修改后的结果如图 6-18（f）所示。

（5）应用【复制】命令将沙发座及靠背沿 Y 轴方向复制两个，位移为 50，如图 6-18（g）所示。

（6）应用【镜像】命令，绘制沙发的另一个扶手。操作如下：

单击【镜像】命令按钮，命令行提示：

命令：_mirror3d

选择对象：找到 1 个　　　　　　（单击沙发扶手）

选择对象：　　　　　　（回车）

指定镜像平面（三点）的第一个点或

［对象（O）/最近的（L）/Z 轴（Z）/视图（V）/XY 平面（XY）/YZ 平面（YZ）/ZX 平面（ZX）/三点（3）］＜三点＞：ZX（选择镜像平面，以 ZX 平面为镜像平面）

指定 ZX 平面上的点＜0，0，0＞：　　　　（选取中间沙发的中点）

是否删除源对象？［是（Y）/否（N）］＜否＞：（回车结束）

如图 6-18（h）所示。

（7）将视觉样式选择为【概念】，即可绘制出如图 6-18（a）组合沙发。

6.4　标注三维对象的尺寸

在功能区“注释”选项卡下“标注”面板中单击各标注命令，或在快速访问工具栏下拉菜单中勾选“显示菜单栏”，在弹出的菜单中选择“标注”菜单中的各项命令，不仅可以标注二维对象的尺寸，还可以标注三维对象的尺寸。尺寸的设定与标注命令的使用与二维相同。三维所有的尺寸标注都只能在当前坐标的 *XOY* 坐标平面中进行，因此为了准确标注三维对象中各部分的尺寸，需要不断地变换坐标系。

［例 6-6］　尺寸标注练习，图 6-19（d）所示。

操作步骤如下：

（1）将坐标调到长方体的上面，把 *XOY* 坐标平面调成与长方体上面平行。在“标注”面板上选择线性标注，依次注出长方体的定形尺寸长和宽（60、40），圆柱的定位尺寸 44、24，如图 6-19（a）所示。

（2）将光标调到圆柱的上面，把 *XOY* 坐标平面调成与圆柱上面平行。在“标注”

面板上选择直径标注，注出圆柱的直径尺寸 4×Φ8，如图 6-19（b）所示。

（3）将光标调到长方体左侧面上，把 XOY 坐标平面调成与长方体左侧面平行。在“标注”面板上选择线性标注，注出长方体的高度尺寸 10，如图 6-19（c）所示。

（4）将光标调到圆柱的上面，把 XOY 坐标平面调成与长方体左侧面平行。在“标注”面板上选择线性标注，注出圆柱的高度尺寸 32、10，如图 6-19（d）所示。

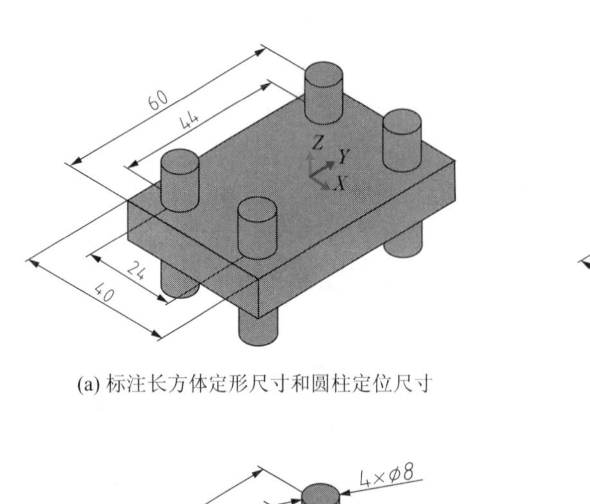

(a) 标注长方体定形尺寸和圆柱定位尺寸

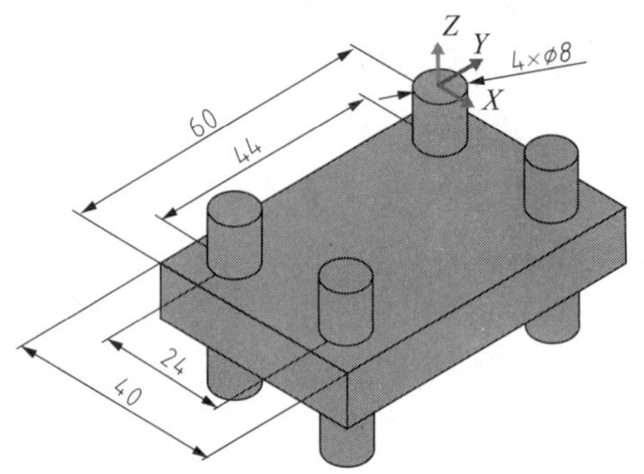

(b) 标注圆柱的定形尺寸

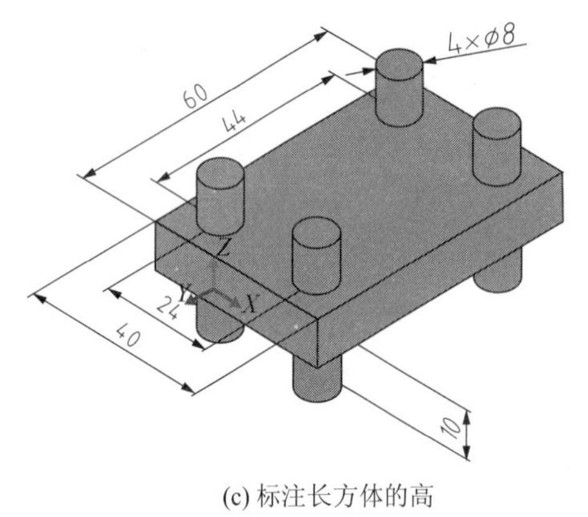

(c) 标注长方体的高

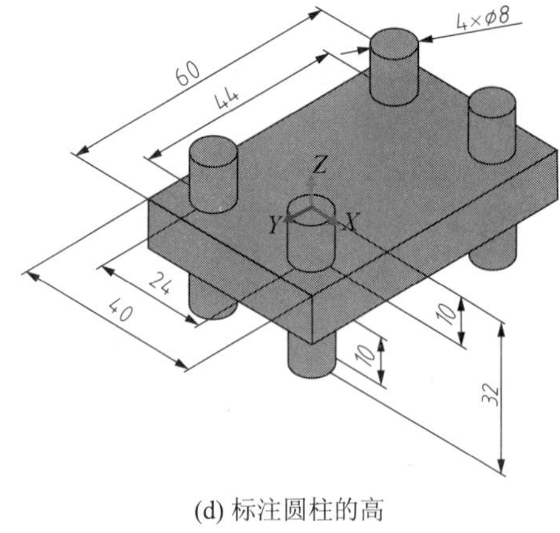

(d) 标注圆柱的高

图 6-19　三维对象尺寸标注步骤

第7章　绘制建筑施工图

7.1　相关知识点介绍

建筑施工图是房屋施工图的重要图样之一，它包括建筑总平面图、建筑平面图、建筑立面图、建筑剖面图及建筑详图。本章主要介绍建筑施工图中的重点图样：建筑平面图、建筑立面图和建筑剖面图的绘制方法及绘图实例。

7.1.1　建筑施工图中定位轴线的规定画法

定位轴线是用来确定建筑物主要承重构件位置的基准线。定位轴线用细单点画线绘制，轴线编号写在轴线端部直径为8～10mm的细实线圆内。建筑平面图中定位轴线的编号，宜注写在下方与左侧。横向编号用阿拉伯数字从左向右顺序编写。竖向编号用大写拉丁字母自下往上顺序编写（I、O、Z不用）。建筑立面图标注两端的定位轴线，建筑剖面图主要标注被剖到构件的定位轴线处。

常用附加分轴线来确定次要构件的基准线。其编号用分数表示，分母表示前一基本轴线的编号，分子表示本附加轴线的编号，编号采用阿拉伯数字。

7.1.2　建筑平面图中图线的相关规定

在建筑平面图中所用的图线一般有三种：粗实线、中实线、细实线。

（1）墙、柱等断面轮廓用粗实线绘制；

（2）门线用中实线绘制，应呈45°或90°开启，开启弧线用细实线；

（3）其余部分，如门、窗、楼梯、卫生间的设施等都用图例表示，图例用细实线。

注意：门窗洞口形式、大小、位置按投影关系画出并注写门窗代号。

7.1.3　建筑立面图中图线的相关规定

在建筑立面图中，图线使用为：

（1）室外地坪线用特粗实线（1.4b）；

（2）房屋主体外轮廓线用粗实线（不包括附属设施）；

（3）门、窗、柱、阳台、雨篷、檐口、花池等轮廓用中实线；

（4）门、窗分格线、雨水管、墙面分格线、引条线用细实线；

（5）其他结构的图线按有关规定绘制。

7.1.4　建筑剖面图中图线的相关规定

（1）被剖到的墙、楼板、平台、楼梯等断面轮廓用粗实线绘制，比例较小时，钢筋混凝土梁、板的断面涂黑。

（2）未被剖切到的投影可见部分的轮廓线用中实线绘制。

（3）门窗用图例表示，图例用细实线。

（4）室外地坪线用特粗实线（1.4b）。

7.1.5 建筑施工图主要使用的相关命令

本章用到的相关命令主要有以下几个：

【多线】：由多条平行线组成的复合线。主要用于画墙线，可在“绘图”菜单下调用。

【多线编辑】：控制多线的相交方式，可以使相交的多线成十字形或T形合并或打开等，可在菜单“修改/对象/多线”下打开。

【偏移】：用于绘制定位轴线、门窗高度定位线等。

【创建图块】：可将门、窗、标高符号、轴线编号等制作成图块。

【插入图块】：将所做的图块插入到平面图及立面图中。

7.2 绘制建筑平面图

建筑平面图是建筑施工图中最重要也是最基本的图样之一，它表示了建筑物的平面形状，房间的布置、大小、用途，墙、柱位置及墙厚、柱子的尺寸，楼梯、走廊的设置，门窗类型、位置、尺寸大小，各部分的联系。它是施工放线、墙体砌筑、安装门窗、预留孔洞、室内装修、编制预算、施工备料等的依据。

本节以某住宅二层平面图为例，介绍利用多线等命令绘制建筑平面图的方法和步骤，绘制结果如图7-1所示。本例设定图幅为A3横式，绘图比例为1∶100，字体设为“SHX字体（X）：gbenor. shx；大字体（B）：gbcbig. shx”。

7.2.1 准备工作——设置绘图环境

像手工绘图一样，AutoCAD绘图也要做好各项准备工作。首先要设置好绘图环境，也就是要建立绘制建筑平面图的样板文件，以提高绘图的工作效率。具体内容如下。

1）设置图形界限（绘图区，如A3图幅：420×297）

执行菜单命令：“格式/图形界限”，按“（0，0）——（420，297）”设置图形界限。

2）设置绘图所需图层

创建“轴线”、“墙线”、“楼梯”、“设备”、“门窗”、“尺寸”、“文本”等图层，并设定各图层的各项特性，具体要求如表7-1所示，设置结果如图7-2所示。

注意：应用图层工具绘图时，应将“特性”面板中的各特性选项设置为“Bylayer”。

3）设置字体字样

设置绘制平面图所需的文字样式（图中汉字、图中数字和字母等）。

建筑平面图中常见设置为：

（1）文字样式“图中汉字”：选用仿宋_GB2312字体，取宽度系数为0.7，用于书写汉字。

（2）文字样式“图中字符”：选用gbeitc. shx字体，用于尺寸标注、书写字母、数字。

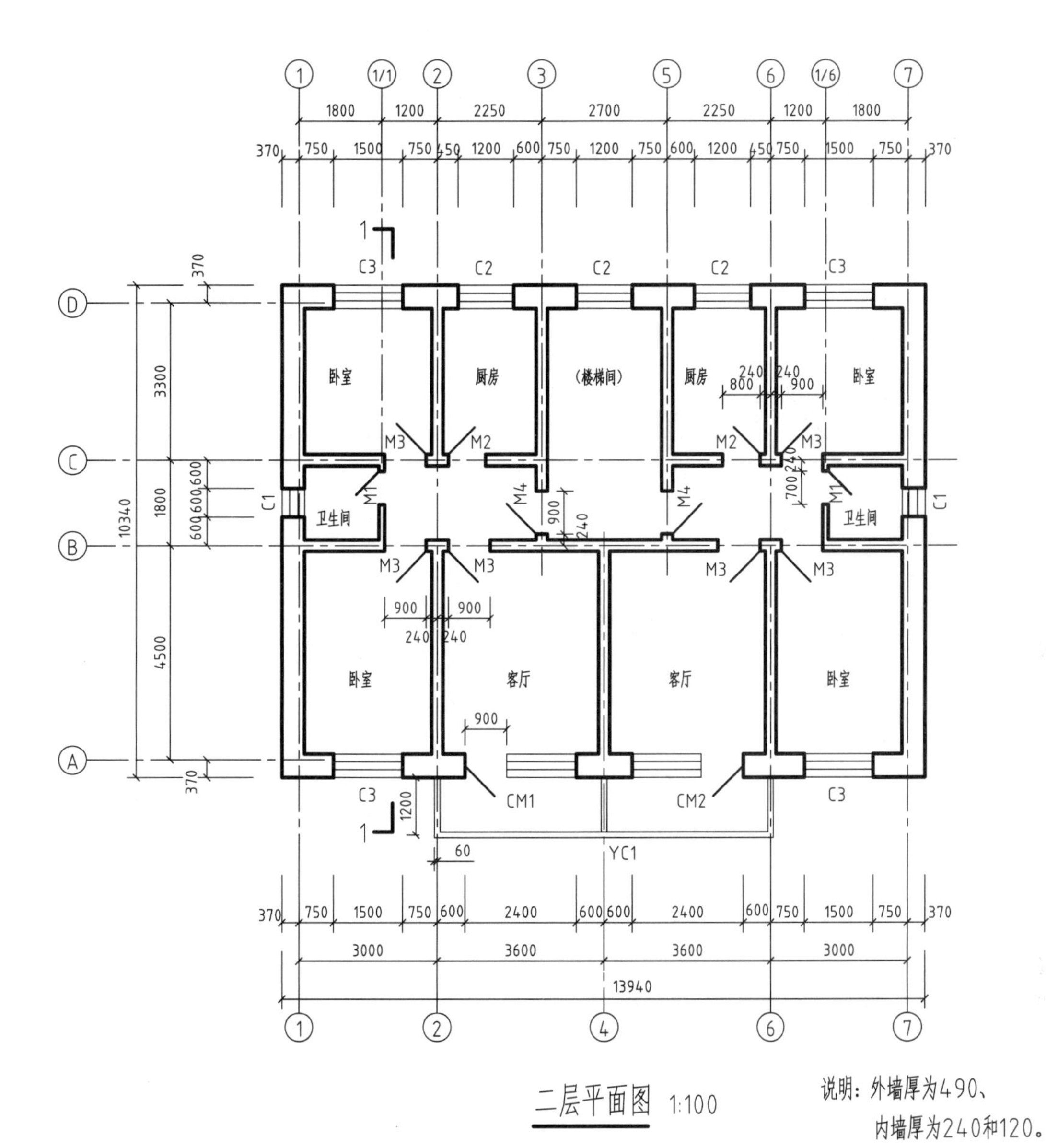

图 7-1 某住宅二层平面图

表 7-1 "建筑平面图"图层设置

序号	图层名	内容	颜色	线型	线宽/mm	是否打印
1	轴线	定位轴线	黄色	点画线	0.13	是
2	轴线号	轴线圆及编号	黄色	实线	0.13	是
3	墙	墙体和柱子	白色	实线	0.5	是
4	门窗	门窗	绿色	实线	0.13	是
5	楼梯	楼梯、台阶	白色	实线	0.13	是
6	设备	厨房及卫生设施	洋红	实线	0.13	是
7	标注	尺寸、标高	青色	实线	0.13	是
8	文本	图中文字、代号	青色	实线	0.13	是
9	辅助线	辅助线	红色	点画线	0.13	否

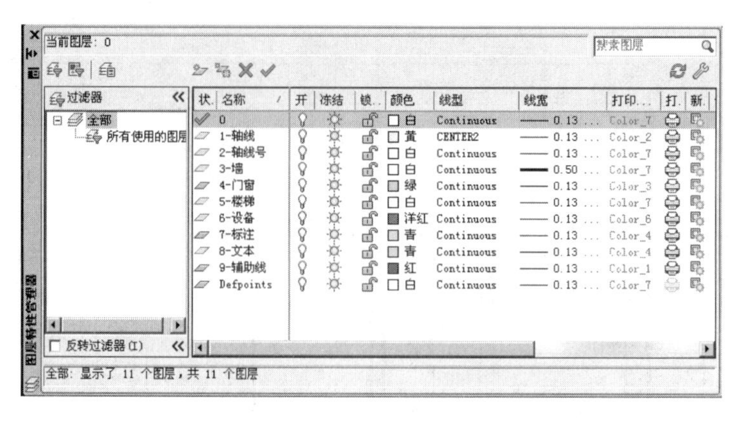

图 7-2　创建绘制平面图的图层

本例只创建了一个样式“工程字”：选用字体为“SHX 字体（X）：gbenor. shx；大字体（B）：gbcbig. shx”，用于本例所有文字和数字等，如图 7-3 所示。

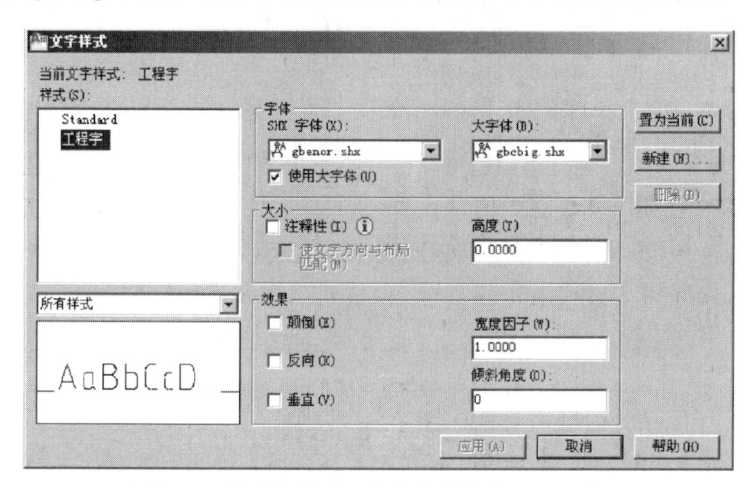

图 7-3　创建绘制平面图的文字样式“工程字”

4）设置标注样式

建立绘制平面图所需的尺寸标注样式（根据需要也可将内部尺寸、外部尺寸分别设置）。

本例创建的标注样式为“建筑标注－100”，其设置为：

【基线间距】：8，【超出尺寸线】：2，【起点偏移量】：2，框选【固定长度的尺寸界线】并设【长度】：10；线性尺寸起止符号即【箭头】：建筑标注，箭头大小：2；【文字样式】设为已创建好的“工程字”样式，【文字高度】：3.5，【文字位置从尺寸线偏移】：1；【精度】：0，【测量单位比例】/【比例因子】：100。

5）设置多线样式

创建绘制墙线所需的多线样式（如：多线样式“49”等）。

本例创建的多线样式为以下三种：

（1）样式“49”：设置【偏移】分别为 3.7、－1.2，用于画 490 厚的外墙；

（2）样式“24”：设置【偏移】分别为 1.2、－1.2，用于画 240 厚的内墙；

（3）样式“12”：设置【偏移】分别为 0.6、－0.6，用于画 120 厚的内墙。

6）创建图块

创建门、窗、轴线号等绘图所需图块。

提示：

（1）在“0图层”创建图块。

（2）门、窗按单位长度创建图块，以便插入时可选择不同的比例，用于不同尺寸的洞口。如门图例长度取10；窗图例长度取10，宽度取1。

7.2.2 绘制建筑平面图的步骤

绘制建筑平面图的步骤如下。

（1）绘制定位轴线及轴线编号：先将“轴线”图层设置为当前层，先绘制1号和A号轴线，然后根据房间的开间和进深（轴间尺寸）绘制其他轴线并适当修剪。再将“轴线号”图层设为当前层，在轴线的端部插入“轴线编号”图块，如图7-4所示。主要使用的命令有：【直线】、【偏移】、【修剪】、【拉伸】。

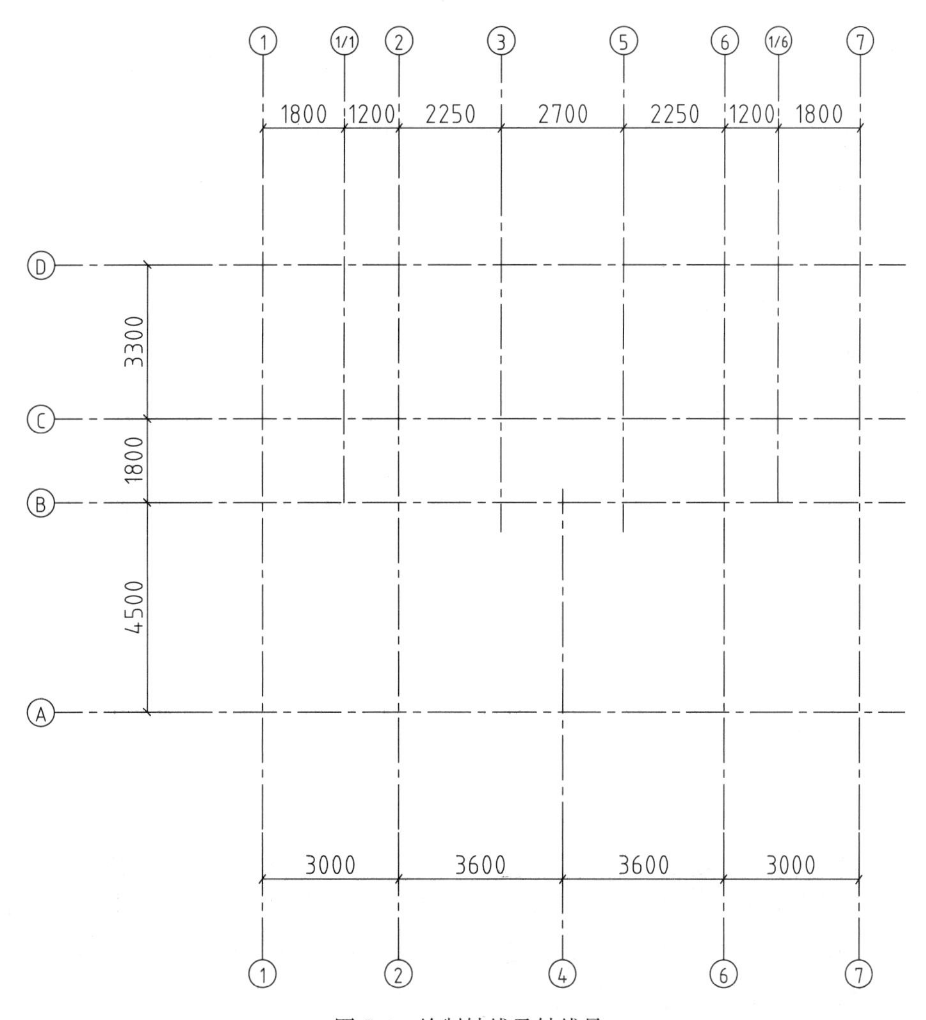

图7-4 绘制轴线及轴线号

（2）绘制墙线：将“墙线”图层设置为当前层，用【多线】命令沿定位轴线绘制墙线、并用【多线编辑工具】对其进行修改，如图 7-5 所示。

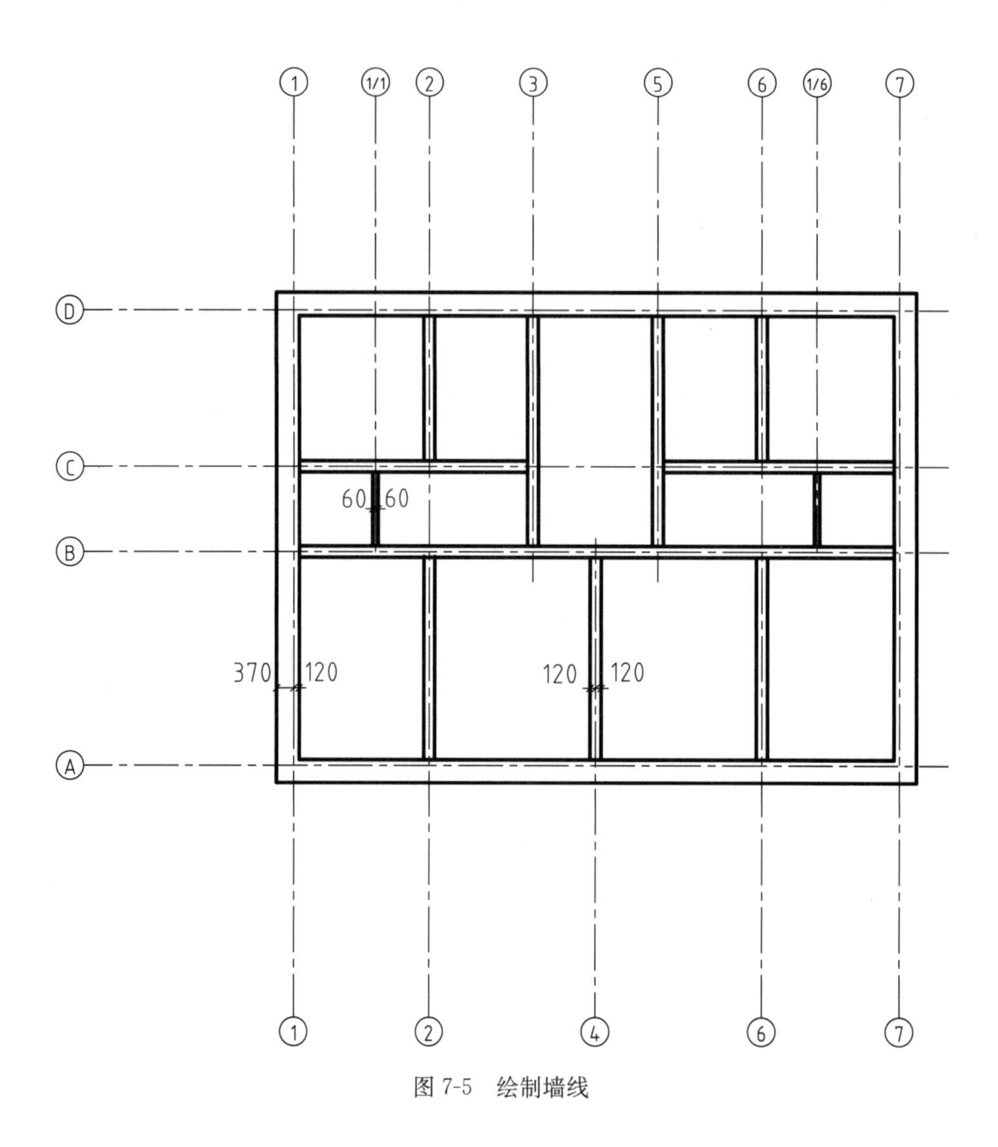

图 7-5　绘制墙线

提示：

①使用本例所设定的多线样式画图时，应设为：“当前设置：对正＝无，比例＝1.00，样式＝49（或 24、12）”。

②画定位轴线居中的内墙（例如画 240 内墙）时，也可使用默认的多线样式 STANDARD，设置“对正＝无，比例＝2.4，样式＝STANDARD”来绘制。

（3）绘制门窗洞口位置线及门窗图例。将“门窗”图层设置为当前层，根据门、窗的细部定位尺寸开门窗洞口，并按相应的比例、角度插入门窗图例图块。主要使用的命令有：【偏移】、【修剪】、【插入块】，如图 7-6 所示。

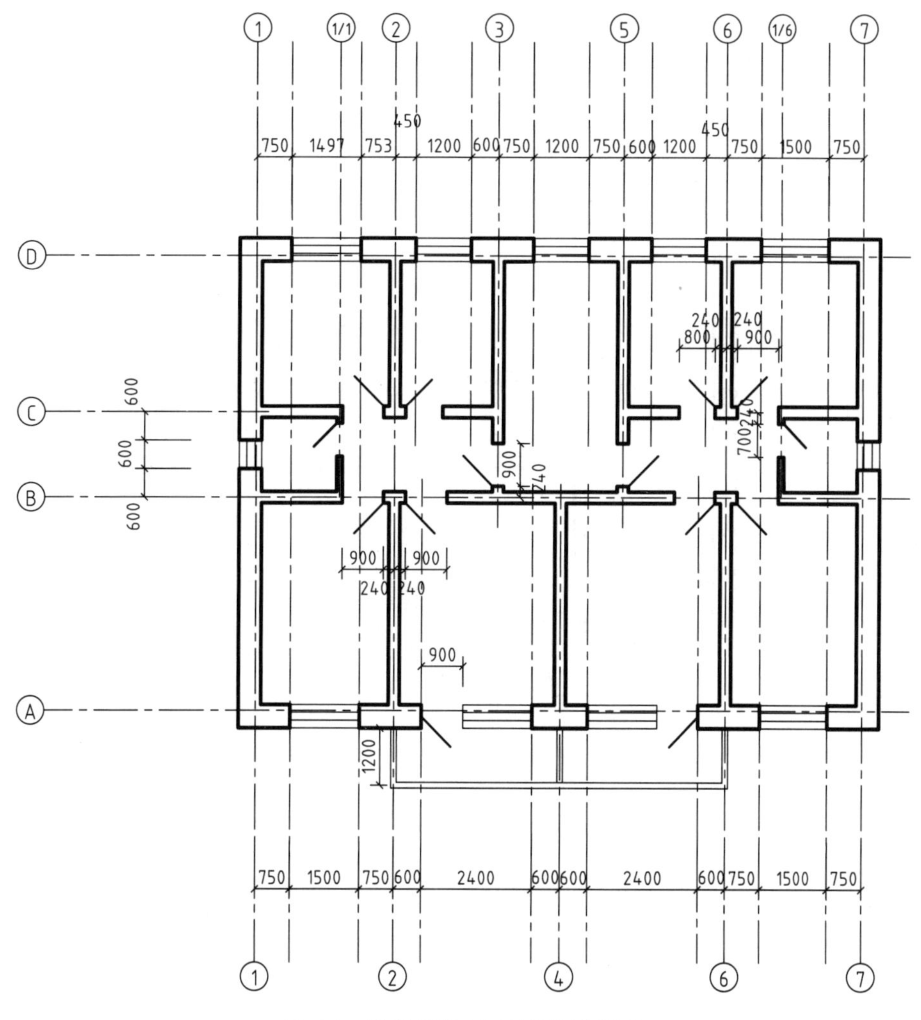

图 7-6　绘制门窗洞口并画门窗图例

(4) 绘制楼梯。根据楼梯间的踏步、平台等细部尺寸，用【直线】、【偏移】、【修剪】等命令绘制在相应的图层上，本图略。

(5) 绘制建筑物的其他细部。在相应的图层上绘制如台阶、散水、卫生设备等细部，并画剖切符号、指北针等。

(6) 标注尺寸、门窗编号、图名、比例及其他文字说明，并填写标题栏，如图 7-7 所示。

提示：将相应的图层、标注样式、文字样式置为当前，并设置字高与图样协调。

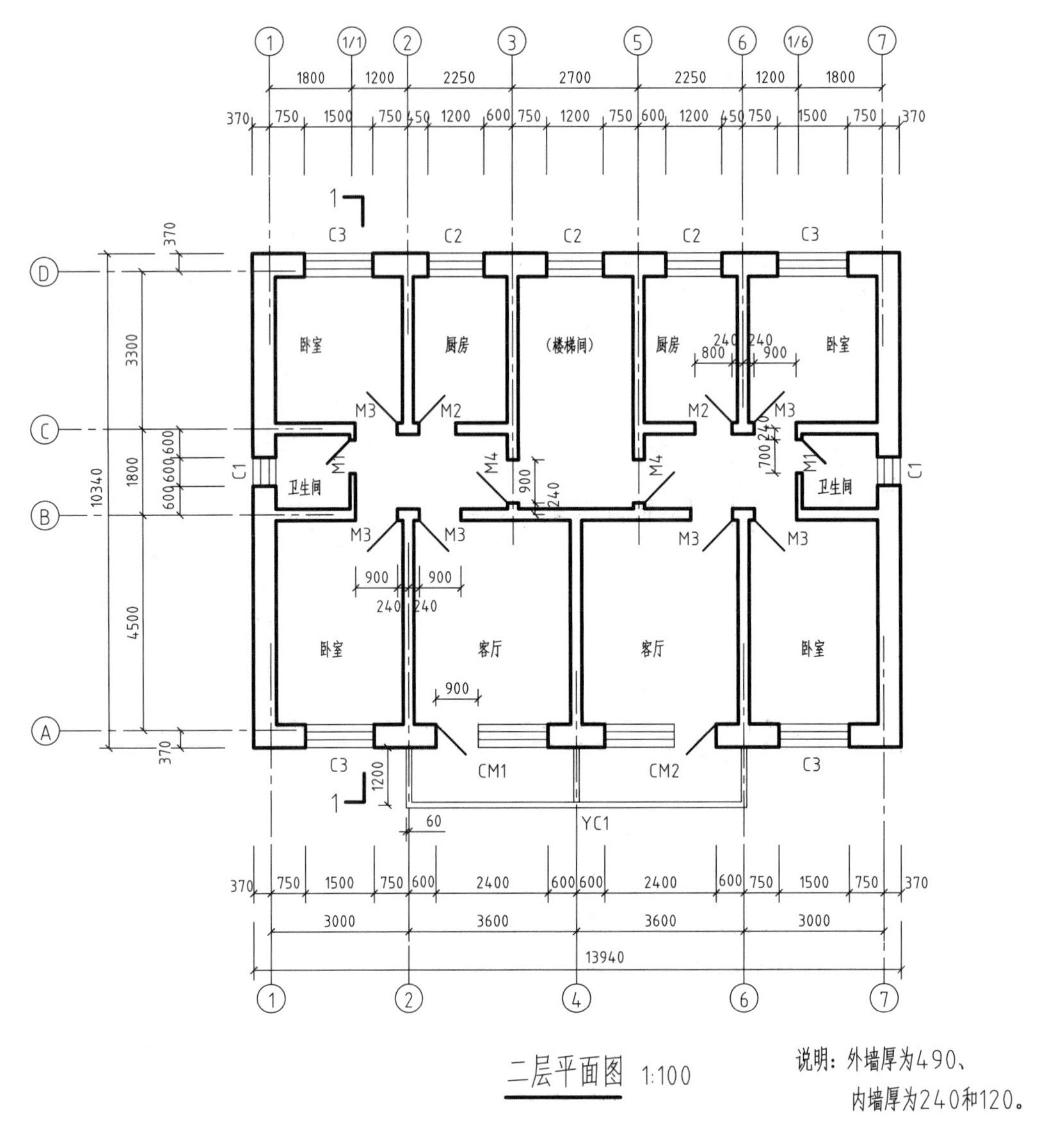

图 7-7　绘制细部并标注

7.3　绘制建筑立面图

建筑立面图主要用于表达建筑物的外部形状、高度和立面装修等，是建筑施工图最基本的图样之一。建筑立面图的绘图比例一般与建筑平面图一致。在建筑立面图中通常只注出一些主要部位的标高，如室外地面、阳台、窗台、门窗洞顶、屋顶等处的标高。

本节以与上一节配套的某住宅①～⑦轴立面图为例，介绍绘制建筑立面图的方法和步骤。本例图幅、比例、字体设定同上一节平面图。

7.3.1　准备工作——设置绘图环境

建筑立面图绘图环境的各项设置基本与平面图相同，以下简要说明设置的相关内容：

(1) 设置图形界限(A3 图幅图形界限:0,0——420,297)。

(2) 设置绘制立面图所需图层。创建“轴线”、“墙”、“门窗”、“阳台”、“地面”、“尺寸”、“文本”等图层,并设定各图层的各项特性,具体内容如表 7-2 所示。

(3) 设置绘制立面图所需的文字样式(汉字、数字)。

(4) 设置绘制立面图所需的标注样式(细部尺寸)。

(5) 创建门、窗、轴线号、标高符号等绘图所需图块。

表 7-2 “建筑立面图”图层设置

序号	图层名	内容	颜色	线型	线宽/mm	是否打印
1	轴线	定位轴线	黄色	点画线	0.13	是
2	轴线号	轴线圆及编号	黄色	实线	0.13	是
3	墙	外墙轮廓线	白色	实线	0.5	是
4	门窗	门窗	绿色	实线	0.13	是
5	阳台	阳台	蓝色	实线	0.13	是
6	地面	地面线	白色	实线	0.7	是
7	标注	尺寸、标高	青色	实线	0.13	是
8	文本	图中文字	青色	实线	0.13	是
9	辅助线	辅助线	红色	点画线	0.13	否

7.3.2 绘制立面图的步骤

绘制立面图时,可先调用已绘的平面图,利用“长对正”的方法画出一系列辅助线,以确定长度方向窗、阳台的位置,再根据各部位的标高画出高度方向的辅助线,以确定窗、阳台、屋檐等的高度位置,然后画细部并标注。具体步骤如下。

1) 绘制长度、高度方向定位线

(1) 绘制长度定位线。根据已有的建筑平面图利用“长对正”原理(此图中平面图略)或根据开间尺寸,绘制与所画立面有关的定位轴线,如图 7-8 所示。主要使用命令:【直线】、【构造线】、【偏移】。

(2) 绘制高度定位线。应先画出 0 标高线作为基准线,其他各部位的高度定位线、室外地坪线,则根据其标高值将 0 标高线上、下偏移,然后在适当位置插入标高符号。(注意:窗户、阳台的高度定位线最好先后分步绘制。)主要使用命令:【直线】、【偏移】、【插入块】。

2) 绘制墙体轮廓线

外墙轮廓线可以先通过对两端定位轴线的偏移定位及屋顶、室外地面线的高度定位线来绘制。还可根据图上提供的尺寸直接绘制。主要使用命令:【直线】或【多段线】。

3) 绘制门窗、阳台立面

(1) 绘制定位辅助线。利用已有的建筑平面图“长对正”,或根据平面图中门窗、阳台的定位尺寸,偏移相关轴线画门窗、阳台定位线。

(2) 绘制立面门窗外框或插入门窗等图块,如图 7-9、图 7-10 所示。主要使用命令:【矩形】、【偏移】、【复制】。

4) 绘制其他、标注并整理

绘制建筑立面的其他细部,并完成标注,最后整理,删除辅助线,完成绘图(图 7-11)。

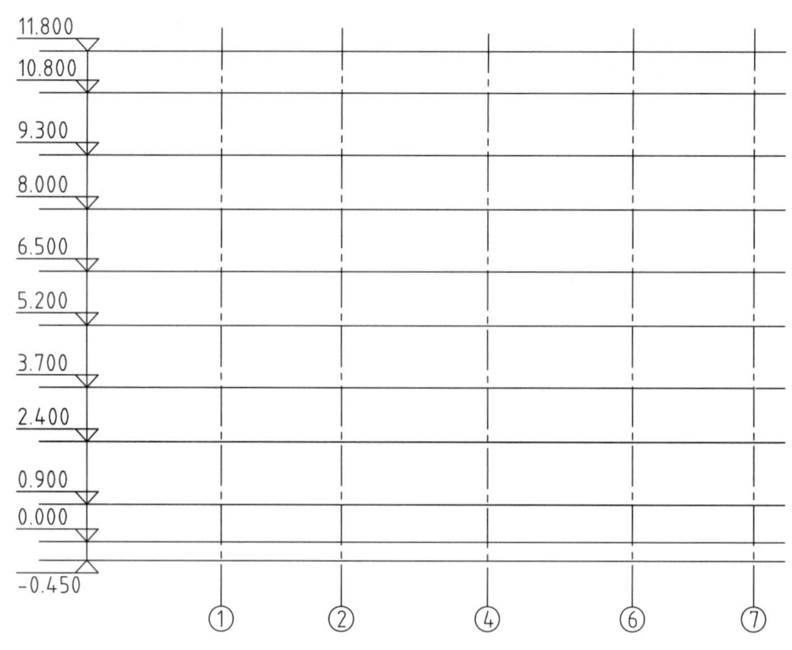

图 7-8 绘制轴线并插入轴号及标高

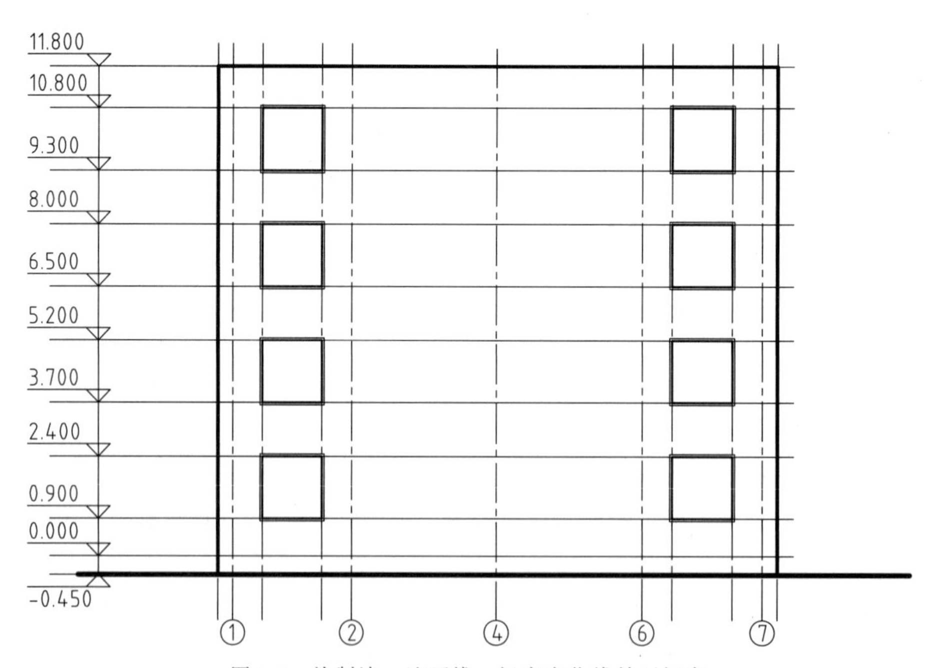

图 7-9 绘制墙、地面线、门窗定位线并画门窗

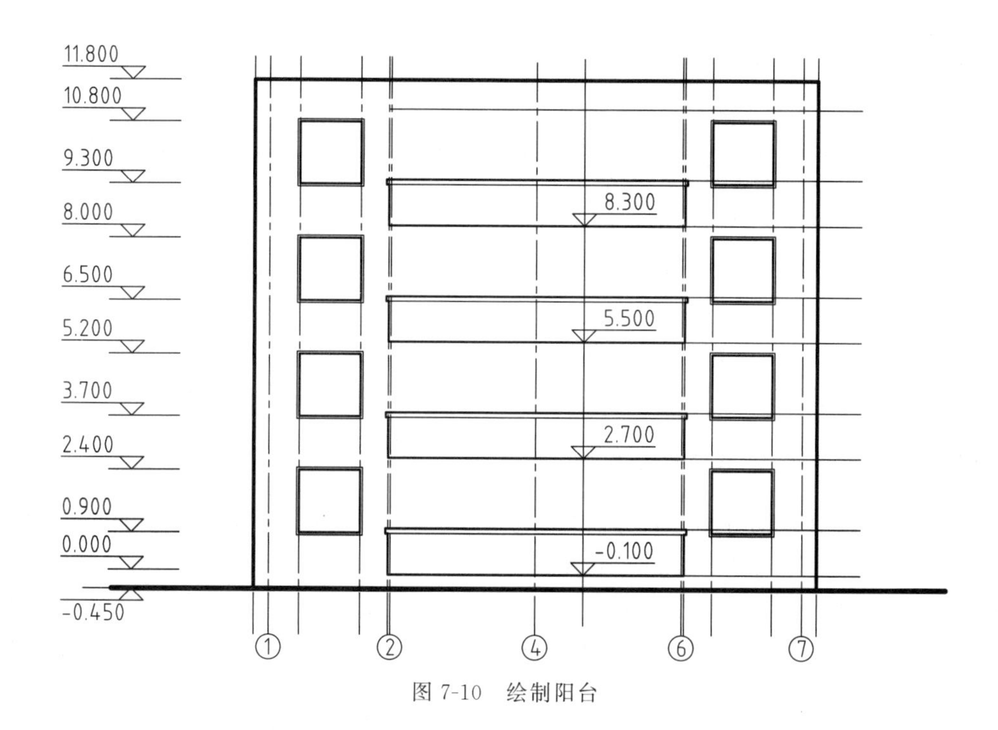

图 7-10　绘制阳台

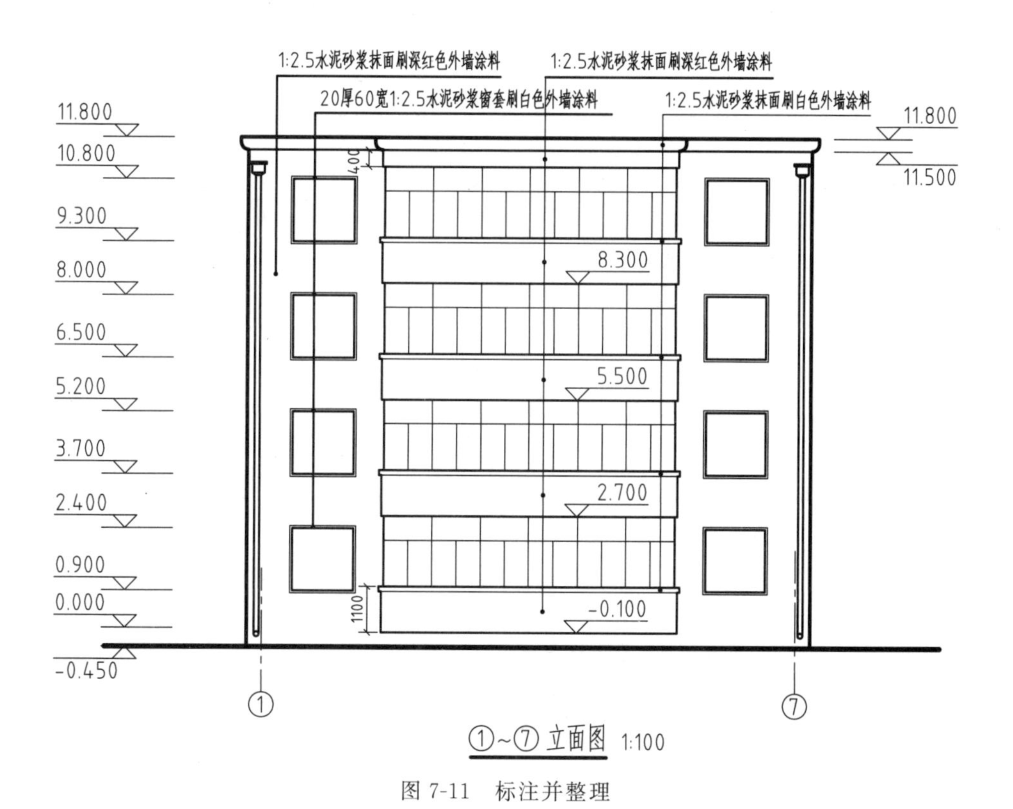

图 7-11　标注并整理

7.4 绘制建筑剖面图

建筑剖面图主要用于表达建筑物从地面到屋面的内部构造及其空间组合情况，与建筑平、立面图一起构成建筑施工图的最基本图样。

剖面图的名称应与平面图中所标注的一致，绘图比例一般与平面图相同。

在剖面图中要注出室外地坪，各层楼地面、屋顶、门窗等各部位的标高，以及外墙的门窗洞口的高度尺寸，有时还注出各层层高和房屋的总高。

本节以与 7.2、7.3 节配套的某住宅 1—1 剖面图为例，介绍绘制建筑剖面图的方法和步骤，绘制结果如图 7-15 所示。本例图幅、比例、字体设定同其平面图。

7.4.1 准备工作——设置绘图环境

建筑剖面图绘图环境的各项设置基本也与平面图相同，以下简要说明设置的相关内容。

（1）设置图形界限（绘图区，如 A3 图幅：0，0——420，297）。

（2）设置绘图所需图层。创建“轴线”、“轴线号”、“梁－板－墙”、“门窗”、“其他”、“地面”、“尺寸”、“文字”等图层，并设置图层的各项特性，具体参见表 7-3。

（3）设置文字样式。

（4）设置剖面图的标注样式。

（5）创建窗、轴线号、标高符号等绘图所需图块。

表 7-3 “建筑剖面图”图层设置

序号	图层名	内容	颜色	线型	线宽/mm	是否打印
1	轴线	定位轴线	黄色	点画线	0.13	是
2	轴线号	轴线圆及编号	黄色	实线	0.13	是
3	梁－板－墙	梁、板、墙	白色	实线	0.5	是
4	门窗	门窗	绿色	实线	0.13	是
5	其他	其他可见构件	蓝色	实线	0.25	是
6	地面	地面线	白色	实线	0.7	是
7	标注	尺寸、标高	青色	实线	0.13	是
8	文本	图中文字	青色	实线	0.13	是

7.4.2 绘制剖面图的步骤

（1）绘制各定位轴线、楼地面、屋面基线。

根据轴间尺寸，用【直线】、【偏移】命令画定位轴线及轴线号，轴线号圆直径 8、字高 5。根据标高尺寸，将 0 标高线按标高值偏移，依次画出地面、楼面及屋面基线，如图 7-12 所示。

（2）绘制墙线、楼板、梁、室内外地坪线。

根据墙厚、梁高、板厚的尺寸绘制，A 轴和 D 轴墙厚 490，B 轴和 C 轴墙厚 240，板厚 120，如图 7-13 所示。主要命令：【偏移】、【多线】、【多段线】、【修剪】、【图案填充】等。

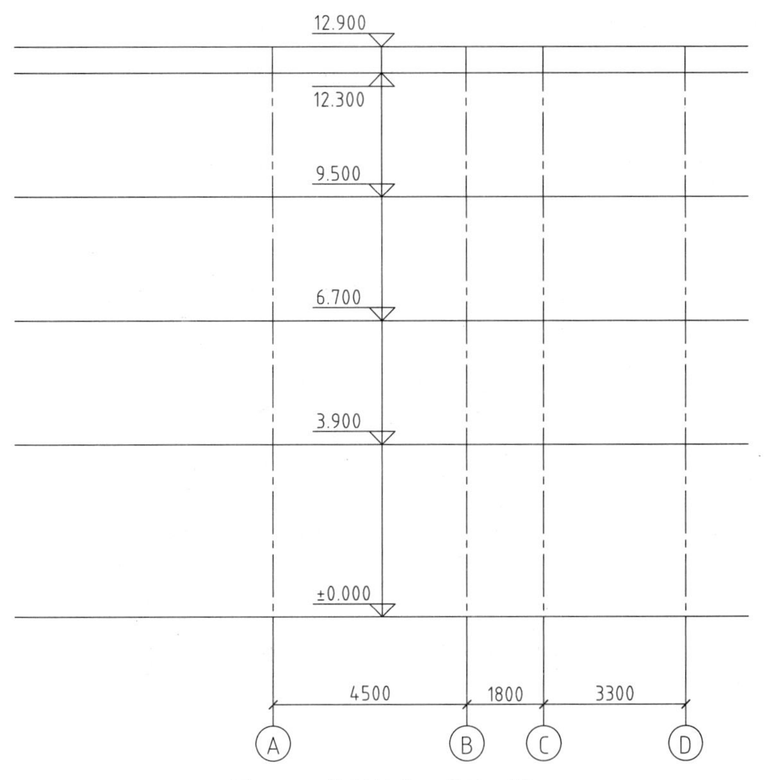

图 7-12　绘制轴线、楼地面线

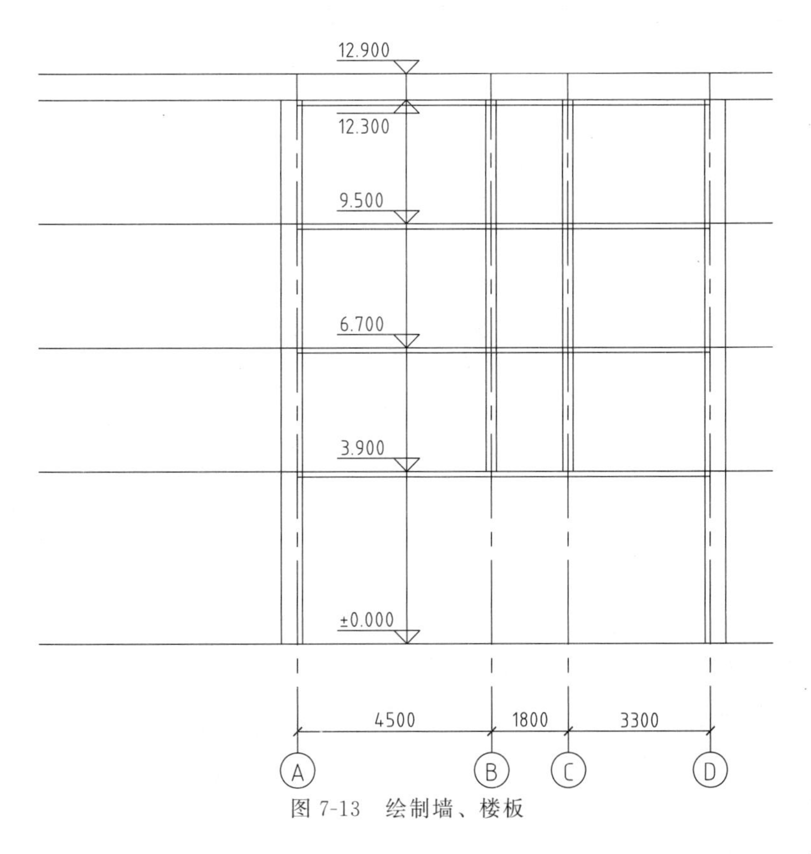

图 7-13　绘制墙、楼板

（3）绘制剖面门窗洞口位置、梁、女儿墙、檐口及其他的轮廓线。

根据窗台、门窗、梁、檐口等细部尺寸开洞口、画门窗、梁截面等轮廓线，如图 7-14 所示。

主要命令：【偏移】、【复制】、【修剪】、【图案填充】等。

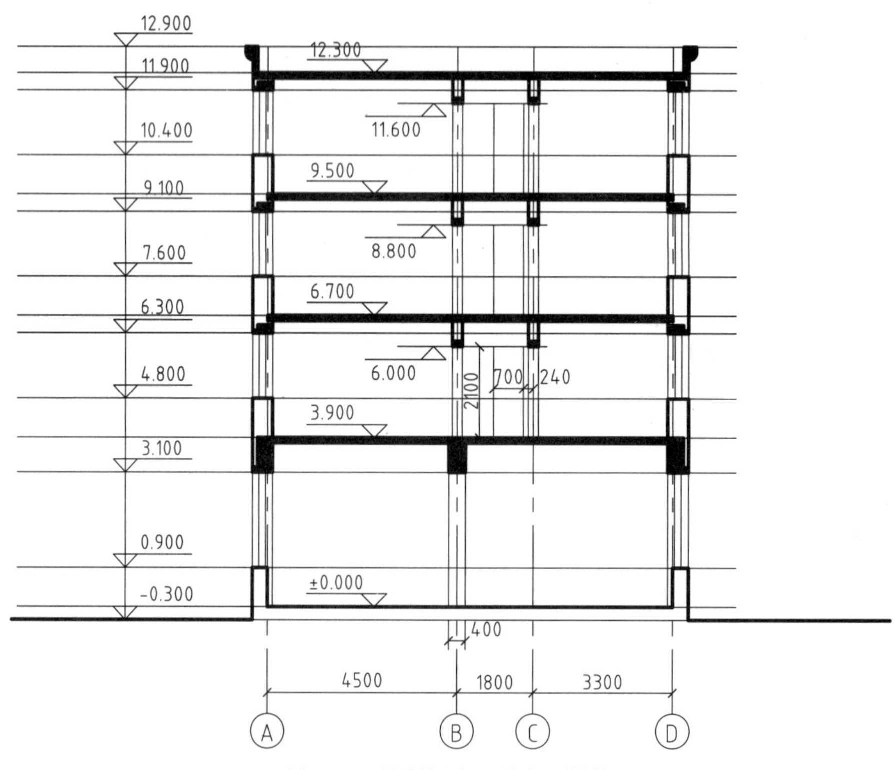

图 7-14　绘制门窗、平台、梁等

（4）标注尺寸和标高，绘制详图的索引符号，注写图名及比例，其中图名字高为 7、比例字高为 5。绘图结果如图 7-15 所示。

［练习 7-1］　用 1∶100 的比例绘制如图 7-16 所示如建筑平面图。

［练习 7-2］　用 1∶100 的比例绘制如图 7-17、图 7-18 所示的建筑平面图、立面图和剖面图。

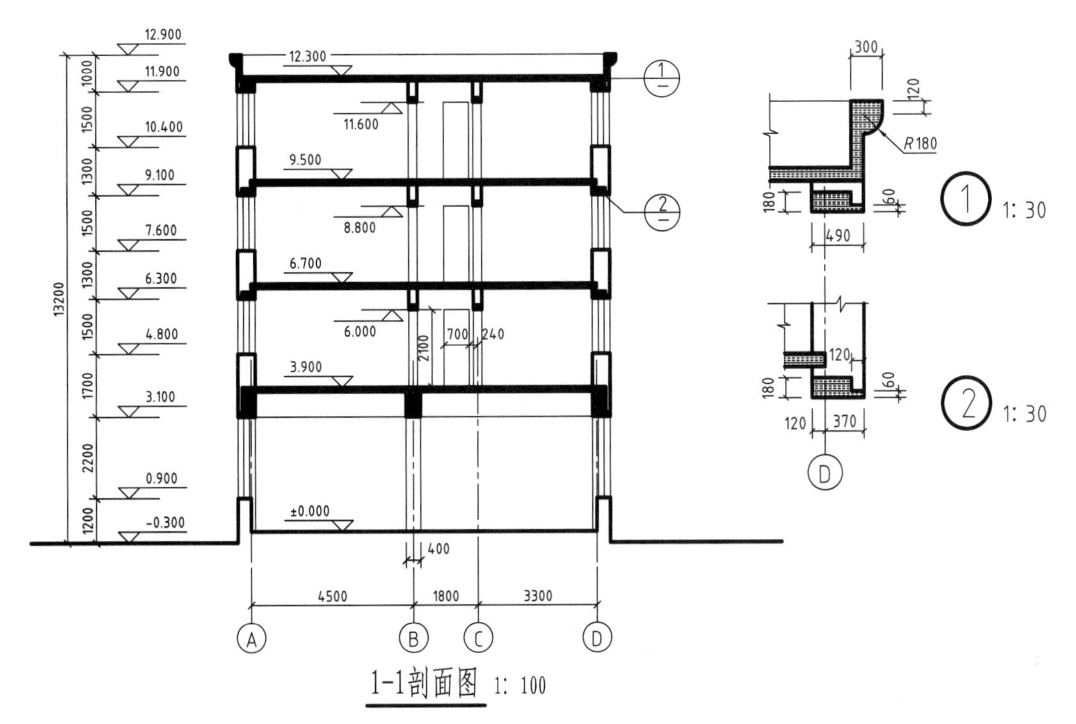

图 7-15 整理并标注

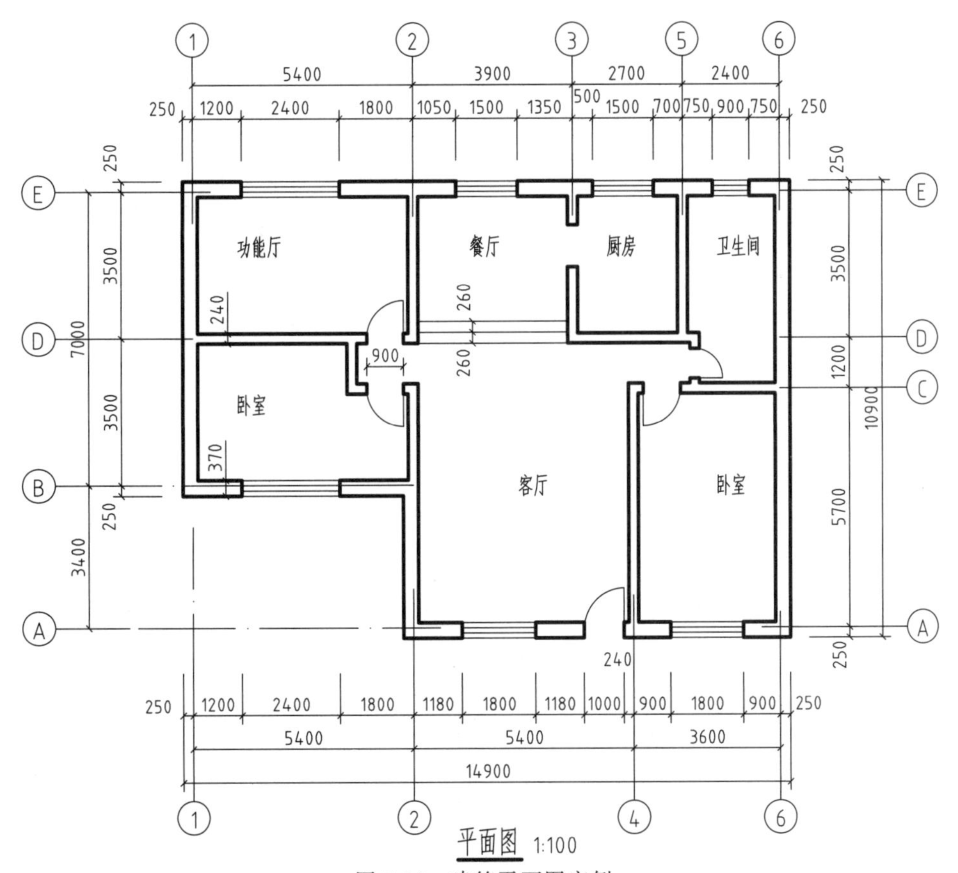

图 7-16 建筑平面图实例

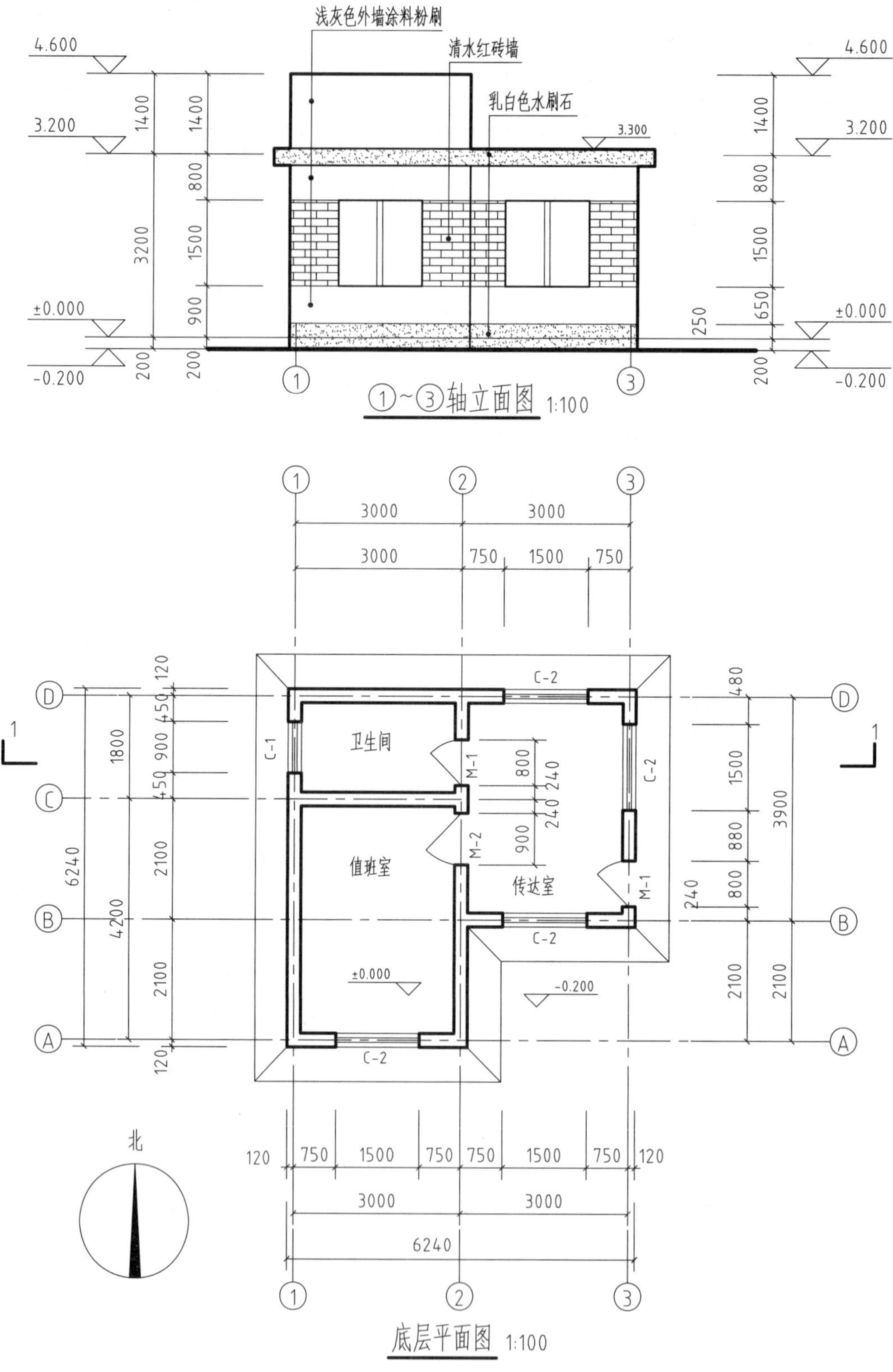

图 7-17　建筑平面图、立面图绘图实例

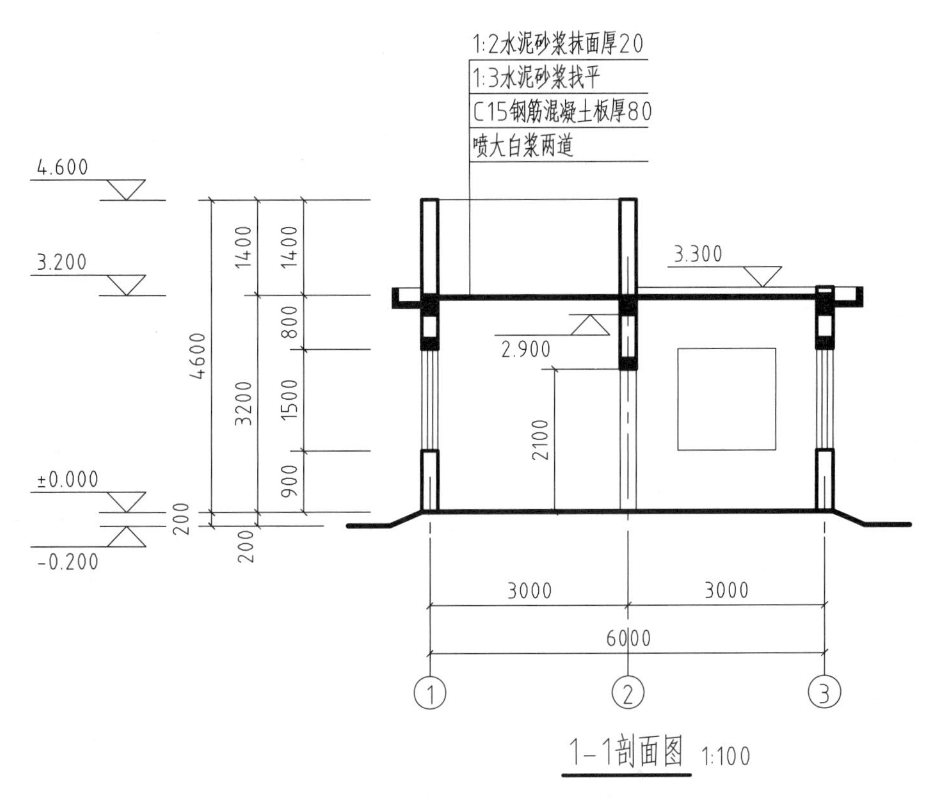

图 7-18　建筑剖面图绘图实例

第 8 章　绘制结构施工图

结构施工图是根据结构设计的结果绘制而成的图样。它是构件制作、安装和指导施工的重要依据。

8.1　相关知识点介绍

房屋的结构施工图是根据结构设计的结果绘制成的图样，它是表达建筑物各承重构件的布置、形状、大小、材料、构造及其相互关系的图样。

结构施工图是施工放线，开挖基槽，支模板，绑钢筋，设置预埋件，浇捣混凝土和安装梁、板、柱等构件及编制预算与施工组织计划等的依据。

8.1.1　结构施工图的组成

结构施工图包括下列内容。

(1) 结构设计说明：包括自然条件、设计依据、标准图集的使用、技术措施、对材料及施工的要求等。

(2) 结构平面布置图：表示梁、板、柱、基础等承重构件在平面图中的位置的图样，包括基础平面图、楼层结构平面图、屋面结构平面图。

(3) 结构详图：表示每个结构构件的形状、尺寸、材料、配筋和结构做法的图样，包括梁、板、柱、基础、楼梯、屋架等各构件详图。

本章主要介绍基础断面详图、钢筋结构详图的绘制方法。

8.1.2　结构施工图的特点

(1) 结构构件种类较多，在施工图中构件名称用国标规定的构件代号表示，常用构件代号如表 8-1 所示。

(2) 在钢筋混凝土结构图中，构件的立面图、断面图采用不同的比例绘制。构件外形轮廓画成细实线，钢筋画成粗实线（箍筋为中实线）。在断面图中，钢筋被剖切后，用小黑点表示。钢筋弯钩和净距的尺寸都比较小，画图时以清楚为度，采用夸张画法。

8.1.3　结构施工图主要使用的相关命令

本章用到的相关命令主要有以下几个：

【多段线】：由直线和圆弧组成的复合线，可用于画钢筋详图。

【圆环】：在“绘图”菜单下调用“圆环”命令，指定圆环的内径为 0，用于画钢筋断面图中的小黑点。

【表格】：先在“格式”菜单下设定表格的样式，然后在“绘图”菜单下绘制表格，主要用于画钢筋数量表、工程数量表等表格。

表 8-1 常用构件代号

序号	名称	代号	序号	名称	代号	序号	名称	代号
1	板	B	19	圈梁	QL	37	承台	CT
2	屋面板	WB	20	过梁	GL	38	设备基础	SJ
3	空心板	KB	21	连系梁	LL	39	桩	ZH
4	槽形板	CB	22	基础梁	JL	40	挡土墙	DQ
5	折板	ZB	23	楼梯梁	TL	41	地沟	DG
6	密肋板	MB	24	框架梁	KL	42	柱间支撑	ZC
7	楼梯板	TB	25	框支梁	KZL	43	垂直支撑	CC
8	盖板或沟盖板	GB	26	屋面框架梁	WKL	44	水平支撑	SC
9	挡雨板或檐口板	YB	27	檩条	LT	45	梯	T
10	吊车安全走道板	DB	28	屋架	WJ	46	雨篷	YP
11	墙板	QB	29	托架	TJ	47	阳台	YT
12	天沟板	TGB	30	天窗架	CJ	48	梁垫	LD
13	梁	L	31	框架	KJ	49	预埋件	M
14	屋面梁	WL	32	刚架	GJ	50	天窗端壁	TD
15	吊车梁	DL	33	支架	ZJ	51	钢筋网	W
16	单轨吊车梁	DDL	34	柱	Z	52	钢筋骨架	G
17	轨道连接	DGL	35	框架柱	KZ	53	基础	J
18	车挡	CD	36	构造柱	GZ	54	暗柱	AZ

【编辑标注】：创建标注后，可以修改现有标注文字的位置和方向或者替换为新文字，可用于采用折断画法后的尺寸标注：画图尺寸任意，尺寸数字标注实际大小等情况。

8.2 绘制基础断面详图

基础断面详图主要表示基础各组成部分的形状、尺寸、材料和基础的埋置深度等内容。

本节以图 8-1 所示某住宅基础 1-1 断面详图为例，介绍基础断面详图的绘制方法和绘图步骤。从图中可以看出基础的埋置深度是 5000，垫层的高度为 300，材料为 C15 混凝土，大放脚每个台阶宽 60、高 120。另外还设有地圈梁，地圈梁的宽度与基础墙相同，高为 240，其顶面标高为－1.300。

绘制方法和步骤如下（绘图比例 1∶20）：

（1）设置绘图环境。

①设置图形界限（A3 图幅：420×297）；执行菜单命令："格式/图形界限"，按"0，0——420，297"设置图形界限。

②设置绘图所需图层。创建表 8-2 所示图层，设置结果如图 8-2 所示。注意：应用图层工具绘图时，应将"特性"工具栏中的各特性选项设置为"Bylayer"。

③设置绘图所需的文字样式［提示：本图文字样式为 SHX 字体（X）：gbenor. shx；大字体（B）：gbcbig. shx］、标注样式（按国标及专业图要求 1∶20 的比例设置）。

④创建标高符号等绘图所需图块。

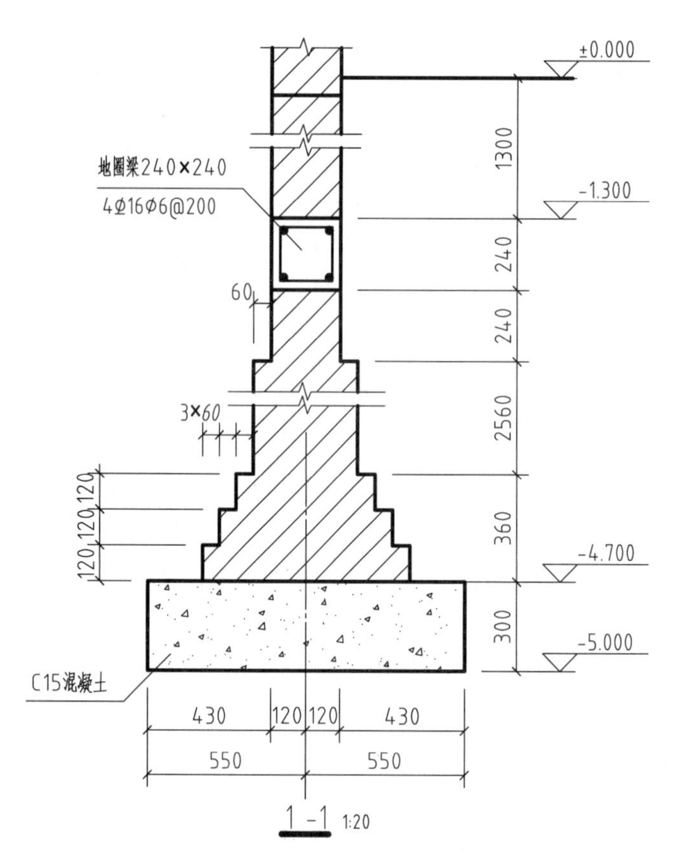

图 8-1　基础 1-1 断面图

表 8-2　“基础断面详图”图层设置

序号	图层名	内容	颜色	线型	线宽/mm	是否打印
1	轴线	定位轴线	黄色	点画线	0.13	是
2	墙	墙体、大放脚、垫层	白色	实线	0.5	是
3	圈梁	圈梁钢筋、箍筋	白色	实线	0.25	是
4	细线	折断线	白色	实线	0.13	是
5	图案填充	材料图例	绿色	实线	0.13	是
6	标注	尺寸、标高	青色	实线	0.13	是
7	文本	图中文字、代号	青色	实线	0.13	是

(2) 绘制主要断面轮廓线。根据垫层、大放脚、基础墙、地面线等的高度、宽度尺寸画出断面图的主要轮廓线，如图 8-3 所示。主要命令：【直线】、【偏移】、【修剪】、【镜像】。

注意：图中高度 H1、H2 任取适当的高度值。

(3) 绘制细部。包括地圈梁内钢筋、折断线等，如图 8-4 所示。主要命令：【直线】或【多段线】、【圆环】。

(4) 绘制断面图材料图例。绘图命令：【图案填充】。

图案提示：普通砖（ANSI31），在【图案填充】的“ANSI”选项卡中；混凝土（AR-CONC），在【图案填充】的“其他预定义”选项卡中。

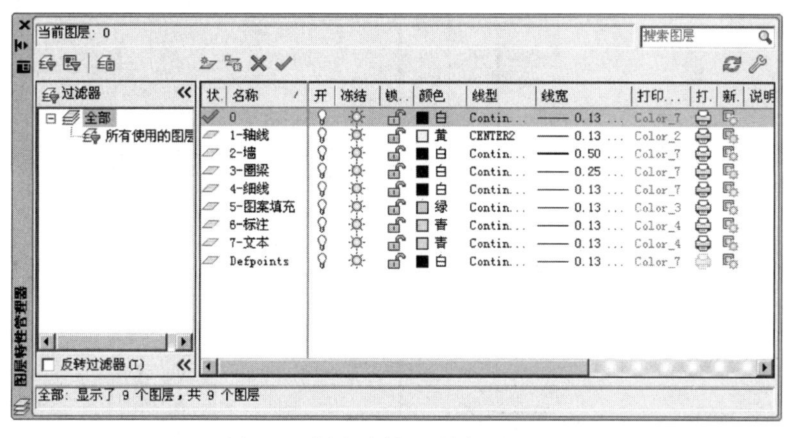

图 8-2　创建绘制基础详图的图层

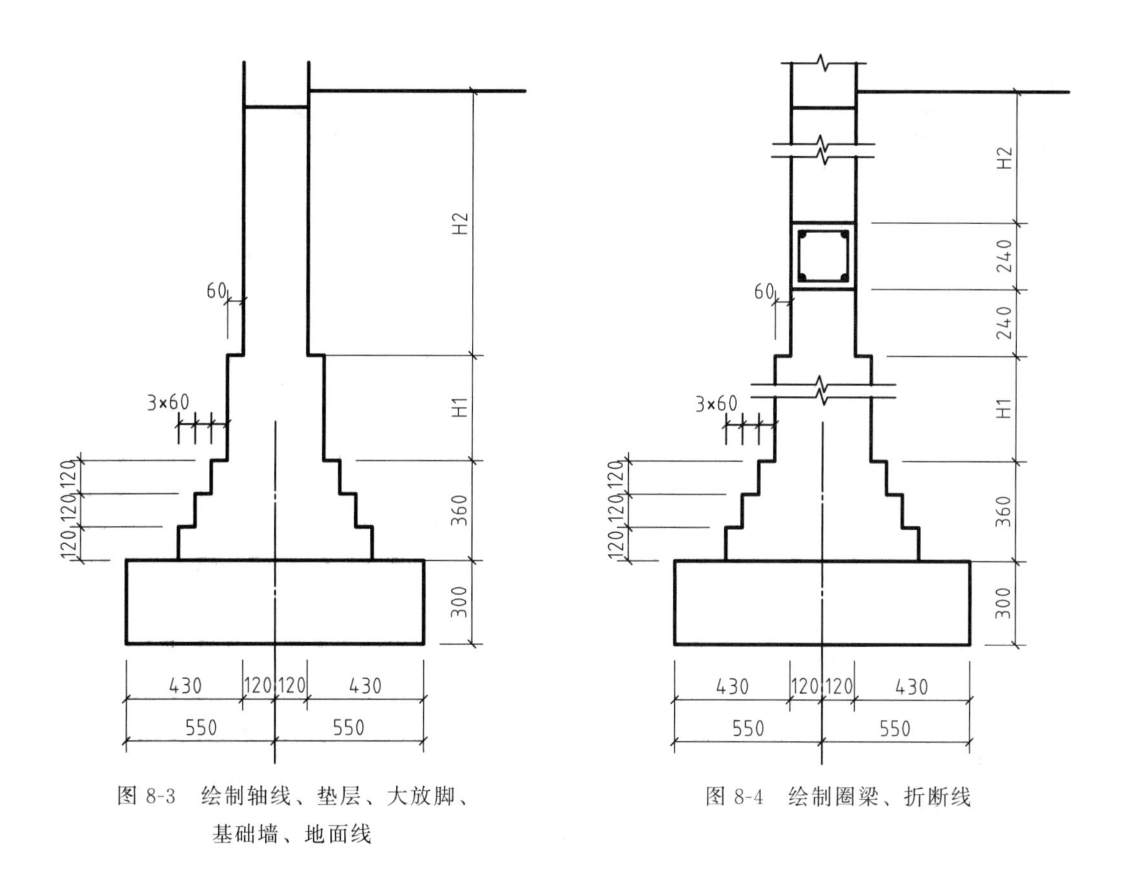

图 8-3　绘制轴线、垫层、大放脚、基础墙、地面线

图 8-4　绘制圈梁、折断线

注意：应调整填充“比例（S）”的值，以使图案显示为理想效果。

（5）标注尺寸和标高。主要命令：【线性标注】、【连续标注】、【编辑标注】、【插入块】。

（6）注写文字说明。完成图样如图 8-1 所示。

［**练习 8-1**］　绘制图 8-5 所示基础断面图。

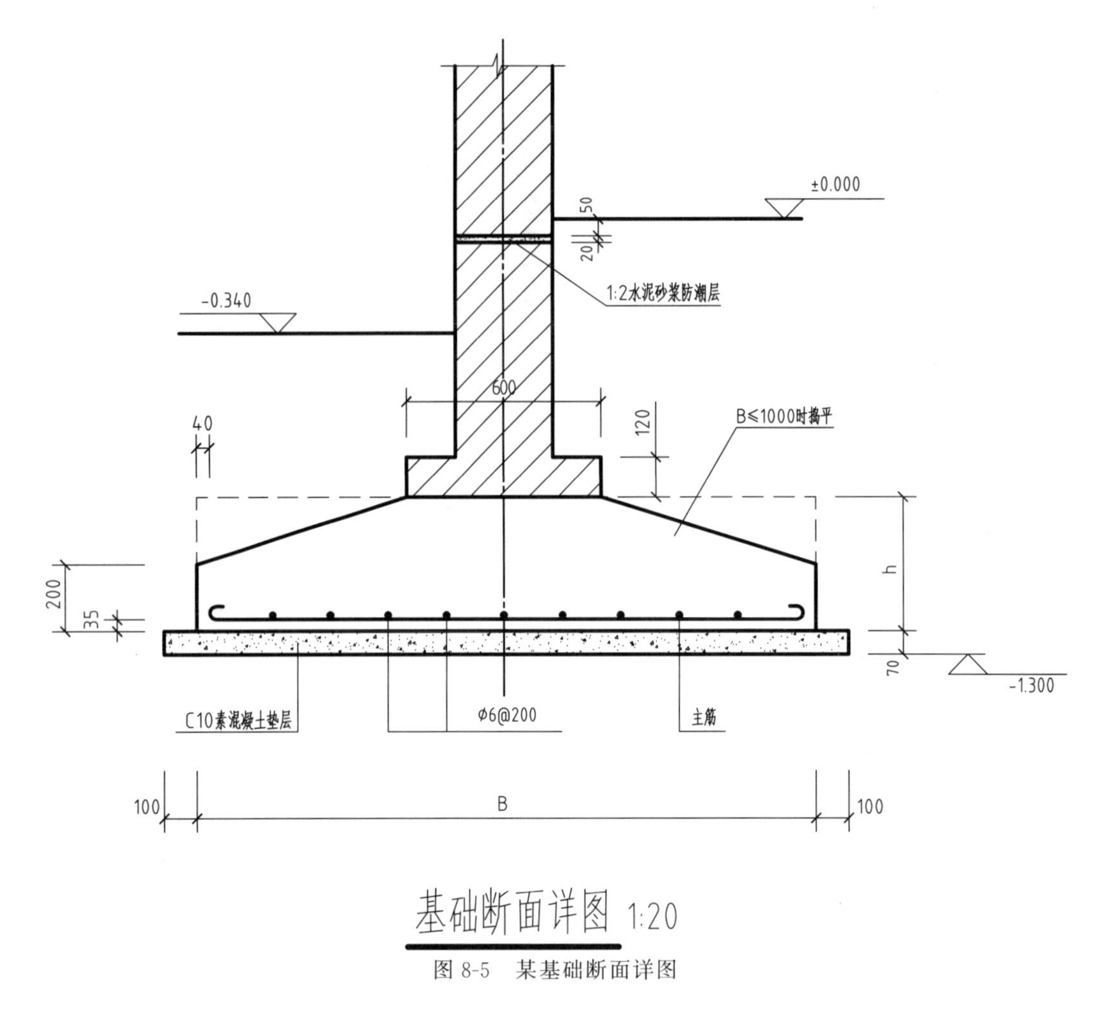

图 8-5　某基础断面详图

8.3　绘制现浇构件结构详图

现浇钢筋混凝土构件详图一般包括模板图、配筋图、预埋件详图及钢筋表（或材料用量表），而配筋图又分为平面图、立面图、断面图和钢筋详图。图中主要表明构件的长度、断面形状与尺寸及钢筋的型式与配置情况等。通常根据构件的不同，画出其中的几个图样。

8.3.1　钢筋混凝土梁结构图的绘制

形状比较简单的梁，通常不画单独的模板图，主要绘制配筋图。梁配筋图通常用立面图和断面图来表达，为便于下料和统计用料，可画出钢筋大样图（详图），并列出钢筋表。

在现浇梁（或柱）的配筋立面图中，梁（或柱）的轮廓线用细实线、主筋用粗实线、箍筋用中实线表示。图中应注明各种钢筋的编号。在其配筋断面图中，断面轮廓线用细实线、箍筋用中实线、主筋断面用大小一致的小黑圆点表示，用引出线或列表注明钢筋的编号，并注明钢筋的根数、品种、直径、间距等。在与立面图相对应的位置，画出钢筋详图（钢筋成型图），同时也要标注钢筋的编号、根数、品种、直径及下料长度，本节以图 8-6 所示梁结构详图介绍梁配筋图的画法。

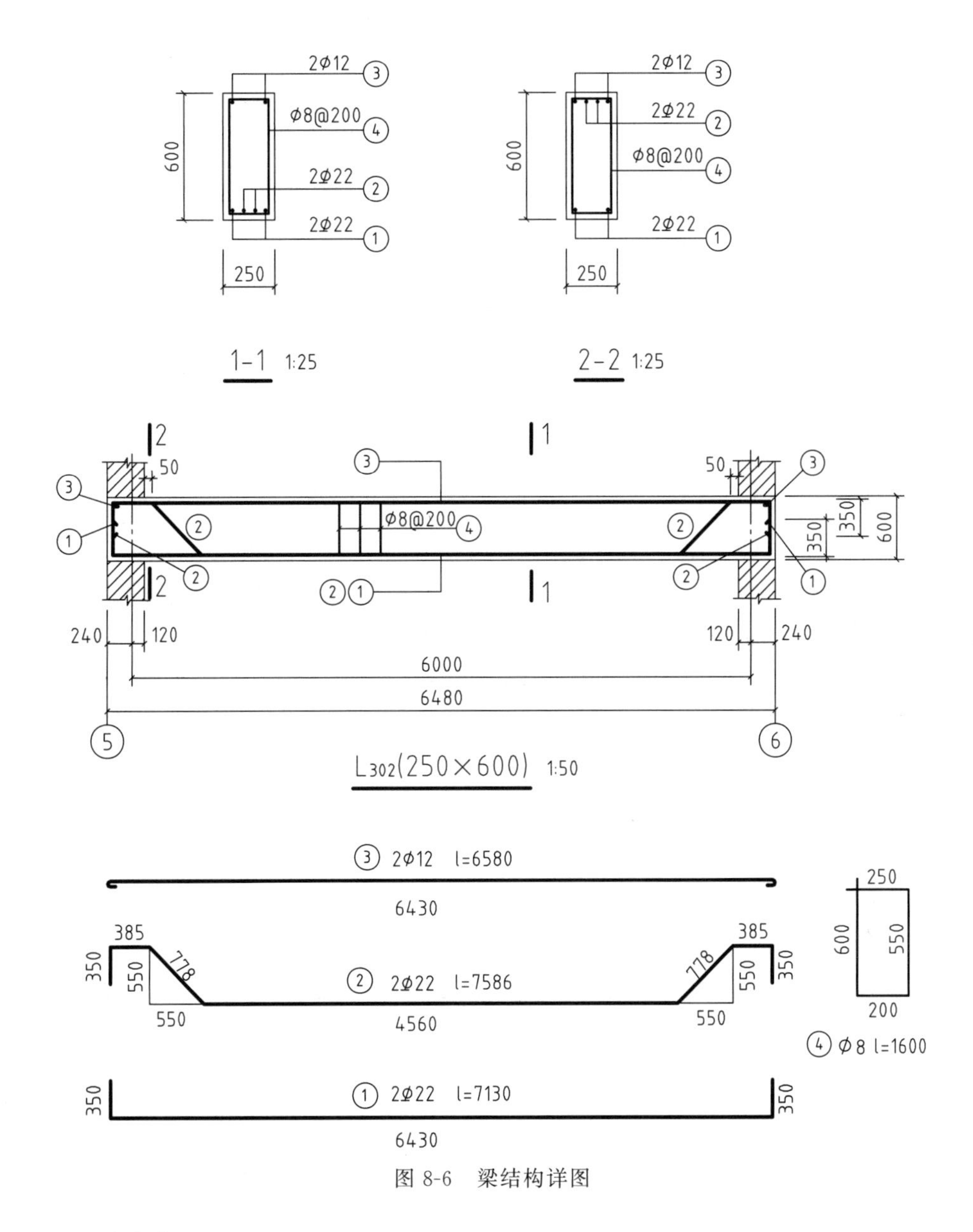

图 8-6 梁结构详图

1. 绘图要求

(1) 图幅为 A4 竖向。

(2) 比例为：立面图、钢筋详图：1∶50；断面图：1∶25。

(3) 字体均为“SHX 字体（X）：gbenor. shx；大字体（B）：gbcbig. shx”。

(4) 图层设“轴线”、“粗实线”、“中实线”、“细实线”、“标注”等，图层特性自定，粗线宽 $b=0.5$。

2. 画图过程

由于图中有两种绘图比例，为了方便作图，可先都用 1∶1 的实际尺寸作图，然后分别用各自的比例缩小后再标注尺寸、书写图名。具体过程如下：

（1）设置图形界限为 A4 竖向图幅（210×297）的 50 倍，即（0，0）——（10500，14850）。

（2）绘制 A4 图纸的内、外图框线、标题栏，并放大 50 倍。

（3）用 1∶1 的比例绘制构件的立面图、钢筋详图、断面图（只画断面轮廓线和箍筋）。

（4）将画好的整个图样和图框缩小 50 倍：执行【缩放】命令，取（0，0）为基准，指定比例因子为 1/50＝0.02。然后再执行【缩放】命令，将断面图放大 1 倍，即为原图的 1/25。

（5）重新设置图形界限为 A4 竖向图幅，即（0，0）——（210，297）。

（6）画钢筋断面小黑点，标注尺寸、钢筋编号、规格等，注写图名，完成作图。

3. 画图准备

（1）设置图形界限：A4 竖向图幅图形界限。

（2）设置绘图所需图层。创建“轴线”、“粗实线”、“中实线”、“细实线”、“标注”等图层，并设定各图层的各项特性，具体内容如表 8-3 所示。

表 8-3 “梁结构详图”图层设置

序号	图层名	内容	颜色	线型	线宽/mm	是否打印
1	轴线	定位轴线	黄色	点画线	0.13	是
2	粗线	主筋	白色	实线	0.5	是
3	中线	箍筋	白色	实线	0.25	是
4	细线	轮廓线、图例	白色	实线	0.13	是
5	标注	尺寸、符号、图名	青色	实线	0.13	是

（3）设置绘图所需的文字样式。样式名：“工程字”；字体：“SHX 字体（X）：gbenor.shx；大字体（B）：gbcbig.shx”。

（4）设置绘图所需的两个标注样式。样式名：“立面标注”、“断面标注”，其“比例”设置分别为 50、25，字高为 3.5，其他各项按国标相关规定设置。

4. 画图步骤

钢筋混凝土构件详图的绘制步骤如下。

1）立面图及钢筋详图的绘制

（1）绘制定位轴线、梁立面轮廓线、墙及钢筋详图。钢筋详图应从构件的最上部钢筋开始依次排列，并与立面图中的同号钢筋对齐，如图 8-7 所示。应用命令：【直线】、【偏移】、【多段线】。

（2）绘制梁立面图内钢筋：将钢筋详图复制到立面图上相应的位置，如图 8-8 所示。应用命令：【复制】。

（3）绘制立面图细部，并标注尺寸，注写钢筋代号等，如图 8-9 所示。应用命令：【直线】、【图案填充】。

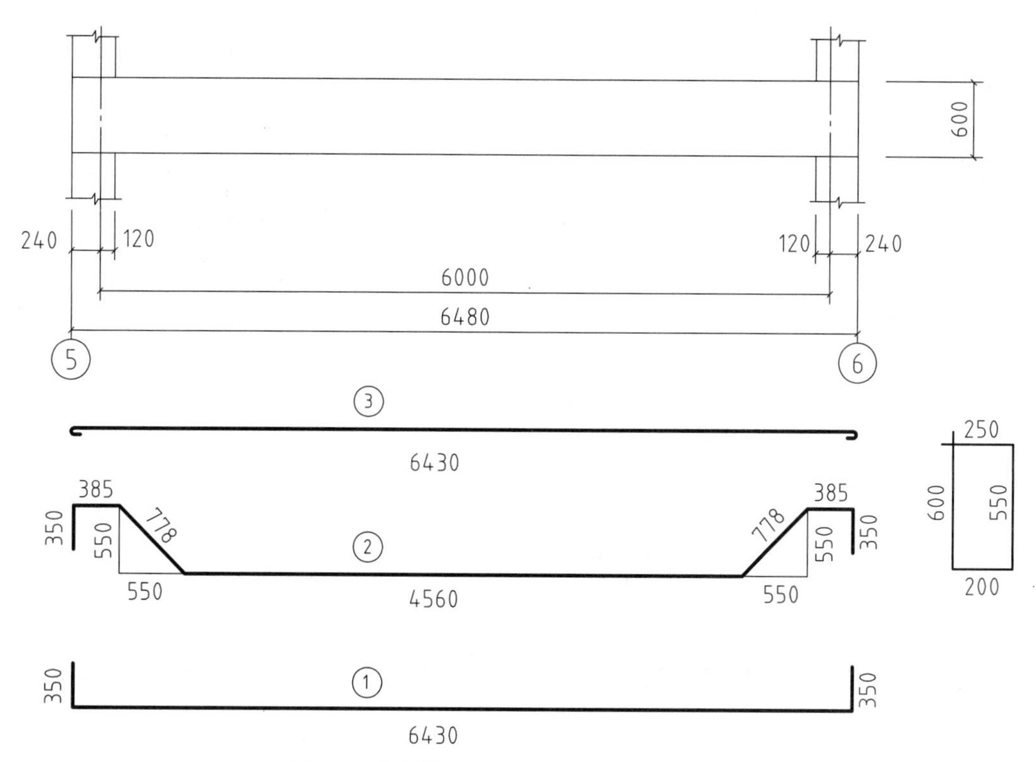

图 8-7　绘制轴线、梁轮廓线、墙及钢筋详图

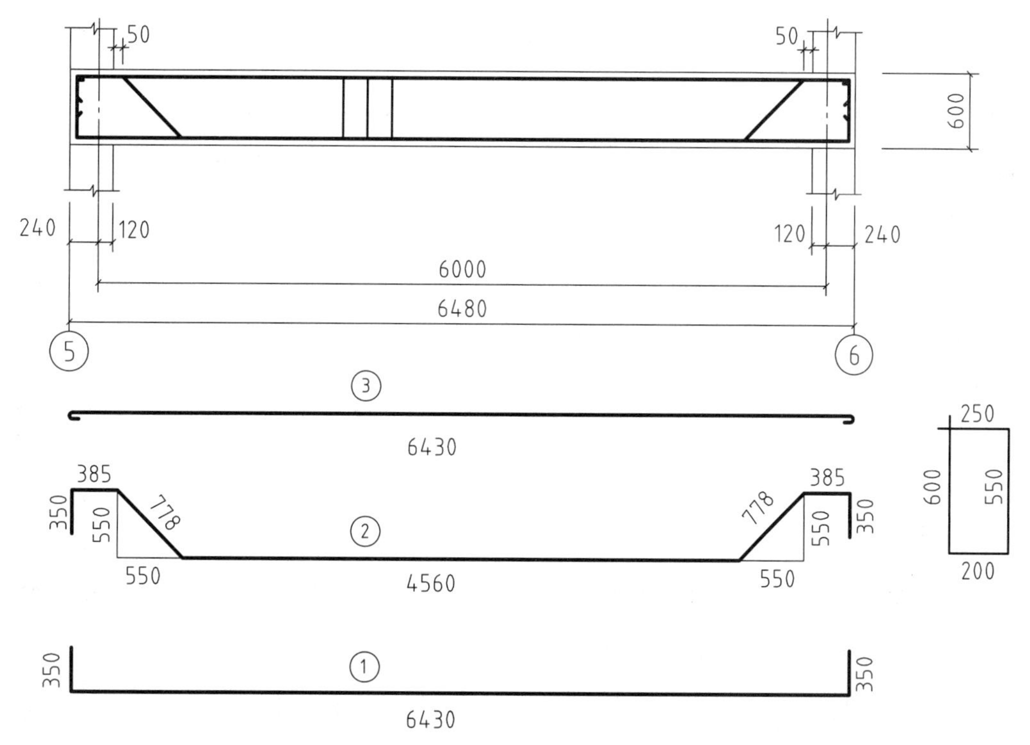

图 8-8　绘制梁立面图内钢筋

提示：构件的保护层及钢筋的弯钩可示意画出，弯钩、钢筋编号等也可制成图块插入。

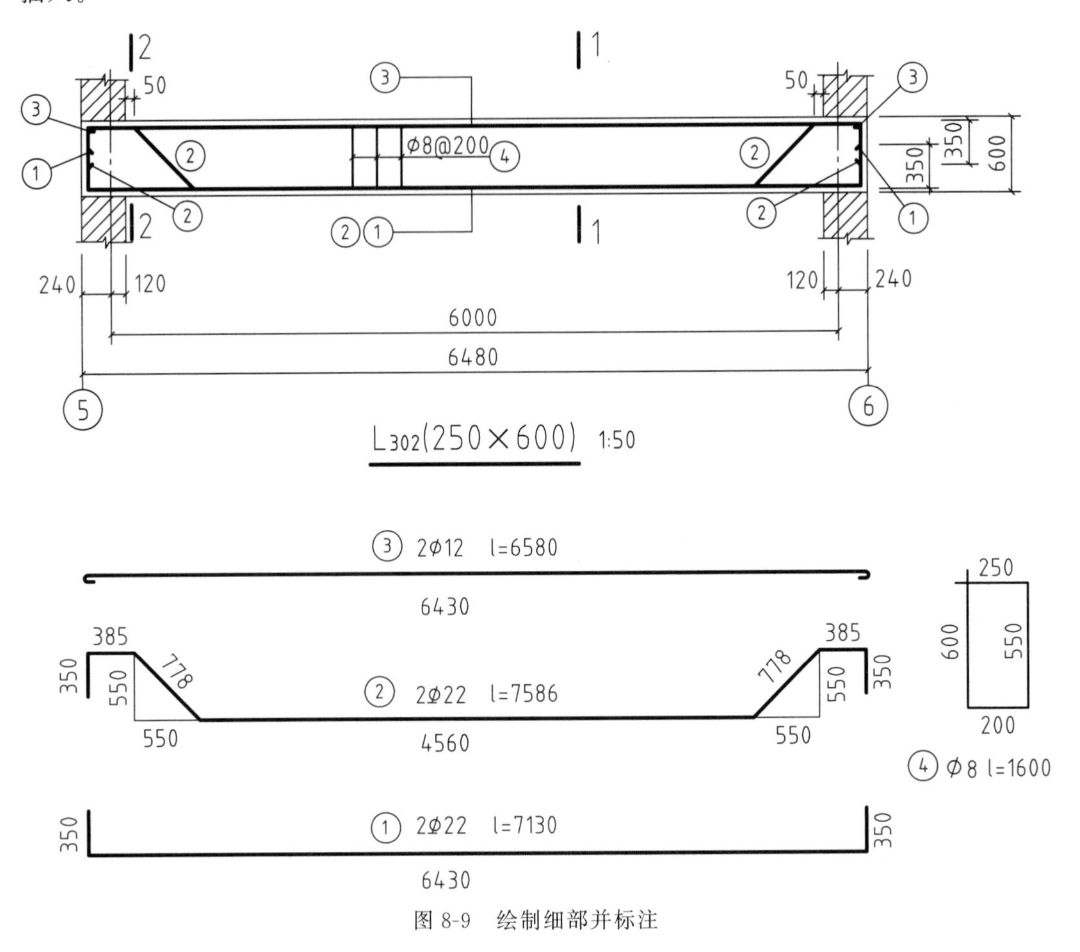

图 8-9 绘制细部并标注

2）断面图的绘制

（1）绘制梁断面轮廓线及箍筋，保护层可大致画，如图 8-10 所示。应用命令：【矩形】、【偏移】。

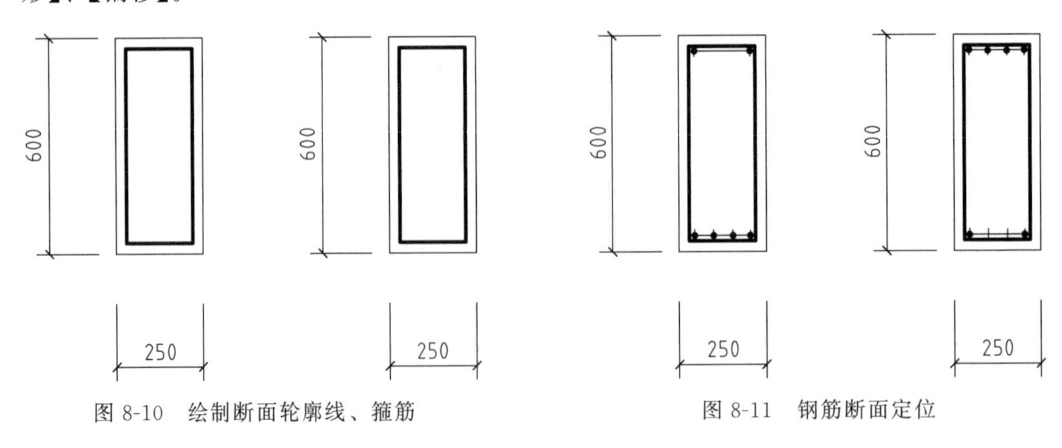

图 8-10 绘制断面轮廓线、箍筋

图 8-11 钢筋断面定位

（2）绘制钢筋断面小黑点：先确定圆点圆心的位置（直线），小黑点可用圆环的命令来画（本图圆环内径为 0、外径为 1），如图 8-11 所示。应用命令：【圆环】。

（3）整理图样，并标注尺寸，注写钢筋代号、图名、比例等，如图 8-12 所示。

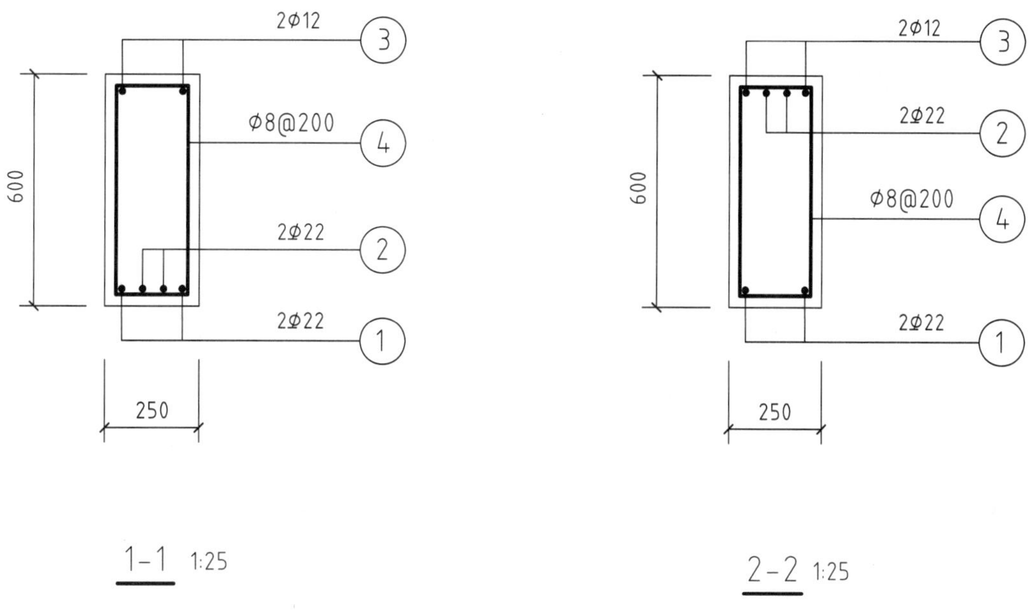

图 8-12　绘制钢筋断面并标注

8.3.2　现浇板结构图的绘制

1. 图示方法

板的结构详图是由平面模板图和平面配筋图来表达的，必要时还辅以断面图。对于外形简单及预埋件、预留孔少的板，通常将模板图和配筋图合二为一绘制，也可简称为配筋图。在平面图中可以用重合断面图表示出板的厚度、标高及支承情况。在平面配筋图中，每种规格的钢筋只画一根即可。

2. 识图

图 8-13 是某现浇钢筋混凝土板结构详图，由图名可知是编号 B_5 的模板配筋图。该图由一个平面配筋图和一个重合断面图组成。板顶标高 7.170，板厚 h＝80。板内的钢筋由平面图全部表示出来，共有四种钢筋：①号钢筋布置在板宽度方向的下部，为受力筋，钢筋长 2100，由“①ϕ10@150”可知，①号钢筋为直径为 10 的 HPB235 级钢筋，沿板的长向每隔 150 布置一根。②号钢筋布置在板的顶部支座处，长 700，直弯钩的长度为板厚减去两个保护层厚度，“②ϕ8@200”表示②号钢筋为直径 8 的 HPB235 级钢筋，沿着 D、E、⑧轴每隔 200 布置一根，它是构造筋。③号钢筋为⑥轴支座处的构造筋，其左边为相邻板的上部钢筋，右边伸入长度为 600，是直径为 12 的 HRB335 级钢筋，沿⑥轴每隔 200 布置一根。④号钢筋为长 6000 的下部分布筋，“④ϕ6@200”表示④号钢筋为直径 6 的 HPB235 级钢筋，沿着板宽方向每隔 200 布置一根。

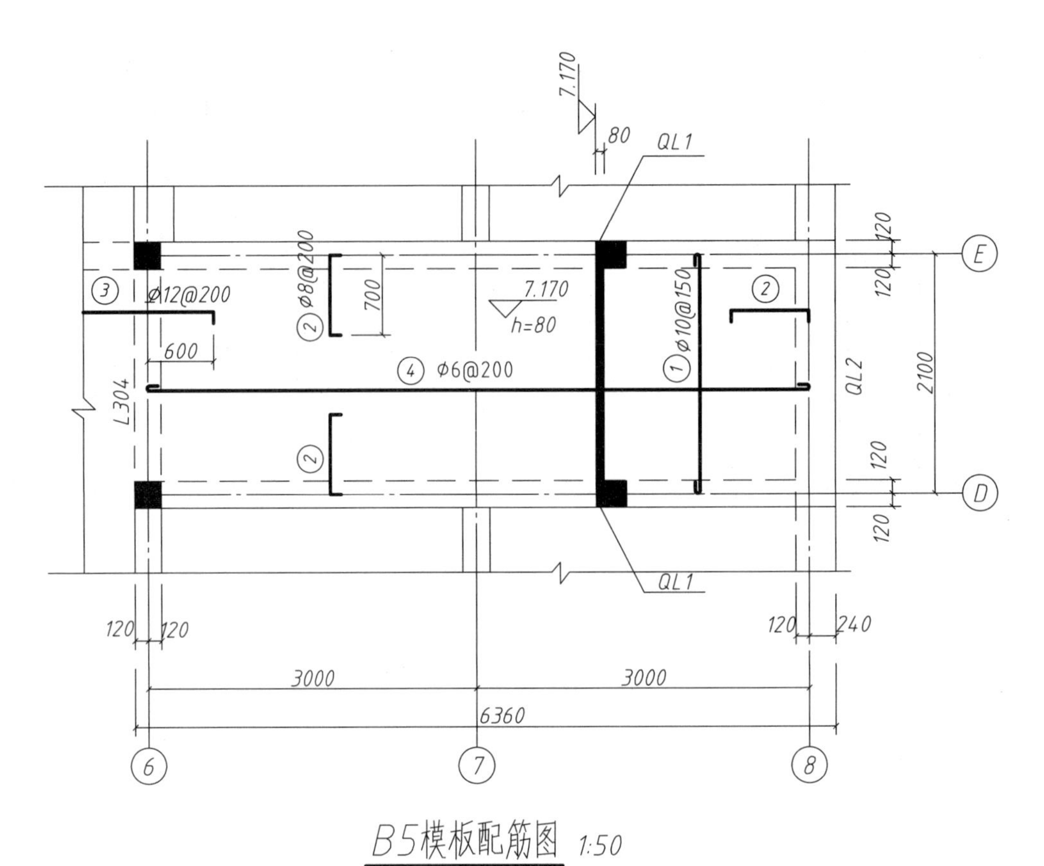

图 8-13　现浇钢筋混凝土板结构详图

3. 图线及钢筋标注

在现浇板的配筋平面图中，用中实（虚）线画出墙体可见（不可见）轮廓线，用粗实线表示钢筋。在图中应注明各种钢筋的编号、规格、直径、间距和长度。

4. 绘制方法和步骤

1）绘图要求

（1）图幅为 A4 横向（297×210）。

（2）比例为 1∶50。

（3）字体为“SHX 字体（X）：gbeitc. shx；大字体（B）：gbcbig. shx”。

（4）图层设“轴线”、“粗实线”、“细实线”、“虚线”、“标注”等，图层特性自定，粗线宽 b＝0.5。

2）绘制方法和步骤

（1）根据图样设置绘图所需图层、标注样式、文字样式、单位精度等绘图环境（略）。

（2）按轴间尺寸绘制定位轴线，如图 8-14 所示。应用命令：【直线】、【偏移】。

（3）绘制板及板下梁，如图 8-15 所示。应用命令：【直线】、【偏移】。

（4）绘制钢筋、柱截面、板重合断面图，如图 8-16 所示。应用命令：【多段线】、

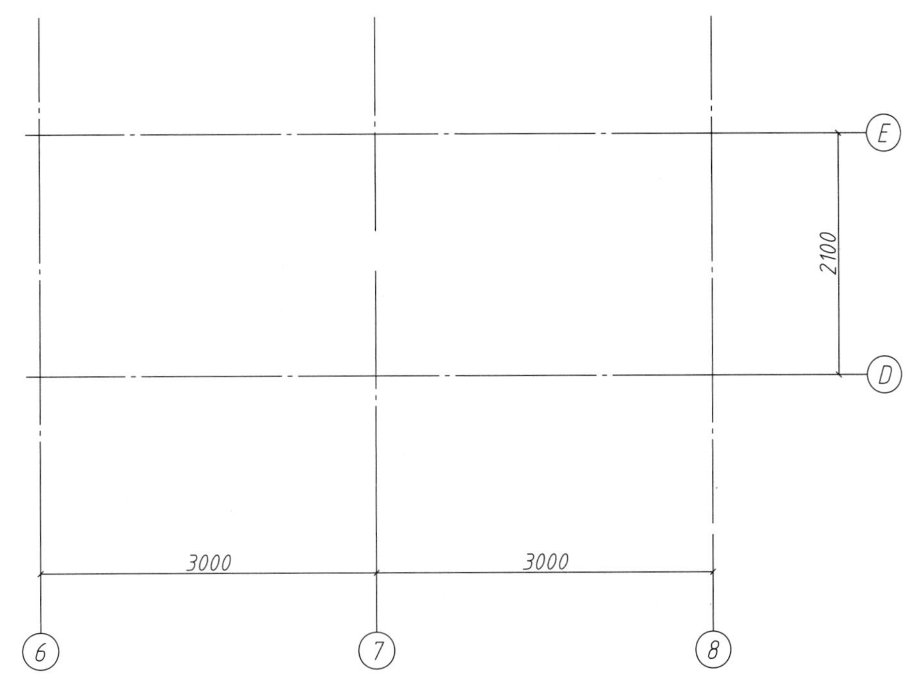

图 8-14　绘制轴线

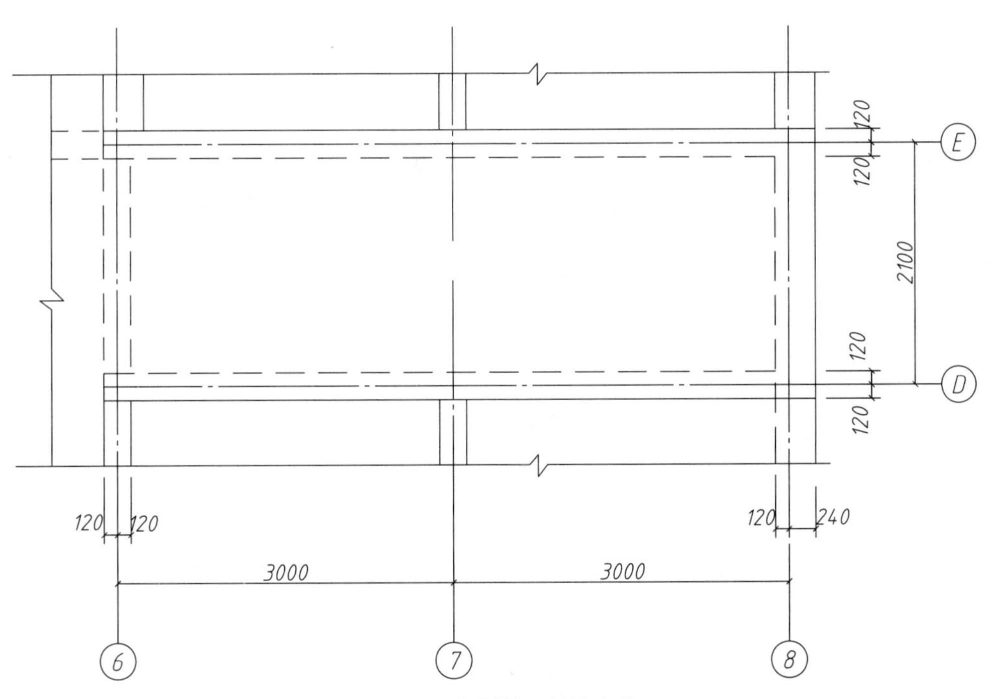

图 8-15　绘制梁、板轮廓线

【矩形】、【图案填充】。

（5）标注尺寸，插入标高符号，注写文字、图名等，如图 8-17 所示。

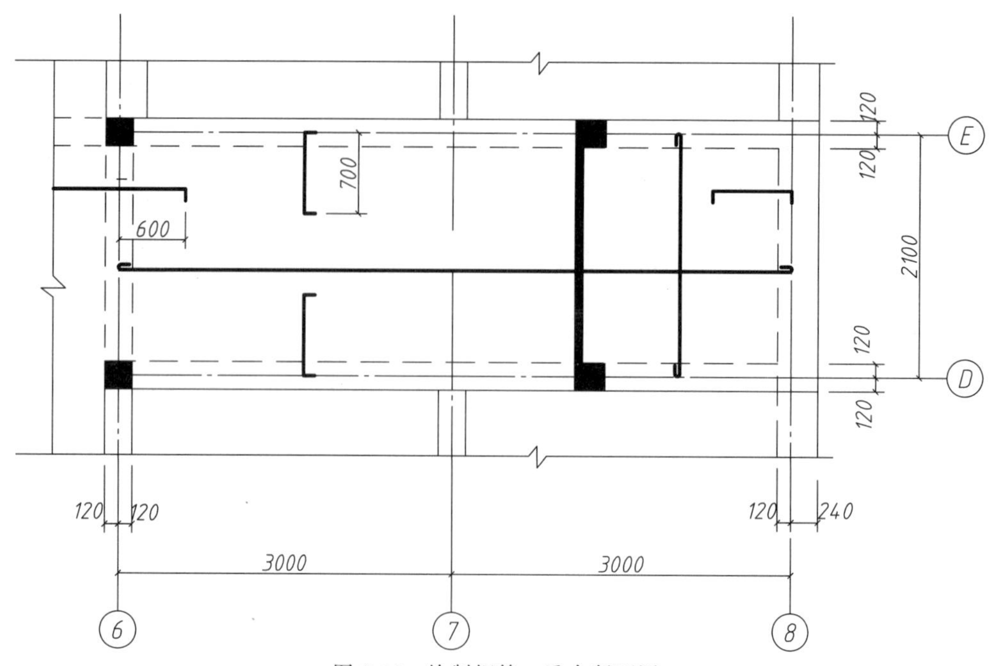

图 8-16　绘制钢筋、重合断面图

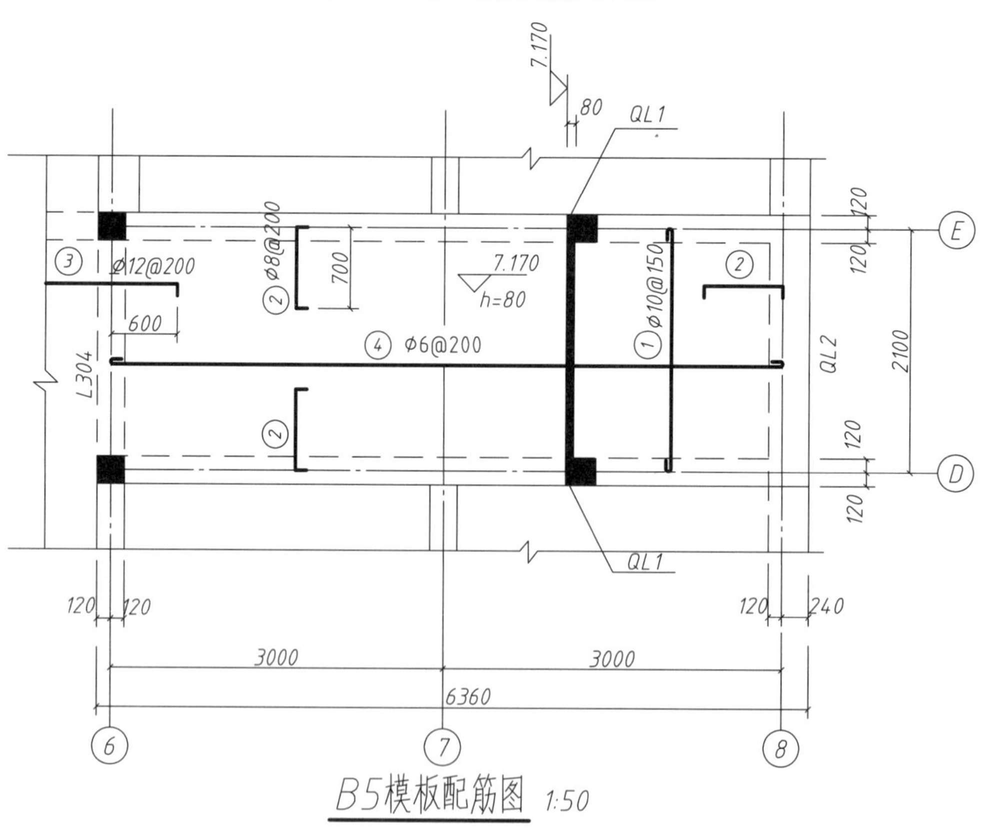

图 8-17　完成各项标注

[练习 8-2]　绘制如图 8-18 所示的梁、板结构图。

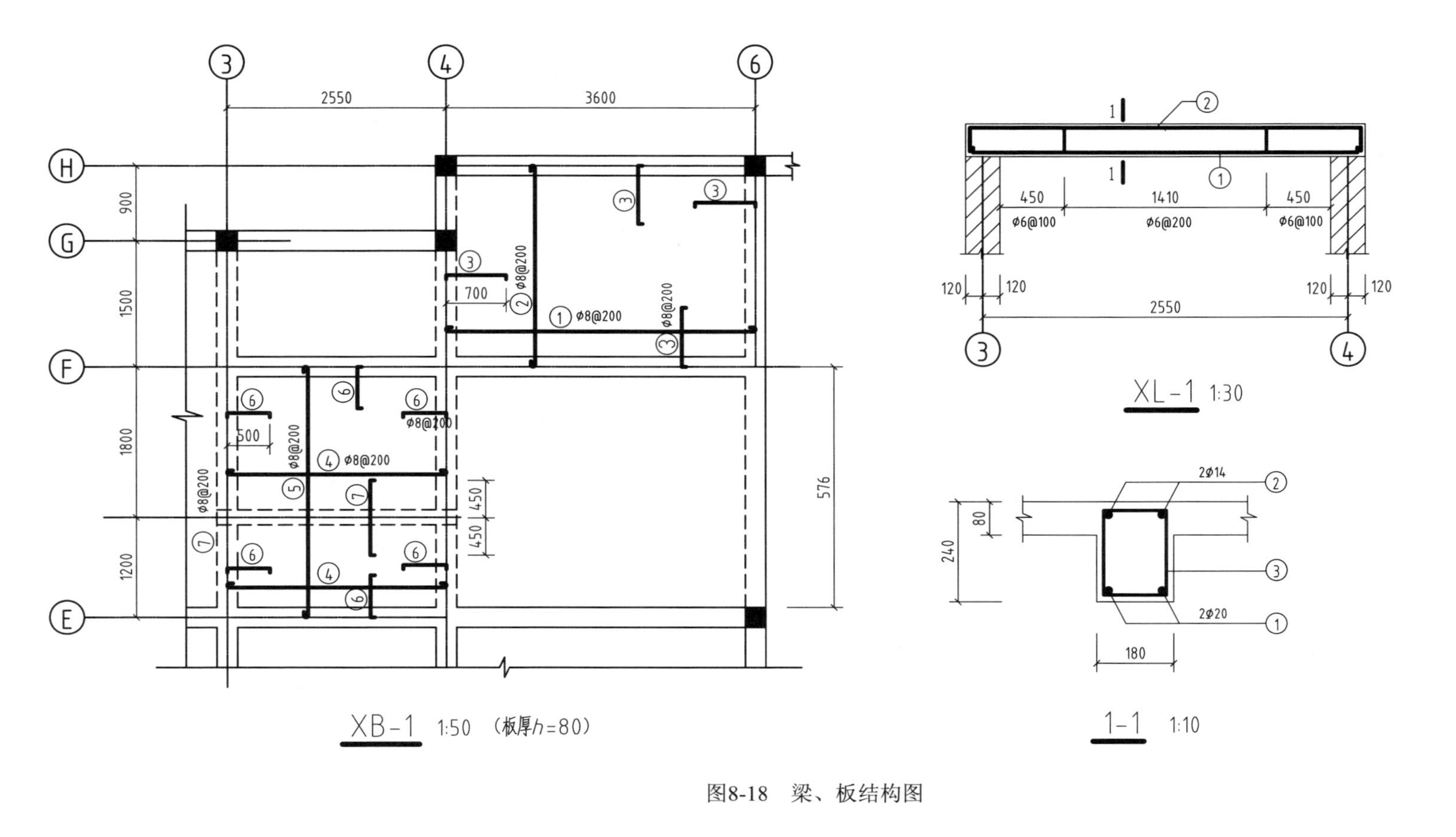

XB-1 1:50 (板厚h=80)
2550
3600
900
1500
1800
1200
576
700
500
450
φ8@200
XL-1 1:30
450
1410
φ6@100
φ6@200
120
2550
1-1 1:10
2φ14
2φ20
80
240
180

图8-18 梁、板结构图

第 9 章　绘制给水排水施工图

9.1　相关知识点介绍

9.1.1　给水排水施工图的分类

给水排水施工图是建筑设备工程图的组成部分，分为室内给水排水施工图和室外给水排水施工图。室内给水排水施工图是表达房屋内部给水排水管道的布置、用水设备以及附属配件的设置，室外给水排水施工图是表示某一区域或整个城市的给水排水管网的布置以及各种取水、出水、净化结构和水处理的设置。

施工图主要包括：室内给水排水平面图、室内给水排水系统图、室外给水排水平面图、室外给水排水剖面图及有关详图。

9.1.2　给水排水施工图的图示特点

（1）给水排水施工图中的平面图、详图采用正投影法绘制，系统图宜按 45°正面斜轴测投影法绘制。

（2）施工图中管道附件、阀门、仪表、卫生设备、水泵等采用统一的国标图例表示，如表 9-1 所示。

表 9-1　常用建筑给水排水图例

序号	名称	图例	序号	名称	图例	序号	名称	图例
1	给水管	——J——	14	室内消火栓（单口）		27	洗脸盆	
2	排水管	——P——	15	室内消火栓（双口）		28	浴盆	
3	污水管	——W——	16	异径管		29	化验盆 洗涤盆	
4	废水管	——F——	17	管堵		30	盥洗槽	
5	消火栓给水管	——XH——	18	自动冲洗水箱		31	拖布池	
6	雨水管	——Y——	19	淋浴喷头		32	立式小便器	
7	暖气管	——N——	20	管道立管	JL-1　JL-1	33	蹲式大便器	
8	坡向		21	立管检查口		34	坐式大便器	
9	清扫口		22	管道固定支架		35	大便槽	
10	雨水斗	YD	23	截止阀		36	阀门井 检查井	
11	圆形地漏		24	自动排气阀		37	水表井	
12	存水管		25	水龙头		38	水表	
13	透气帽		26	泵		39	Y 型过滤器	

（3）给水及排水管道一般采用单线画法，新设计的排水管采用粗线，线宽为 b；新设计给水管及原有排水管采用中粗线，线宽为 $0.75b$；给水排水设备、零件及原有给水管采用中线，线宽为 $0.5b$；原有建筑结构的图形采用细线，线宽为 $0.25b$。线宽 b 宜为 0.7mm 或 1.0mm。

(4) 所有管道的直径都标注在施工图上，水平管道的规格宜标注在管道的上方，竖向管道的规格宜标注在管道的左侧，尺寸应以毫米（mm）为单位，管径表示方法符合《给水排水制图标准》GB/50106—2001 的规定。

(5) 室内管道应标注相对标高，室外管道宜标注绝对标高，标高应以米（m）为单位，一般书写到小数点后第三位。

(6) 给排水系统中，凡有坡度的横管都要注出其坡度，坡度可标注在管段的旁边或引出线上。坡度符号常用“i”字母表示，i 后面的数字表示坡度值。

(7) 给水排水工程图的常用比例一般应与建筑平面图、建筑剖面图相同，例如 1∶100、1∶50 等。有特殊需要时，也可以适当地改变比例。

9.2 绘制给水排水平面图

本节通过绘制图 9-1 所示某住宅一个单元给水排水平面图及卫生间必备器具的实例，介绍用 AutoCAD 绘制给水排水平面图的方法。

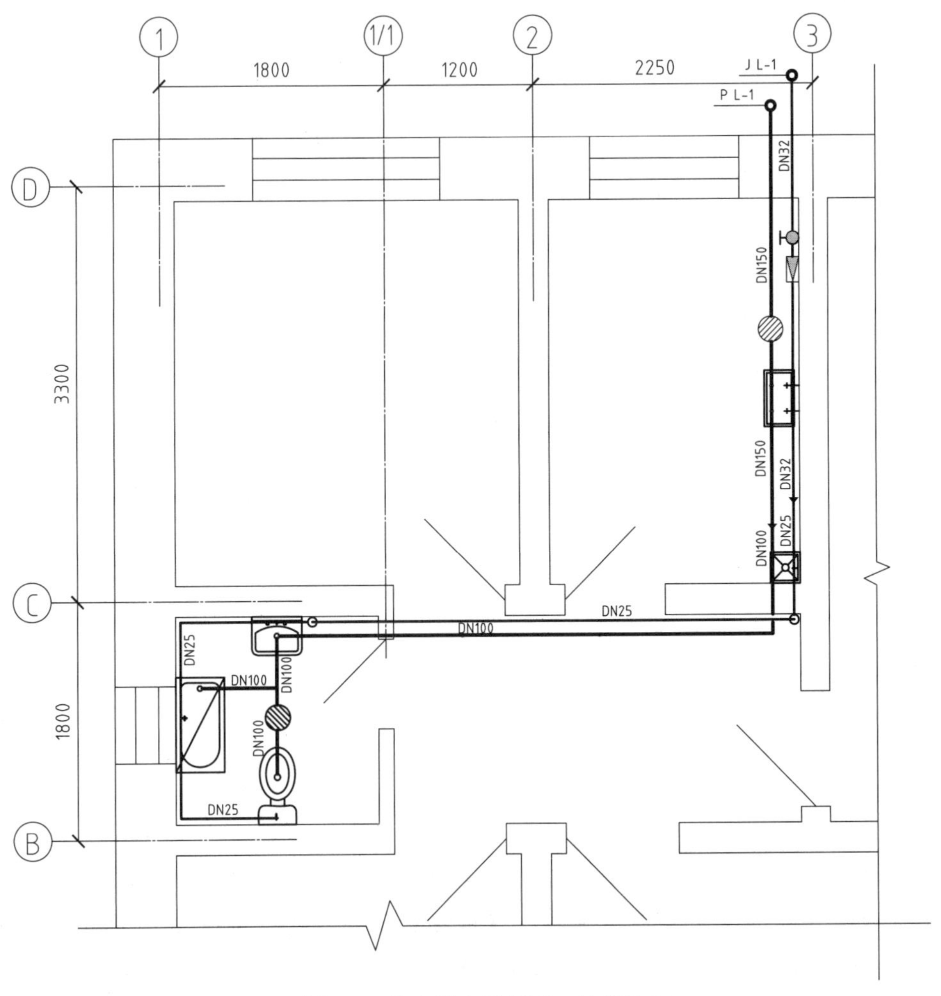

图 9-1　给水排水平面图（局部放大）

绘图步骤：

（1）绘制或调出已画好的建筑平面图，线型为细线，如图 9-1 所示。

（2）创建一个图例符号文件夹，如“建筑给水排水图例”。

（3）绘制建筑给水排水符号（图例）。

①绘制洗手盆，根据尺寸按 1∶10 比例绘制图形。绘制步骤：应用【直线】、【偏移】、【圆角】命令绘制图 9-2（a）；应用【偏移】、【圆弧】、【删除】等命令绘制图 9-2（b），其中【圆弧】命令选用“三点”完成；应用【圆弧】子命令中的【起点、端点、半径】绘制图 9-2（c）；应用【圆】命令绘制如图 9-2（d）所示的四个圆。

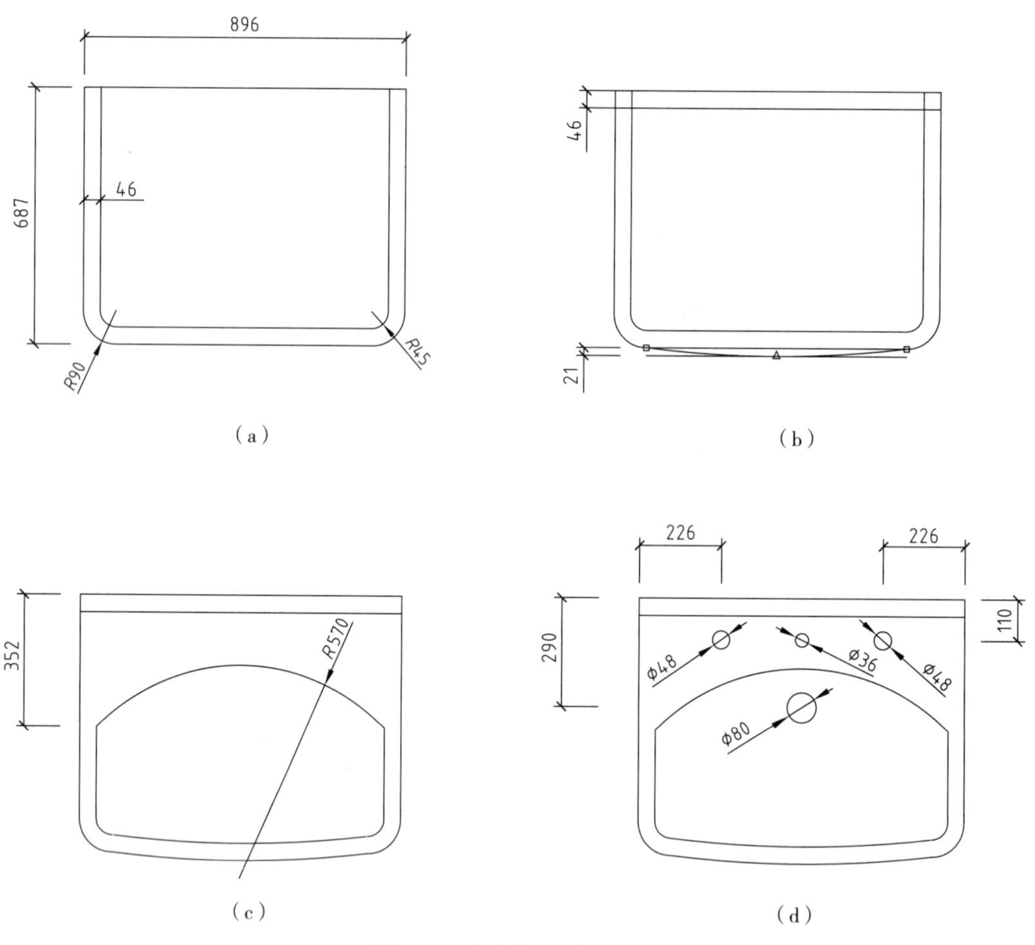

图 9-2 洗手盆的绘制步骤

②绘制坐便器，根据尺寸按 1∶10 比例绘制图形。绘制步骤：应用【椭圆】、【偏移】命令绘制图 9-3（a）；应用【圆】、【直线】命令绘制图 9-3（b）；应用【直线】和【偏移】命令绘制图 9-3（c）；应用【删除】和【修剪】命令绘制图 9-3（d）；应用【直线】和【圆角】命令绘制成坐便器，如图 9-3（e）所示。

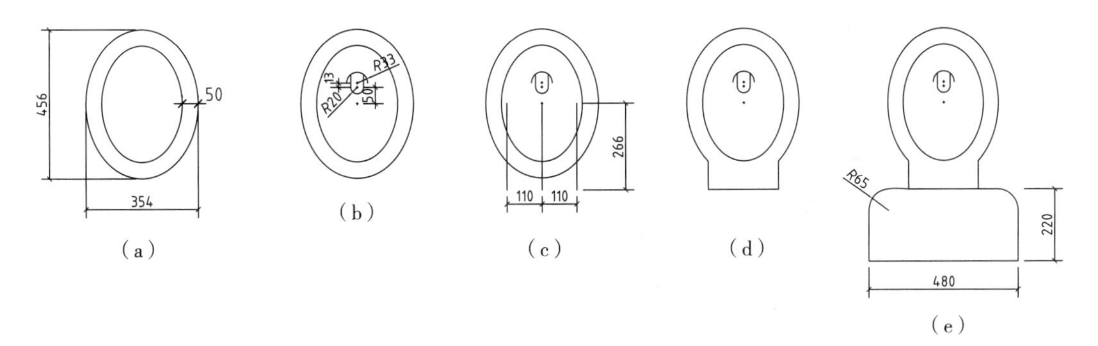

图 9-3　坐便器的绘制步骤

③绘制浴盆，应用【矩形】、【圆】、【圆角】、【偏移】等命令绘制。具体为先画 1600mm×600mm 矩形，再向里偏移 50mm，接着使用圆角命令，半径为 250mm 和 100mm，最后在里边画半径为 50mm 圆。比例 1∶10。

④绘制水表，应用【矩形】、【直线】、【图案填充】命令。具体为先画 100mm×60mm 矩形，再用直线连接中点和端点，最后填充图案。比例 1∶1。

⑤绘制截止阀，应用【圆】、【直线】、【图案填充】命令。具体为先画半径为 10mm 的圆，接着从圆心引出 30mm 直线，再画直线 20mm，最后填充图案。比例 1∶1。

⑥绘制地漏，应用【圆】、【图案填充】命令。具体为先画半径为 10mm 的圆，然后填充图案。比例 1∶1。

(4) 将所绘制的图例创建成外部块，存入文件夹“建筑给排水图例”。

(5) 布置给排水设备，将所创建的给排水设备图块插入图中指定的位置。

(6) 连接管道线，把给水点和用水设备用给水管道连接，把排水点和用水设备用排水管道连接。管线沿墙敷设，且距墙面留有空隙。

(7) 标注管径尺寸、标高及其他文字说明。

(8) 填写标题栏。

9.3　绘制给水排水系统图

给水排水系统图是表明室内给水管网上下层之间、前后、左右之间的空间走向，各管段的管径、坡度和标高以及各种附件在管道上的连接情况。平面图中的横向管道在正面斜轴测图（系统图）的横向（水平）。平面图中的纵向管道在系统图中为与水平方向呈 45°的斜线。空间竖直方向则根据实际高度以相同的比例按竖向绘制。本节根据图 9-1 所示单元的给水排水平面图介绍绘制其给水系统图的方法。

绘图步骤：

(1) 绘制给水设备附件的符号，创建块（图例）。

①绘制水龙头：应用【圆】、【图案填充】、【直线】等命令。具体为先画 10mm 水平直线，再画 2mm 垂直线，接着在中点处画半径为 0.2mm 的圆并图案填充，从圆心向上画 2mm 直线，最后再画 2mm 直线。

②绘制水表▶：（同 9.2 节）。

③绘制截止阀⊢●：（同 9.2 节）。

④绘制标高符号—▽：应用【直线】、【删除】命令。具体为先画 12mm 直线，再从端点向下 3mm、向左 3mm 处画直线与端点连接，再镜像此段直线。

（2）选择【直线】命令绘制横向及纵向管道。

（3）选择【旋转】命令，将纵向管道顺时针旋转 45°，［即输入－45°］。

（4）插入管道上的图例（创建的块）。

（5）注写管径、标高及其文字。

（6）根据层高需要，向上或向下绘制其他楼层的系统图，有时也可以注写“同×层”而省略某层的系统图，但一定要在主干管的层高位置处标注对应层的标高。如图 9-4 所示。

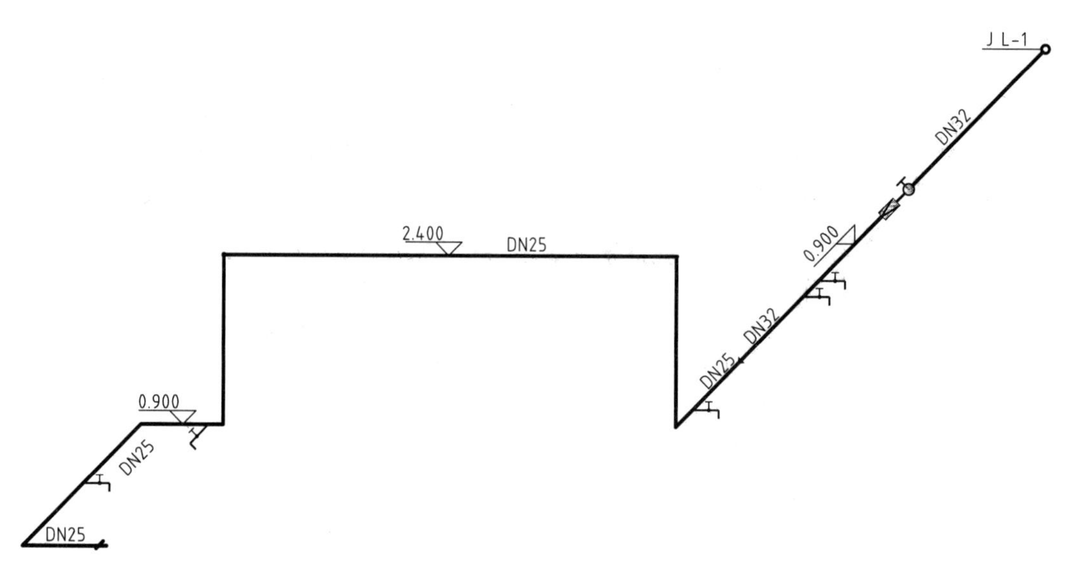

图 9-4　某层给水系统图

9.4　实　　例

［**练习** 9-1］　绘制图 9-5 所示厨房、卫生间的给水排水平面图，尺寸及比例自定。

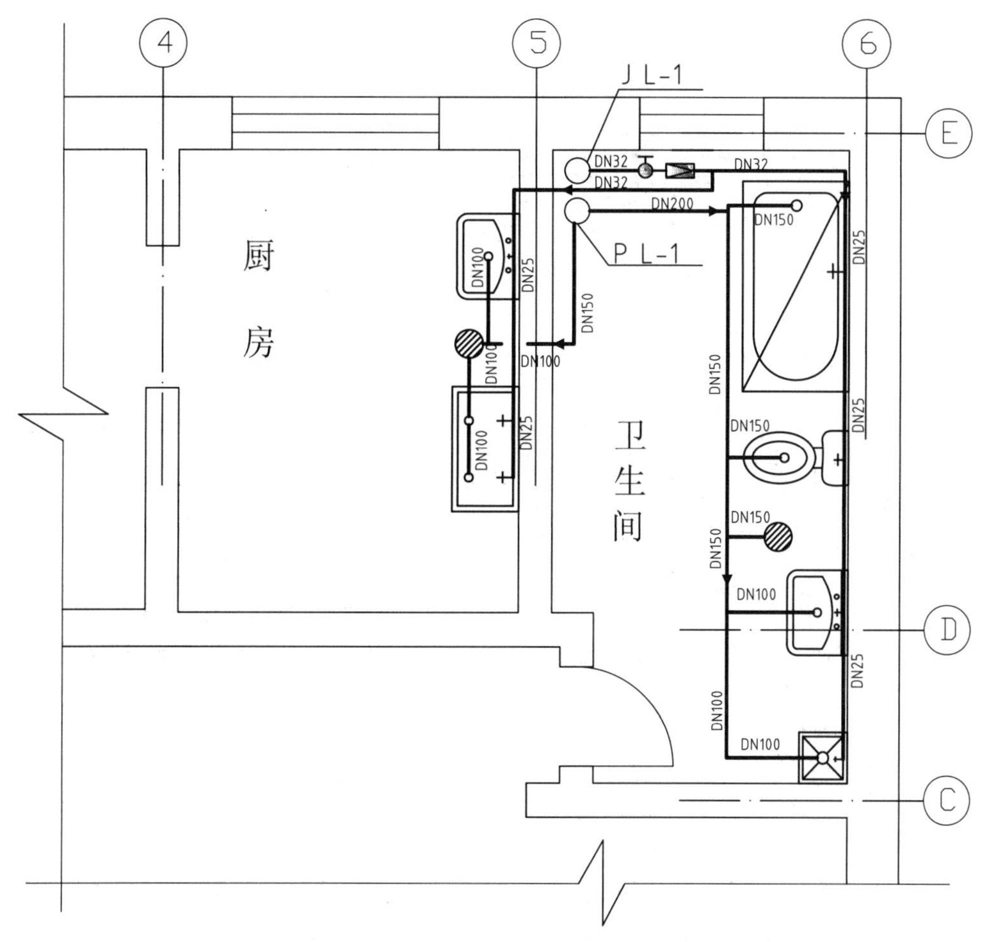

图 9-5　某层给水排水平面图

第 10 章　绘制采暖施工图

10.1　相关知识点介绍

10.1.1　采暖施工图的分类

采暖工程是一个向室内供给热量并保持室温要求的设施系统，由三部分组成：热量发生器（锅炉、热电站等）、输送热量的管道、散发热量的散热设备。可分为局部和集中采暖系统，热水和蒸汽采暖工程。采暖施工图是建筑设备施工图的组成部分，其采暖管道及设备等都与房屋建筑有密切的关系，它包括采暖系统平面图、系统轴测图和详图，特殊需要时可增加剖面图。

10.1.2　采暖施工图的图示内容和特点

（1）采暖施工图中的平面图、详图采用正投影法绘制；系统图宜用正等轴测或正面斜轴测投影法。当采用正面斜轴测投影法时，Y 轴与水平线的夹角应选用 45°或 30°。

（2）采暖施工图中管道、阀门、仪表、散热器、水泵等采用统一的国标图例表示，常用的采暖图例如表 10-1 所示。

表 10-1　常用建筑采暖图例

序号	名称	图例	序号	名称	图例
1	供热（汽）管		8	固定支架	
2	回（凝结）水管		9	水泵	
3	立管		10	自动排气阀	
4	流向		11	散热器	
5	丝堵		12	手动排气阀	
6	截止阀		13	止回阀	
7	闸阀		14	安全阀	

（3）采暖供热、供气干管、立管宜用粗实线；采暖回水、凝结水管宜用粗虚线；散热器及散热器的连接管宜用中实线；其余用细实线。

（4）焊接钢管应用公称直径“DN”表示，如 DN32、DN20 等；无缝钢管应用外径×壁厚表示，如 $D114\times5$ 等；管道规格的标注位置应满足：水平管道的规格宜标注在管道的上方，竖向管道的规格宜标注在管道的左侧，斜管道的规格宜标注在管道的斜上方；管径变化时宜标注在变径处，尺寸应以毫米（mm）为单位。

（5）采暖管道和设备一般沿墙靠柱设置，通常不标注定位尺寸，必要时可以墙面或轴线为定位基准标注。采暖入口和出口总管的定位尺寸应注管中心至所邻墙面或轴线距离。需要限定高度的管道，应标注相对标高。管道应标注管中心高度，并标注管段的始端和末端，散热器宜标注底标高，同一层、同高度的散热器只标右端的一组。室内管道应标注相对标高，室外管道宜标注绝对标高。标高应以米（m）为单位，一般书写小数点后第三位。

（6）坡度宜用单面箭头表示，坡度可标注在管段的旁边或引出线上，坡度符号常用“*i*”字母表示，*i* 后面数字表示坡度值。

（7）管道转向、连接、交叉如表 10-2 所示。

（8）管道在本图中断，转至其他图上时，标注如图 10-1（a）所示；管道由其他图引来时，标注如图 10-1（b）所示。采暖立管、入口的编号如图 10-2 所示。

表 10-2　管道转向、连接、交叉表示方法

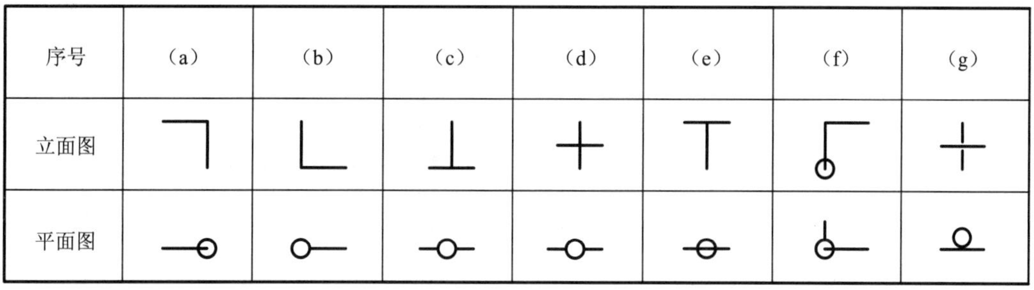

序号
(a)
(b)
(c)
(d)
(e)
(f)
(g)
立面图
平面图

至XXX
见XX图XX号
由XXX来
见XX图XX号

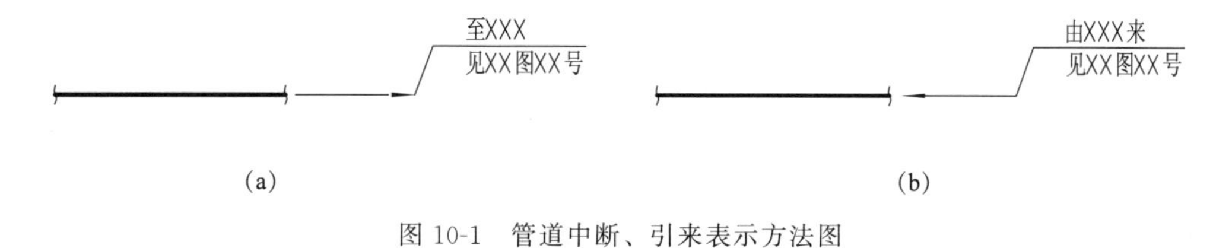

(a)　　　　(b)

图 10-1　管道中断、引来表示方法图

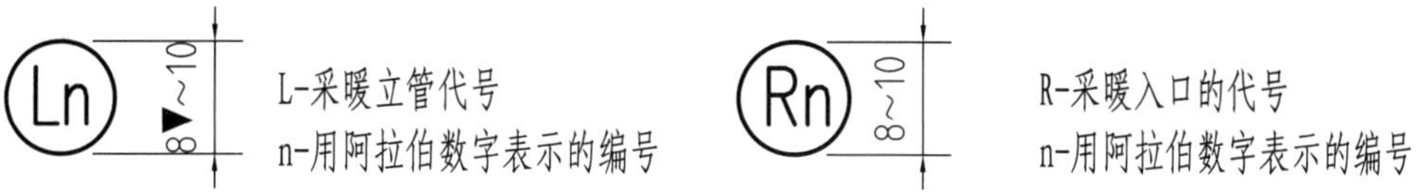

Ln
8~10
L-采暖立管代号
n-用阿拉伯数字表示的编号
Rn
8~10
R-采暖入口的代号
n-用阿拉伯数字表示的编号

(a)　　　　(b)

图 10-2　采暖立管、入口图

（9）散热器的规定：在平面图中，柱式散热器只注数量，圆翼形散热器应注根数和排数（3×2 代表每排 3 根，2 排）；光管散热器应注管径、长度、排数（如 $D180\times3000\times4$ 代表管径 180 毫米，长度 3 米，4 排）；串片式散热器应注长度、排数（如 1.0×3 代表长度 1 米，3 排）。散热器一般安装在靠外墙的窗台下，它的规格和数量应注写在本组散热器所靠外墙的外侧。当散热器远离房屋的外墙时，可就近标注其横向或竖向放置。在系统图中，柱式、圆翼形散热器的数量，应注在散热器内；光管式、串片式散热器的规格、数量应注在散热器的上方。

（10）采暖工程图的常用比例一般应与建筑平面图、建筑剖面图相同，如 1∶100 、1∶50 等。特殊需要时，也可以适当地改变比例。

10.2 绘制采暖平面图

本节以图 10-3～图 10-6 所示某住宅采暖平面图为例，介绍室内采暖平面图的绘制方法和步骤。具体如下：

（1）绘制或调出已画好的建筑平面图，墙线用细线，如图 10-3 中所示。

（2）创建一个图例符号文件夹，如“建筑采暖图例”。

（3）绘制建筑采暖图例。

① 绘制立管○：直径 1mm，应用【圆】命令。

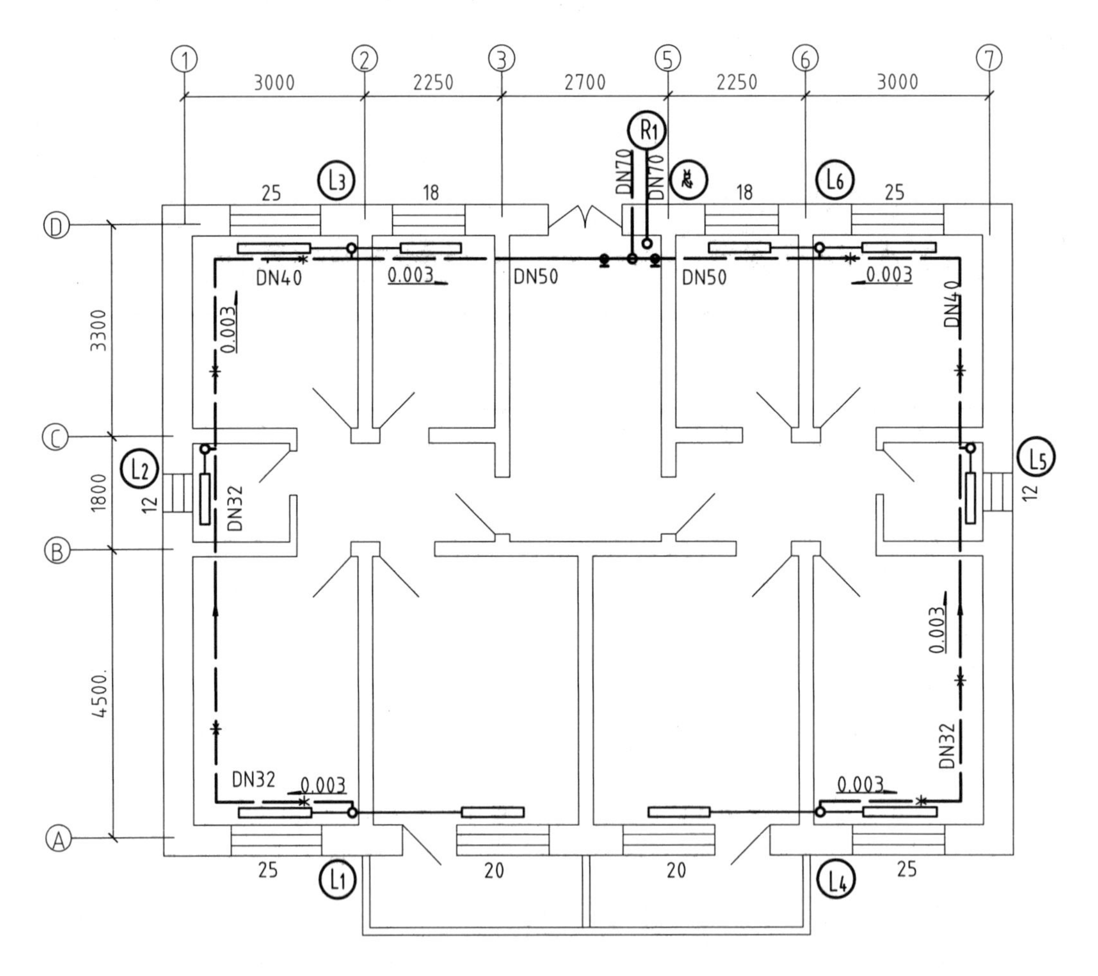

图 10-3　一层采暖平面图

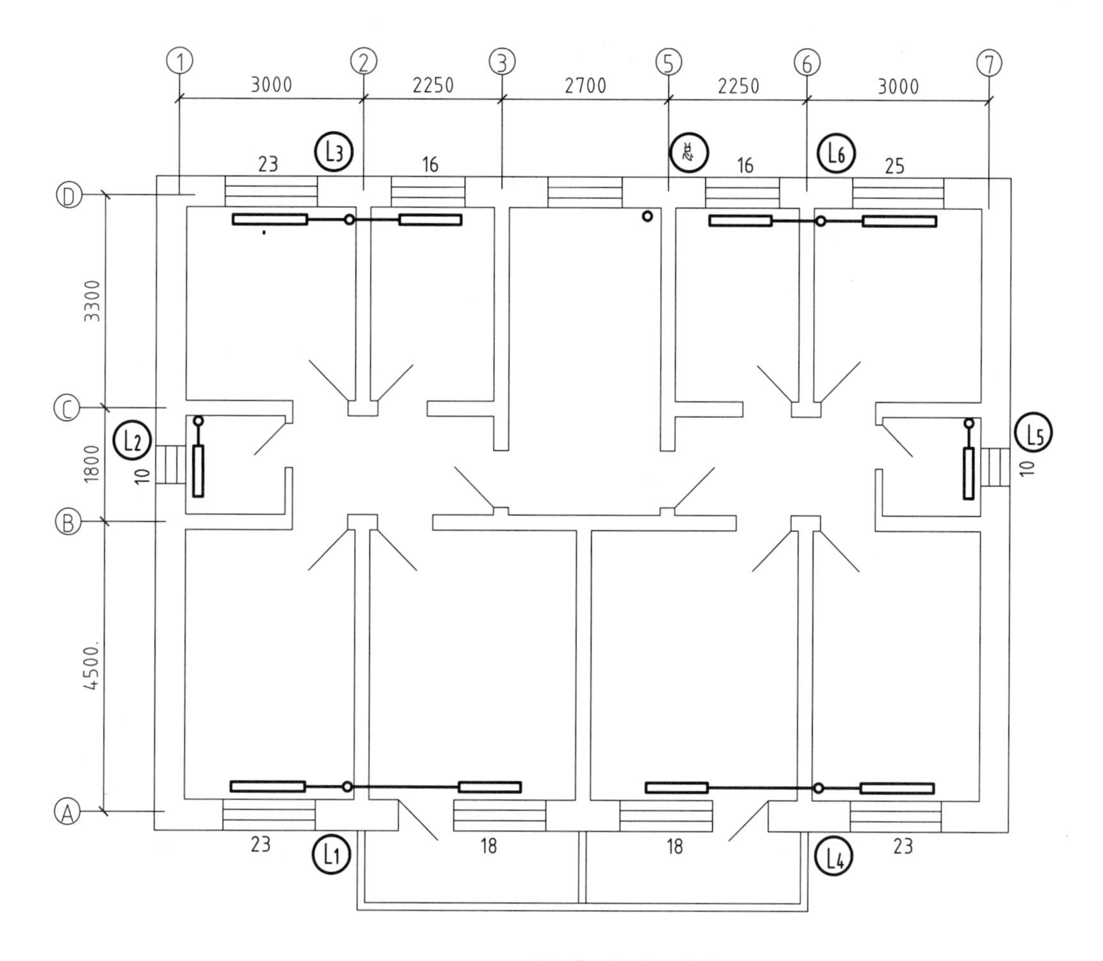

图 10-4 二～三层采暖平面图

② 绘制散热器▭：边长 10mm×1mm，应用【矩形】命令。

③ 绘制流向—►—：应用【多段线】命令。指定箭头起点宽度 2mm、端点宽度 0mm，长度 6mm。

④ 绘制固定架—✳—：应用【直线】、【阵列】命令。在直线上画 2mm 的垂直线，用阵列旋转。其中阵列选环行阵列，项目总数 3，中心点为直线相交点，选择对象为 2mm 直线。

⑤ 绘制截止阀—⊤—：应用【圆】、【直线】等命令。先画直径 1mm 的圆，再画两个 1mm 的直线。

⑥ 绘制自动排气阀—⊙—：应用【圆】、【直线】、【圆环】命令。先画直径 2mm 的圆，再画一个圆环，内径为 0mm，外径为 0.5mm。

(4) 将所绘制的图例，创建成外部块，存入文件夹“建筑采暖图例”。

(5) 布置散热器和立管等设备，设备与内墙距离为 50mm。将所创建的“采暖设备图块”，插入到图中指定的位置。

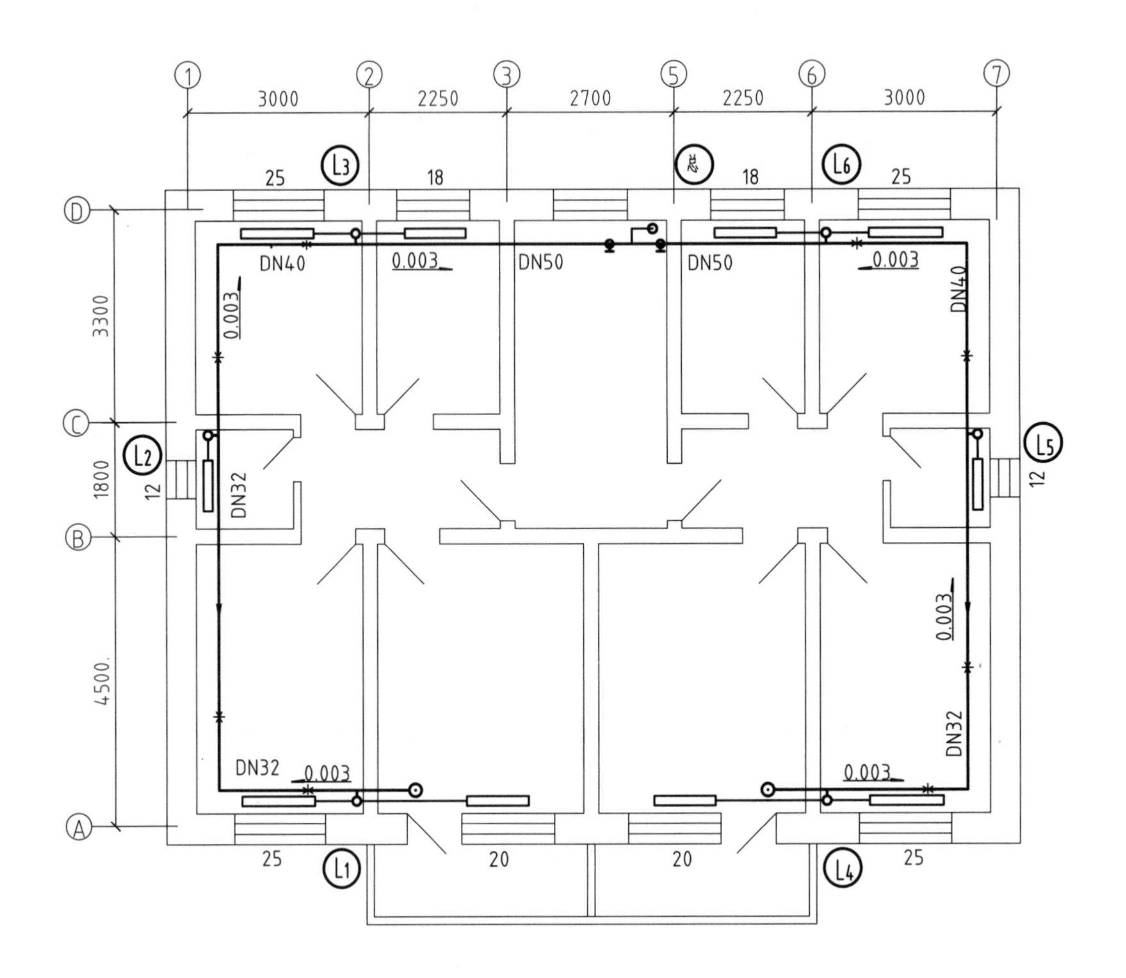

四层采暖平面图 1:100

图 10-5　四层采暖平面图

（6）绘制连接管道线及固定。由立管引出支管，把供热干管与支管连接；把支管与回水干管连接，管线沿墙敷设，且距散热器留有 1mm 空隙。每个方向干管至少有一个固定支架。最后插入流向符号。

（7）绘制截止阀，安全阀及排气阀（一般在顶层平面图中）等设备。

（8）标注管径尺寸、坡度、标高、立管编号、散热器数量及其他文字说明。

（9）填写标题栏。

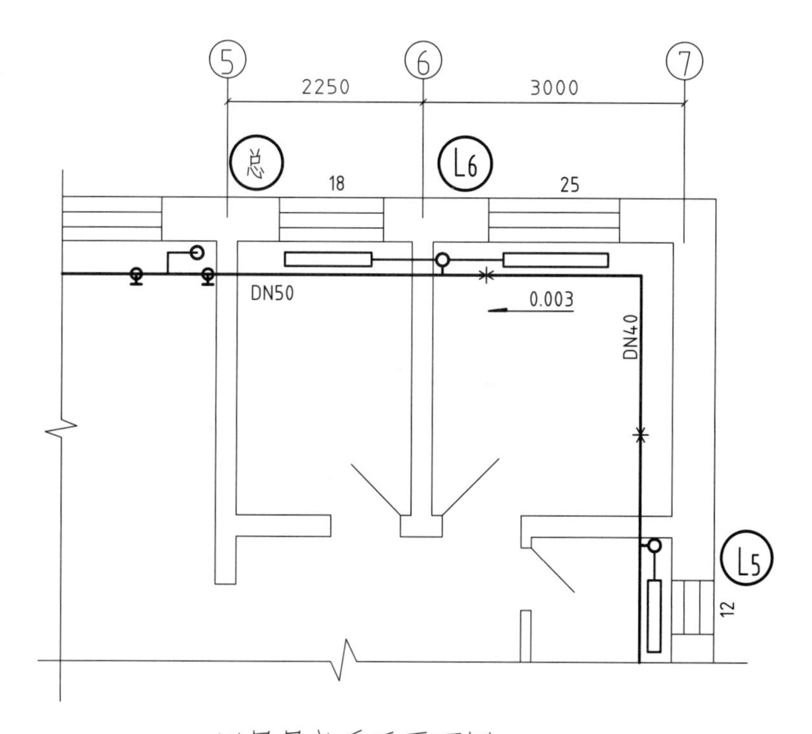

四层局部采暖平面图 1:50

图 10-6　四层采暖局部放大图

10.3　绘制采暖系统图

为了清楚地表示室内采暖管网和设备的空间布置以及互相关系等情况，应绘制采暖系统图。如图 10-7 所示，采暖系统图通常采用正面斜等轴测图表示，其表明了从采暖入口到出口的室内采暖管网系统、散热设备的上下层之间、前后、左右之间的空间走向，各管段的管径、坡度和标高，以及各种附件在管道上的连接情况。在系统图中横向（水平）线表示平面图中的横向管道，与水平方向呈 45°（30°）的斜线表示平面图中的纵向管道。空间竖直方向则根据实际高度以相同的比例竖向绘制。

本节根据图 10-3～图 10-6 的采暖平面图绘制其系统图。绘图步骤如下：

（1）绘制采暖设备附件的符号，创建块（图例）。

① 绘制截止阀：与采暖平面图中截止阀的绘制方法相同。

② 绘制自动排气阀：应用【多段线】、【复制】、【移动】、【直线】等命令。先用多段线往右画 4mm 直线，再往下画 2mm 直线，再往左画直径为 4mm 半圆，再往上画 2mm 直线，接着在上部中间处画 2mm 直线，结果如图；最后连同经过旋转的截止阀一起，在管线上组合成自动排气阀。

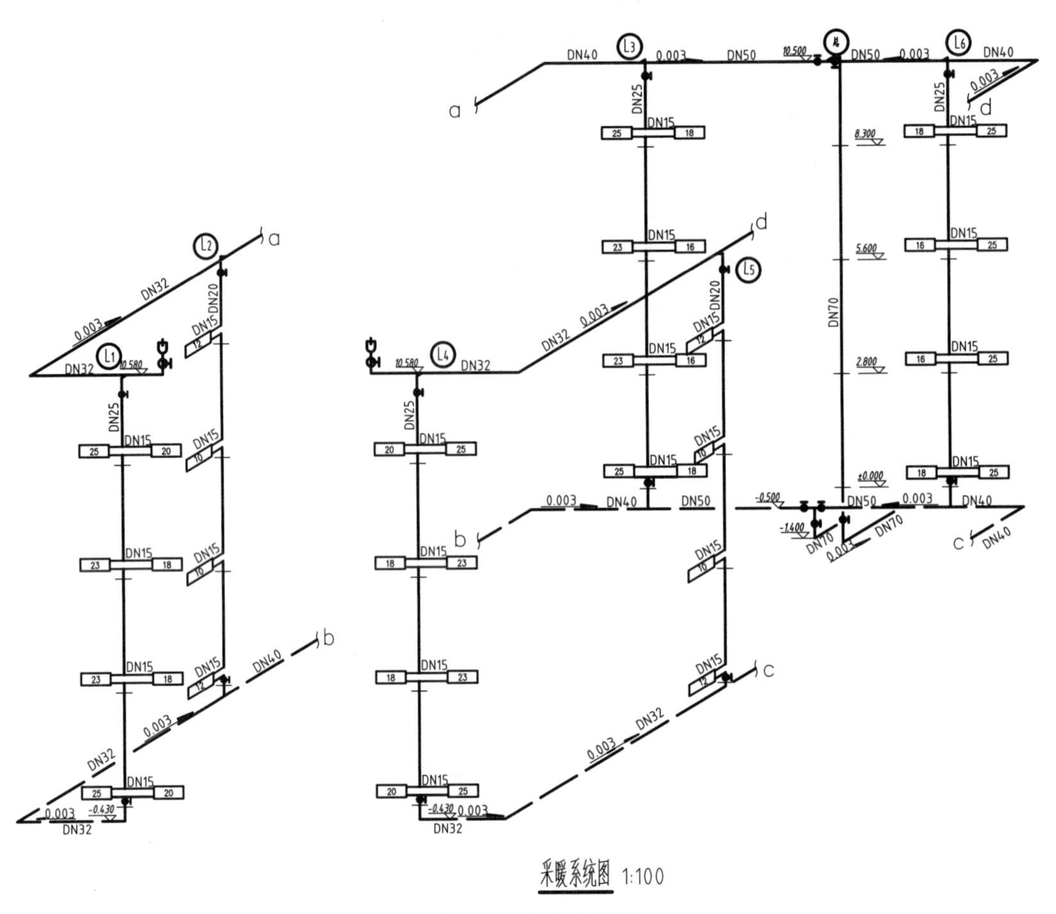

图 10-7 采暖系统图

③ 绘制标高——▽：应用【直线】、【镜像】、【删除】命令。先画 12mm 直线，在距端部 3mm 处向下画 3mm 直线，连接两个端部，再镜像，最后删除多余直线。

(2) 用【直线】的命令绘制横向及纵向管道。

(3) 用【旋转】命令，将纵向管道顺时针旋转 30°（即输入－30°）。

(4) 插入管道上的创建块。

(5) 注写管径、标高及其文字。

(6) 根据层高需要，向上或向下绘制其他楼层的系统图，有时也可以注写“同×层”，而省略某层的系统图，但一定要在主干管的层高位置处标注对应层的标高。

［**练习 10-1**］　绘制如图 10-8 所示的采暖平面图。

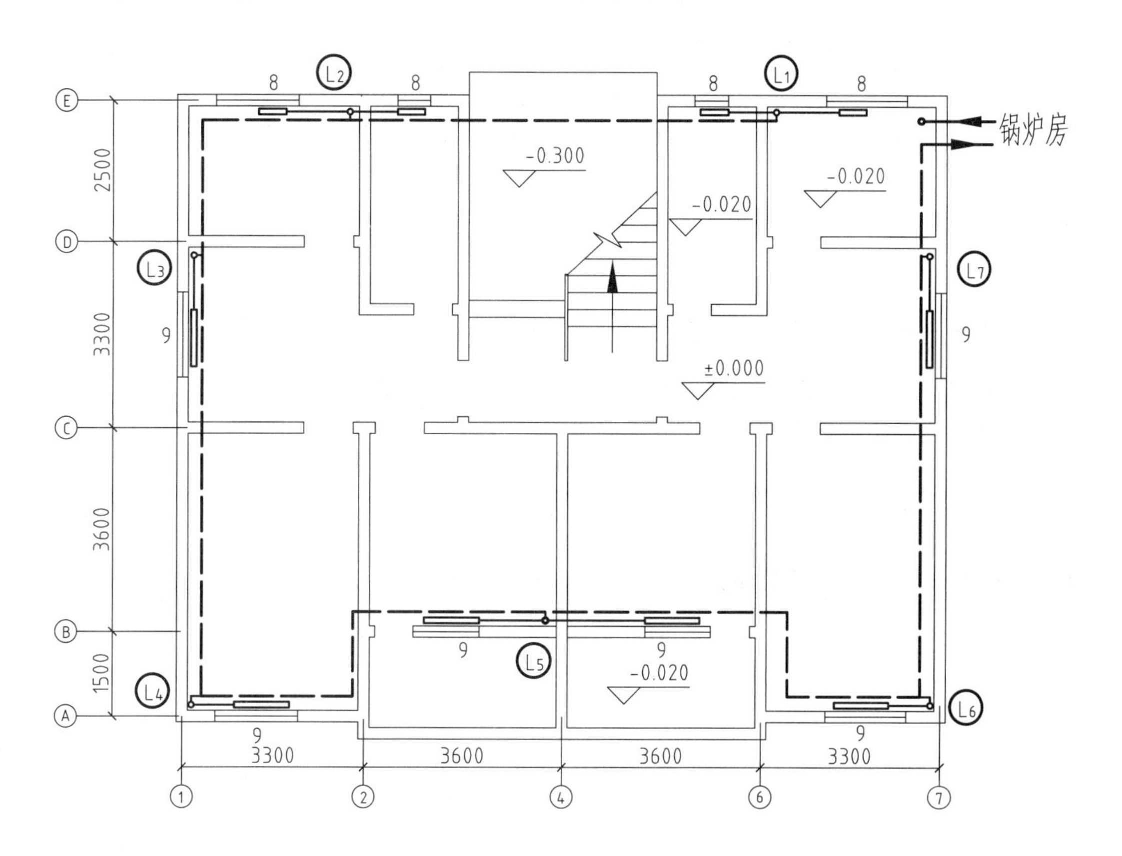

图 10-8　某建筑一层采暖平面图

第 11 章　绘制建筑电气工程图

11.1　相关知识点介绍

11.1.1　建筑电气工程图的组成

（1）设计说明：包括供配电方式、电源进线方式、导线的规格及敷设方式，配电设备的安装要求，防雷设施的做法与要求，图中符号（图例）说明等。

（2）平面图：包括照明、动力、防雷、弱电部分平面图。

（3）系统图：包括照明、动力、弱电部分系统图，用来描述供配电方案。

11.1.2　建筑电气工程图的特点

（1）建筑电气施工图采用电气图例和规定代号来表示用电设备、用电器具及导线敷设。如表 11-1 所示为常用电气图例。

（2）用单线图来描述导线的连接。

（3）线型要求：建筑图部分用细实线绘制（通常是由建筑专业绘制），导线用粗实线绘制，注意导线不能相交，交叉时要有一条导线断开。

表 11-1　常用电气图例

图例	名称	图例	名称
	花灯		配电箱
	防水防尘灯		向上引线
	灯具的一般符号		自下引线
	荧光灯的一般符号		向下引线
	双管荧光灯		自上向下引线
	单相五孔插座		自下向上引线
	单相三孔插座		向下并向上引线
	单联开关	3	三根导线
	双联开关	n	*N* 根导线

11.1.3 建设电气图主要使用的相关命令

本章用到的相关命令主要有以下几个：

“创建图块”：将图例创建成图块，绘图时可随时插入。

“插入图块”：绘图时根据需要将所做图块插入到图中。

“多段线”：用电设备之间的导线连接。

11.2 绘制电气照明平面图

建筑照明平面图是建筑电气施工图中最重要也是最基本的图样之一。它主要表明电源进户、电路敷设、配电箱位置、线路规格及导线根数、照明设备、插座的位置及规格等。

本节以某住宅二层照明平面图为例，介绍绘制建筑照明平面图的方法和步骤，绘制结果如图 11-1 所示。具体绘图步骤如下：

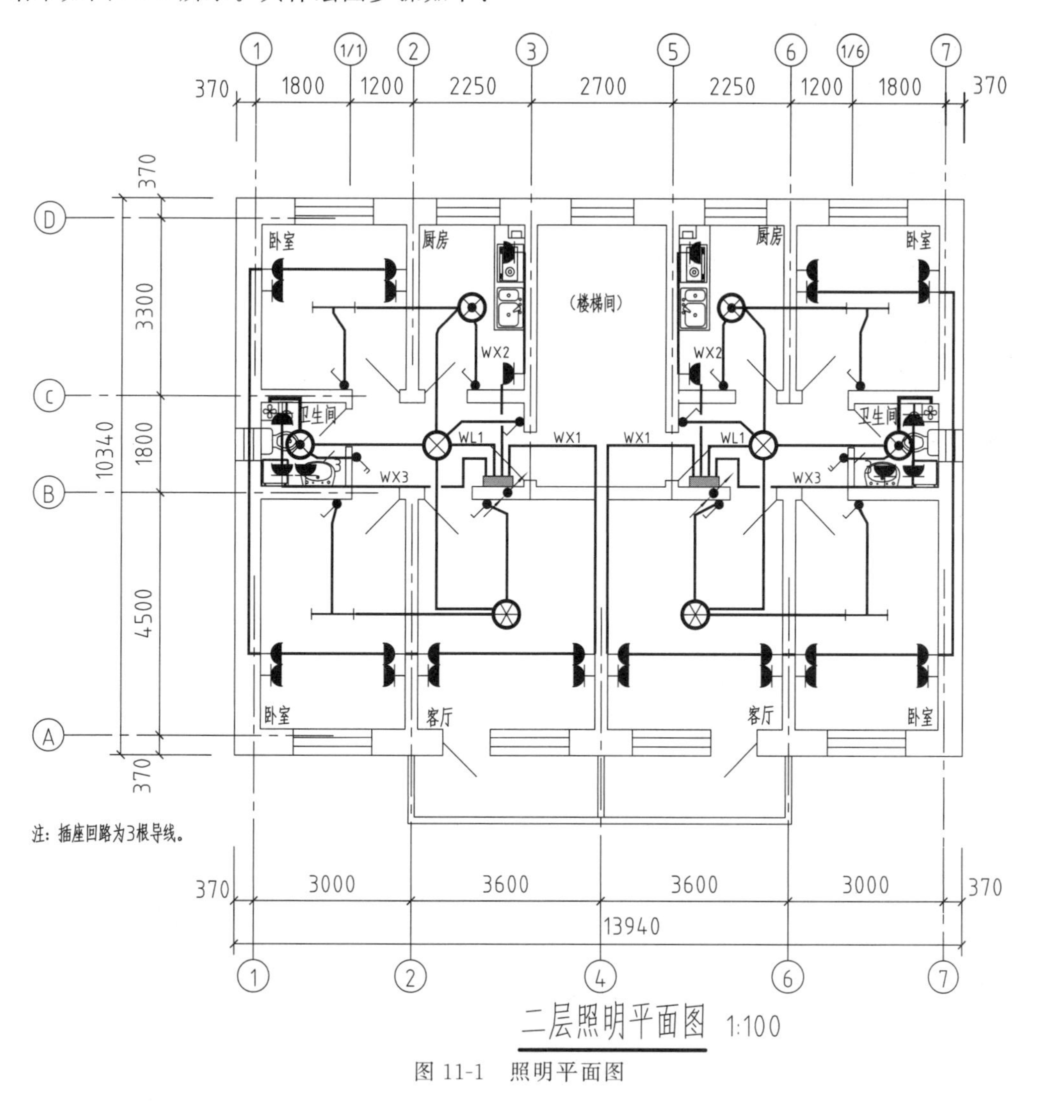

图 11-1　照明平面图

（1）创建一个图例符号文件夹，如“电气图例”。

（2）绘制电气符号（图例）。

①绘制开关 ：应用【圆】、【直线】、【图案填充】命令。圆直径 2mm；直线长 4mm（从圆心算起）；45°角，与圆心相连，细实线。

②绘制荧光灯 ：应用【直线】命令。直线长 10mm，粗实线；两段线长 3mm 长，细实线。

③绘制五孔插座 ：应用【直线】、【圆弧】、【图案填充】命令。半圆直径 4mm；直线长 5mm（从圆心算起），细实线。

④绘制防水灯 ：应用【圆】、【直线】、【图案填充】命令。大圆直径 5mm，粗实线；圆内直线 45°，细实线；小圆点直径 2mm，填充。

⑤绘制花灯： 应用【圆】、【直线】命令。圆直径 5mm，粗实线；圆内直线 60°，细实线。

⑥绘制引线符号 ：应用【圆】、【图案填充】、【多段线】命令。圆直径 2mm；箭头直线用多段线绘制，45°细实线，箭头线宽 0.6mm，长 2.5mm。

⑦导线标注 n ：应用“图块属性”来完成标注。

（3）将所绘制的图例创建成外部块，存入“电气图例”文件夹。

（4）布置电气设备：将所创建的电气设备图块插入图中指定的位置。

（5）连接导线：按回路由配电箱引出导线，用“多段线”命令将用电设备串连起来。

[练习 11-1] 用 1∶100 的比例绘制图 11-2 所示电气平面图。

[练习 11-2] 用 1∶100 的比例绘制图 11-3 所示电气平面图。

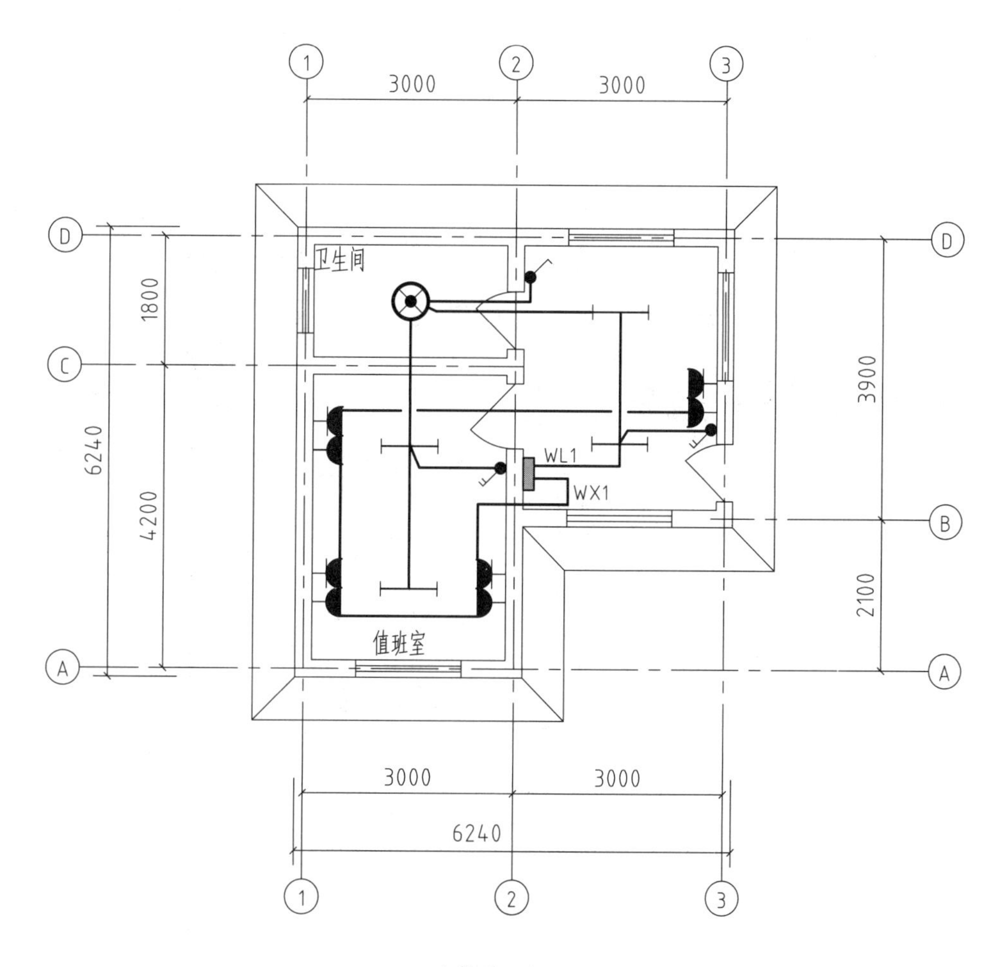

图 11-2　电气照明平面图绘图实例一

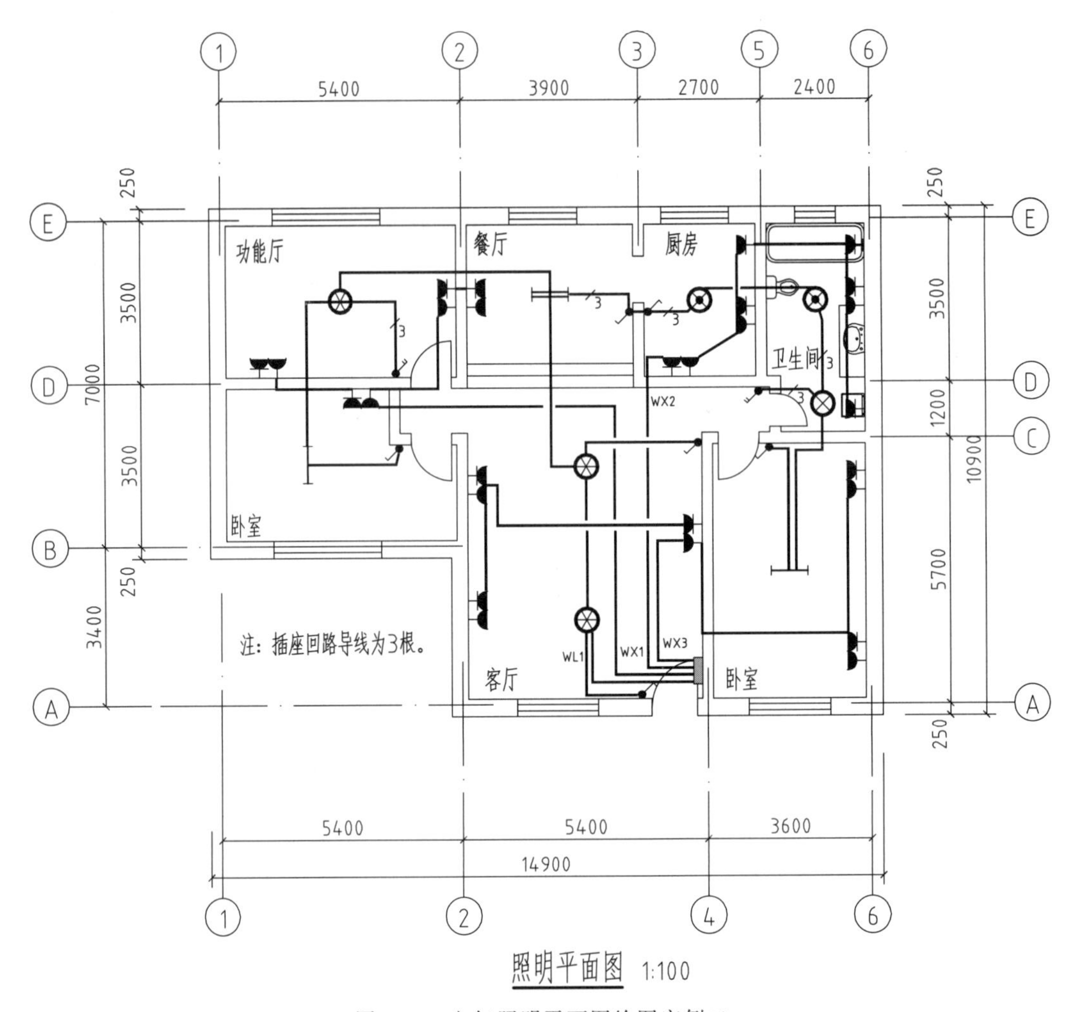

图 11-3　电气照明平面图绘图实例二

第 12 章　绘制道路工程图

表达路线总体情况和各种构筑物情况的图，统称为道路工程图。

12.1　相关知识点介绍

12.1.1　道路工程图的组成

道路工程图由路线工程图和构筑物详图组成。表达路线总体情况的图称为路线工程图，它包括：路线平面图、路线纵断面图、路基横断面图。构筑物详图主要包括：桥梁工程图、隧道工程图和涵洞工程图。各构筑物详图的数量及形式不尽相同，如桥梁工程图的详图一般应包括：桥位平面图、桥位地质纵断面图、桥梁总体布置图、构件图等。本章主要介绍其中重点图样的绘制方法。

12.1.2　道路工程图的图示特点

1. 绘图比例

图样主要用缩小的比例。在路线纵断面图以及桥位地质断面图中，由于竖向的高差比路线长度小得多，为了清晰显示竖向的高差，一般竖直方向比例可按水平方向比例放大数倍，并绘制一表示高度方向比例的标尺，各点的标高可以从标尺上直接查得。

2. 尺寸单位

道路工程图中的尺寸单位：标高以米计，里程以千米或公里计，百米桩以百米计，钢筋直径及钢结构尺寸以毫米计，钢筋的断料长度以厘米计，工程构筑物如桥梁、涵洞等图样的尺寸以厘米计。一般图中不注写尺寸单位，必要时写在图纸的说明中。

3. 图线

道路工程图中，图线的选用应符合表 12-1 的规定。

表 12-1　道路工程图的图线选用

图线名	一般用途
加粗粗实线	路线平面图中设计路线中心线
加粗粗虚线	路线平面图中比较路线中心线
粗实线	路线工程图中的设计线、路基边缘线，桥位地质断面图中的河床断面线等
粗点画线	路线平面图中的用地界线
中实线	一般可见轮廓线
细实线	路线纵断面图、路基横断面图中的原地面线，桥位地质断面图中的河床地质分层线等

4. 视图的简略画法

（1）合成视图。对称图形以对称中心线为界，可采用下面三种方式绘制合成视图。

①一半绘外形，另一半绘剖面图或断面图，剖面图或断面图习惯绘制在图的右边或下边。常见于桥梁总体布置图的立面图。

②绘制两个不同的1/2断面图和剖面图，常见于桥梁总体布置图的侧立面图。

③绘制两个不同观察方向的投影图。常见于U形桥台的侧面投影，由1/2台前和1/2台后合并而成，不可见部分不画虚线。

（2）在路桥专业图中，当土体或锥坡遮挡视线时，宜将土体看作透明体，被土体遮挡部分成为可见体，用实线表示。参见图12-11所示桥梁总体布置图中的立面图，将土体看作透明体，河床以下的桩基础绘成了实线。

5. 路线平面图中常用图例

在路线平面图中，沿线一定范围内的地物用图例表示，植物图例应朝上或向北绘制参见12.2节（图12-1），路线平面图常用图例如表12-2所示。

表12-2　路线平面图中常用图例

名称	符号	名称	符号	名称	符号
房屋	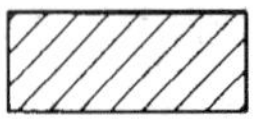	河流		急流槽	
堤坝	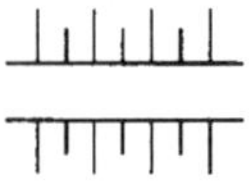	沙地		小路	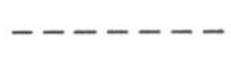
桥梁		旱田	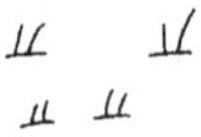	道路立交	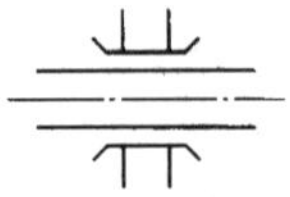
涵洞		菜地		公路水准点	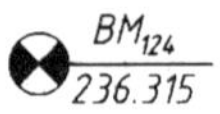 BM_{124} 236.315

6. 角标

在路线平面图、路线纵断面图、路基横断面图中，在图纸的右上角用角标形式注明本张图纸所绘路段的桩号范围、图纸序号及总张数。

12.1.3　道路工程图主要使用的相关命令

绘制道路工程图主要应用【直线】、【多线】、【多段线】、【样条曲线】、【偏移】、【表格】、各种“修改”等命令。

12.2 绘制路线工程图

12.2.1 绘制路线平面图

1. 公路路线平面图的图示内容

路线平面图是路线以及沿路线两侧一定区域的水平投影图，主要表达以下面内容：

（1）设计路线的方向、平面位置、平面线型、平曲线要素。

（2）沿线两侧一定范围内的地形、地物情况。地形一般用等高线表示，地物用图例表示。

（3）公里桩、百米桩、水准点和大中型桥梁、隧道位置。

2. 公路路线平面图的绘制

本节以某公路路线平面图为例，介绍绘制路线平面图的方法和步骤，绘制结果如图12-1所示。

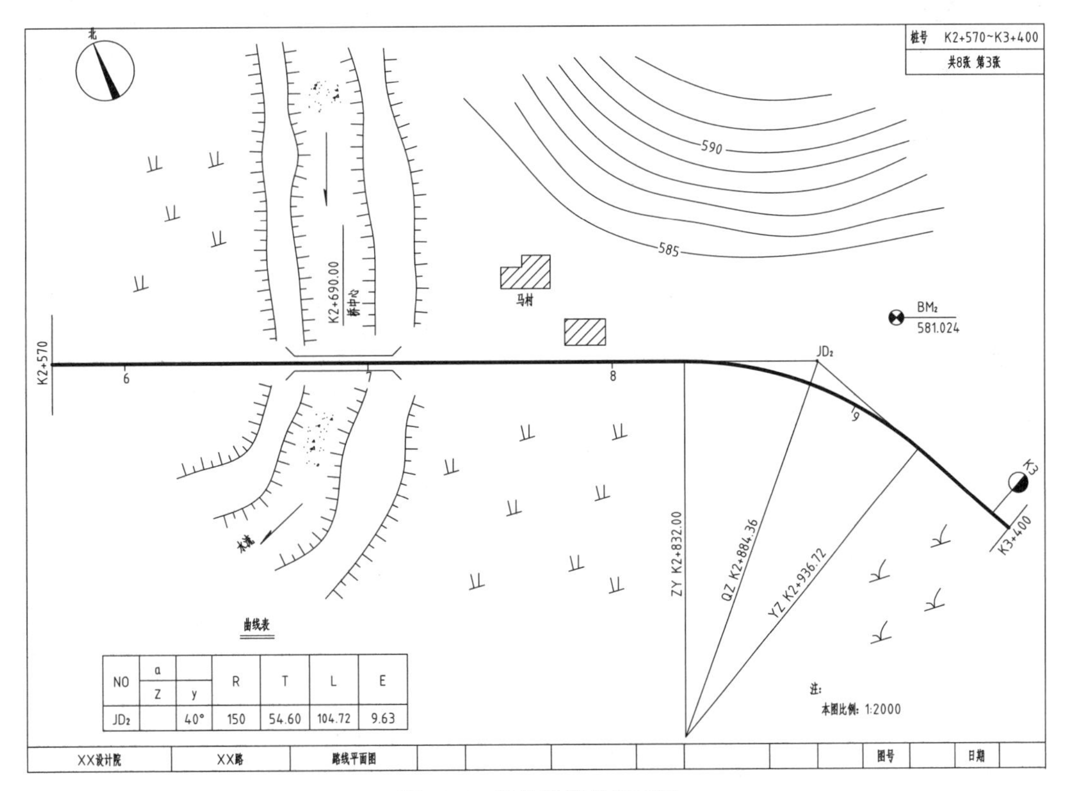

图 12-1　某公路路线平面图

绘图步骤如下：

（1）设置绘图环境。

①设置图形界限（A3 图幅：420×297）：执行菜单命令“格式/图形界限”，按

“0，0——420，297”设置图形界限。

②设置绘图所需图层。

创建“路线”、“地形”、“图例”、“曲线表”、“标注”、“文本”等图层，并设定各图层的各项特性，具体要求如表 12-3 所示，设置结果如图 12-2 所示。

注意：应用图层工具绘图时，应将“特性”工具栏中的各特性选项设置为“Bylayer”。

表 12-3 “公路路线平面图”图层设置

序号	图层名	内容	颜色	线型	线宽/mm	是否打印
1	路线	道路中心线	白色	实线	0.70	是
2	地形	等高线	黄色	实线	0.13	是
3	图例	地物、公里桩、百米标、水准点	红色	实线	0.13	是
4	曲线表	曲线表	绿色	实线	0.13	是
5	标注	曲线要素、桩号	青色	实线	0.13	是
6	文本	图名、角标	青色	实线	0.13	是

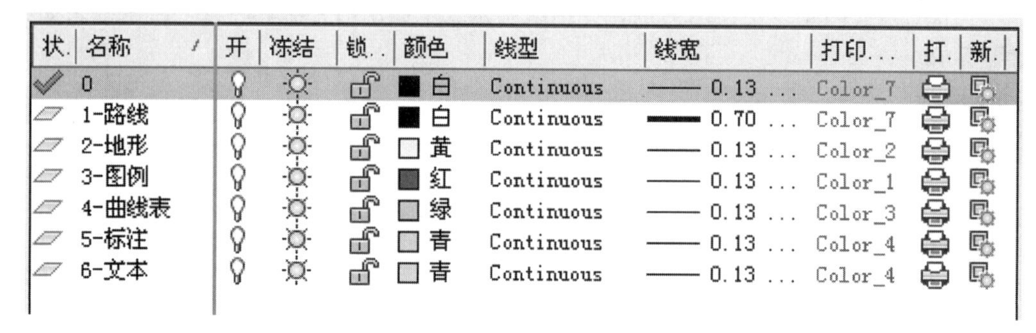

图 12-2 创建绘制路线平面图的图层

图 12-3 路线平面图的文字字体

③设置绘制平面图所需的文字样式（本图文字样式字体为：“gbenor.shx”，如图 12-3 所示）、表格（曲线表）样式。

④创建“旱田”、“菜地”、“公里桩”、“水准点”等绘图所需图块。

（2）绘制地形图：用【样条曲线】命令绘制等高线、河流等不规则曲线，用【圆弧】、【图案填充】命令绘制指北针（直径 24，箭头尾宽 3），平面图中的植物图例先做成图块，然后按一定的角度向北插入绘制。房屋图例用【多段线】绘制图形，并用【图案填充】命令绘制内部图案。

（3）绘制路线中心线：用【多段线】或【直线】、【圆弧】等命令绘制路线直线和平曲线部分。在路线上绘制公里桩、百米标、曲线点等。（提示：公里桩、百米标可先做成图块，然后插入绘制。）

（4）绘制曲线表：先创建曲线表的表格样式，然后插入表格，并编辑、书写表内文字。

（5）最后填写图名、角标等，完成作图。

12.2.2 绘制路线纵断面图

1. 公路路线纵断面图的图示内容

路线纵断面图是通过道路中心线，用假想的铅垂面进行剖切展平后获得的。它主要表达路线中心纵向线形、地面起伏、地质及沿线设置构造物的概况。路线纵断面图包括图幅上方左侧的高程标尺、图幅上方的图样和图幅下方的资料表（测试数据）相互对应的三部分内容。

2. 公路路线纵断面图的绘制

本节以某公路路线纵断面图为例，介绍绘制路线纵断面图的方法和步骤，绘制结果如图 12-4 所示。图中横向比例为 1∶2000，竖向比例为 1∶200。

绘图步骤如下：

（1）设置绘图环境（略）。

（2）绘制高程标尺：用【直线】、【偏移】、【图案填充】命令绘制标尺，高度按 1∶200 比例、宽度尺寸自定适当大小。

（3）绘制资料表并填写测试数据：水平方向桩号按 1∶2000 比例先绘制分格线，然后填写各测试数据等。书写数据可用【单行文字】（旋转角度为 90°）。

（4）绘制图样：根据高程和桩号先求出原地面和设计线上对应的一系列点，将求出的原地面高各点连成细折线，过设计高各点绘制粗曲线。并在相应位置绘制构筑物图例、竖曲线符号，标注相应的参数等。

（5）最后填写图名、角标等，完成作图。

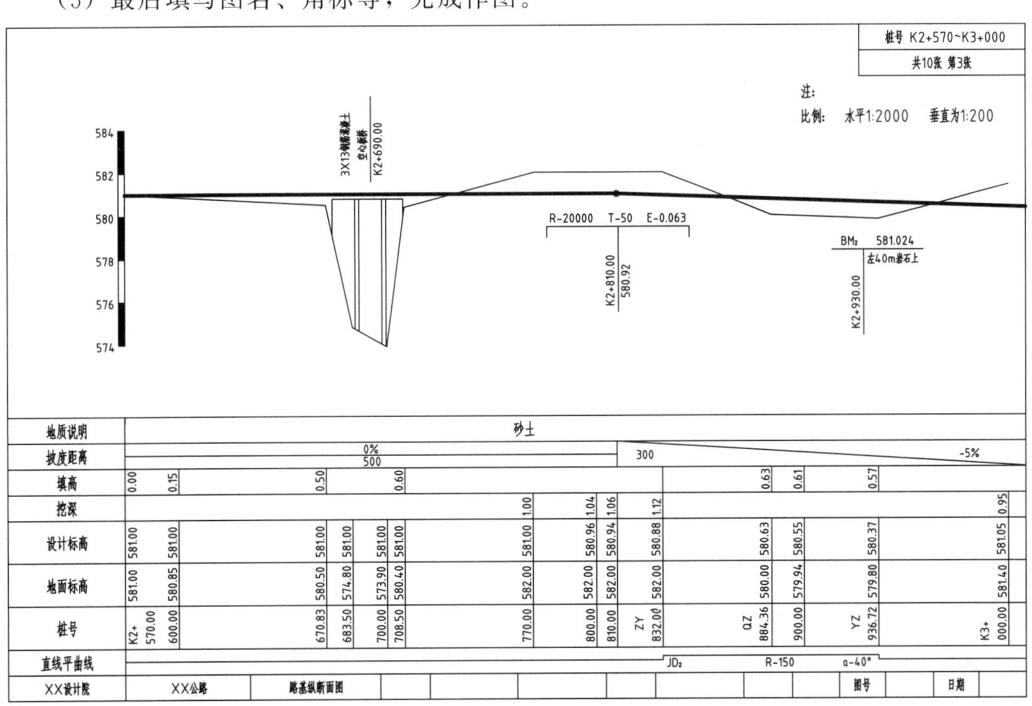

图 12-4 某公路路线纵断面图

12.2.3 绘制路基横断面图

1. 路基横断面图的图示内容

路基横断面图是在路线中心桩处作一垂直于路线中心线的断面图。它由横断面设计线和地面线构成，用来表达各中心桩处横向地面起伏以及设计路基横断面情况，是用来计算道路的土、石方工程量，作为设计概算、施工预算的依据。

2. 路基横断面图的绘制

路基横断面图绘制时应按桩号顺序画出，图线要求横断面设计线为粗线，地面线为细线，如图 12-5 所示。并在图下方注写该断面图的里程桩号、路中心线处填（挖）方高度 h_T（h_W）（m）、断面的填（挖）方面积 A_T（A_W）（m^2）、边坡坡度、断面上路面标高。

提示：应用的主要命令有【直线】、【样条曲线】，另外填（挖）方高度和断面的填（挖）方面积可利用【查询】工具获得，标高符号可以做成图块【插入】。

绘图步骤（略）。

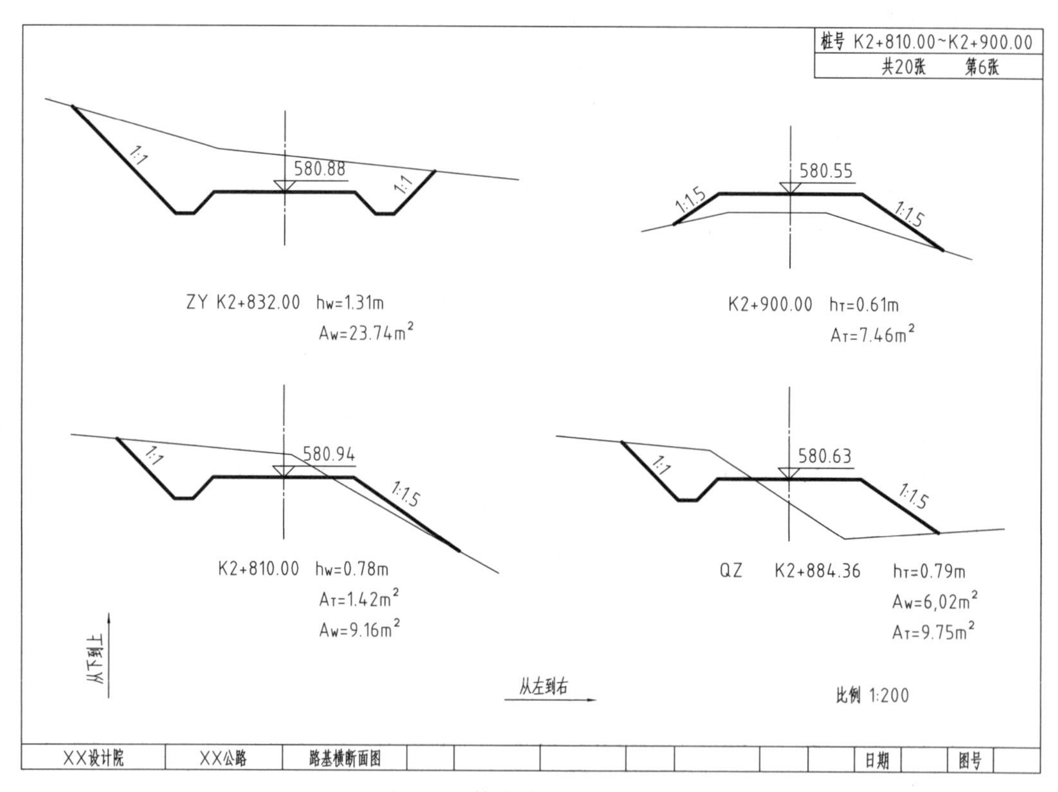

图 12-5 某公路路线横断面图

12.2.4 绘制路基横断面图实例

图 12-6 所示为某城市道路横断面设计图，其图示方法与公路路线工程图完全相同。但城市道路的设计是在城市规划与交通规划的基础上实施的，其组成部分比较复杂，城市

道路断面图由车行道、人行道、绿化带、隔离带等部分组成。其绘图步骤如图 12-7 所示。

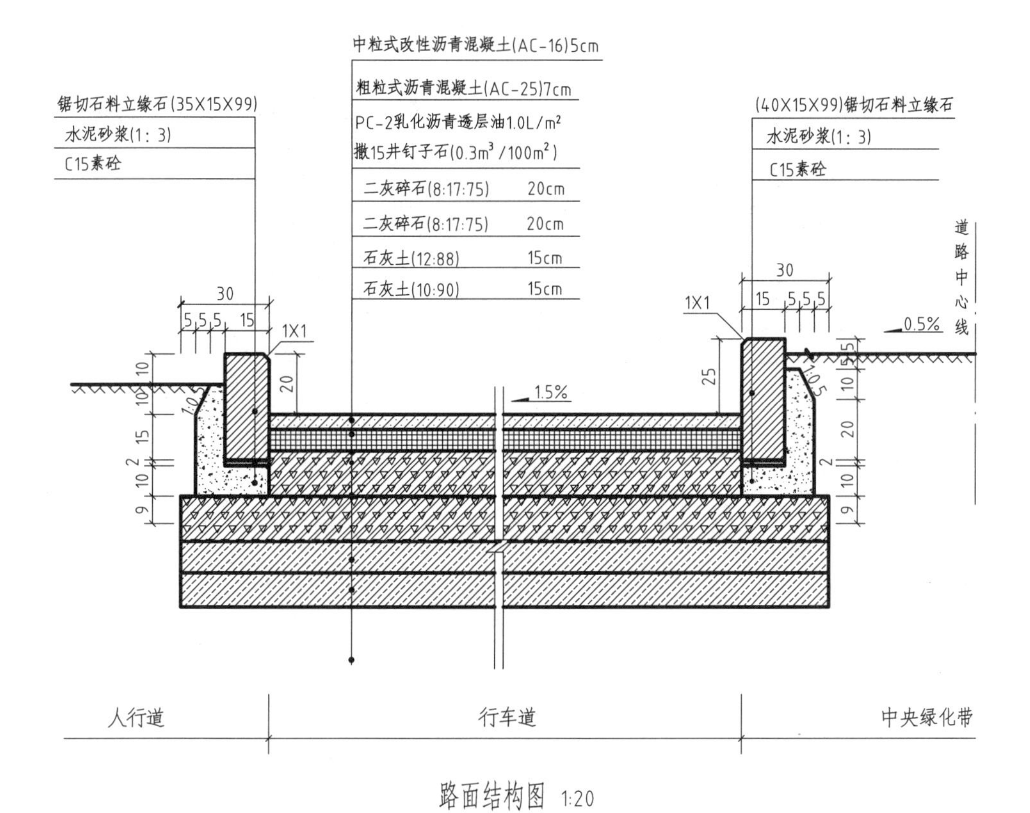

图 12-6 路基横断面图实例

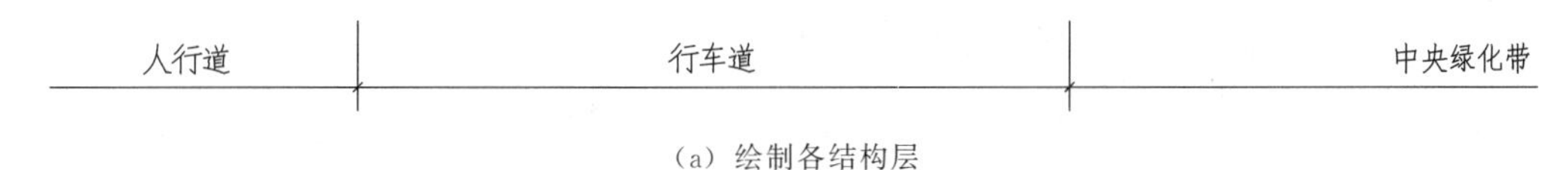

(a) 绘制各结构层

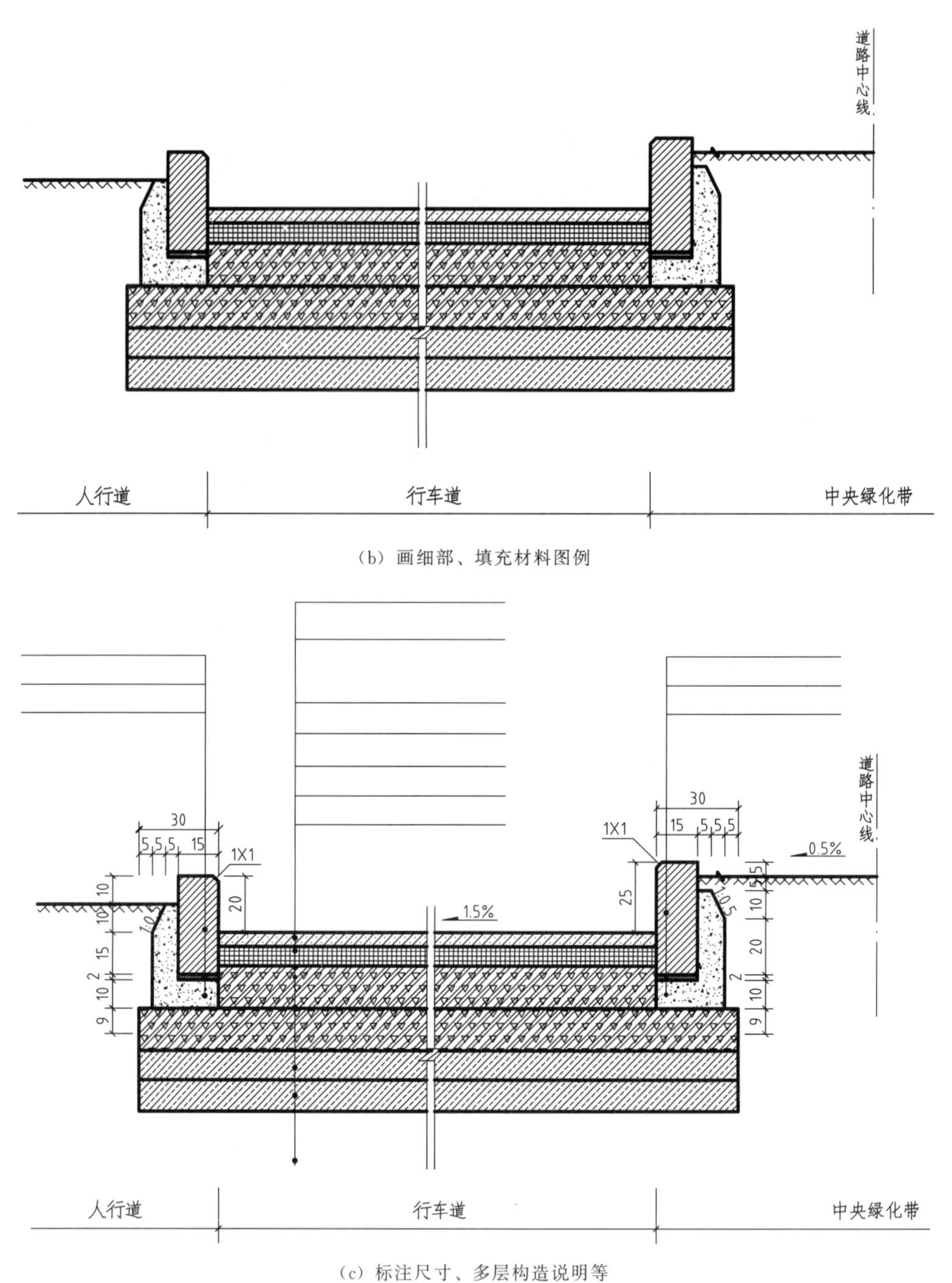

（b）画细部、填充材料图例

（c）标注尺寸、多层构造说明等

图 12-7 路基横断面图实例绘图步骤

12.3 绘制桥梁工程图

桥梁工程图一般分为桥位平面图、桥位地质纵断面图、总体布置图、构件结构图等。本节以某钢筋混凝土梁桥工程图为例，介绍其中重点图样的画法。

12.3.1 绘制桥梁构件结构图

用较大比例把构件的形状、大小和局部细节完整地表达出来的图样称为构件结构图，简称构件图，也称为详图。构件图的常用比例为 1∶10～1∶50。如桥台结构图、桥墩结构图、主梁结构图等，本节以例题方式介绍桥墩结构图的绘制。

[**例 12-1**] 绘制如图 12-8 所示桥墩一般构造图及其工程数量表。

1）绘图作业内容及要求

（1）图名：1、2、3 号桥墩一般构造图。

（2）图幅：A3。

（3）比例：1∶50。

（4）要求：绘制桥墩的立面、平面和侧面三个视图，并标注尺寸、绘制工程数量表。图样中的线型及各项标注应符合国标的规定，表格的大小自定。

（5）其他要求：

①设置绘图界限为 A3（420×297）、长度单位精确到小数点后三位。

②按照表 12-4 要求设置图层、线型。

③设置文字样式（使用大字体 gbcbig. shx）。

• 样式名：数字；字体名：gbeitc. shx；文字宽度因子：1；文字倾斜角度：0；

• 样式名：汉字；字体名：gbenor. shx；文字宽度因子：1；文字倾斜角度：0。

④根据图形设置尺寸标注样式。

• 样式名："桥墩标注"，建立标注的基础样式。其设置为：【基线间距】为 8，【超出尺寸线】为 2，【起点偏移量】为 3，线性尺寸起止符号为"建筑标注"，长度（箭头大小）为 2.5，将【文字样式】设置为已经建立的"数字"样式，【文字高度】为 3.5，文字位置从尺寸线偏移 1。设置比例因子：50。其他选用默认选项。

• 样式名："桥墩标注-直径"为"桥墩标注"的子样式，其设置为：尺寸的起止符号使用箭头，长度为 3，文字对齐：水平。

⑤根据工程数量表创建表格样式。各项中的【单元边距】均设为 0.5。

• 样式名："工程数量表"。并设置相关项目：

• 【数据】：文字：数字；字高：2.5；对齐：正中。

• 【列标题】：文字：汉字；字高：2.5；对齐：中下。

• 【标题】：文字：汉字；字高：3.5；对齐：正中；边框：下边框。

⑥存盘文件名："学号—姓名—桥墩作业"，如"40840415—王大力—桥墩作业"。

2）图样分析

（1）图样组成：立面图、平面图、侧面图、工程数量表。

（2）图示特点：①长桩基作折断处理，其高度示意性画出。②由于各跨所处地形和地质情况不同，相应使各墩柱和桩基的高度不同。因此，图中高度尺寸用字母符号表示，尺寸及所用材料规格见工程数量表。③平面图用半剖面图表示：分别表示盖梁及墩柱、桩基的构造。

（3）图线：梁、柱——粗实线；支座——细实（虚）线；定位线——细单点长画线；系梁不可见轮廓——中虚线。

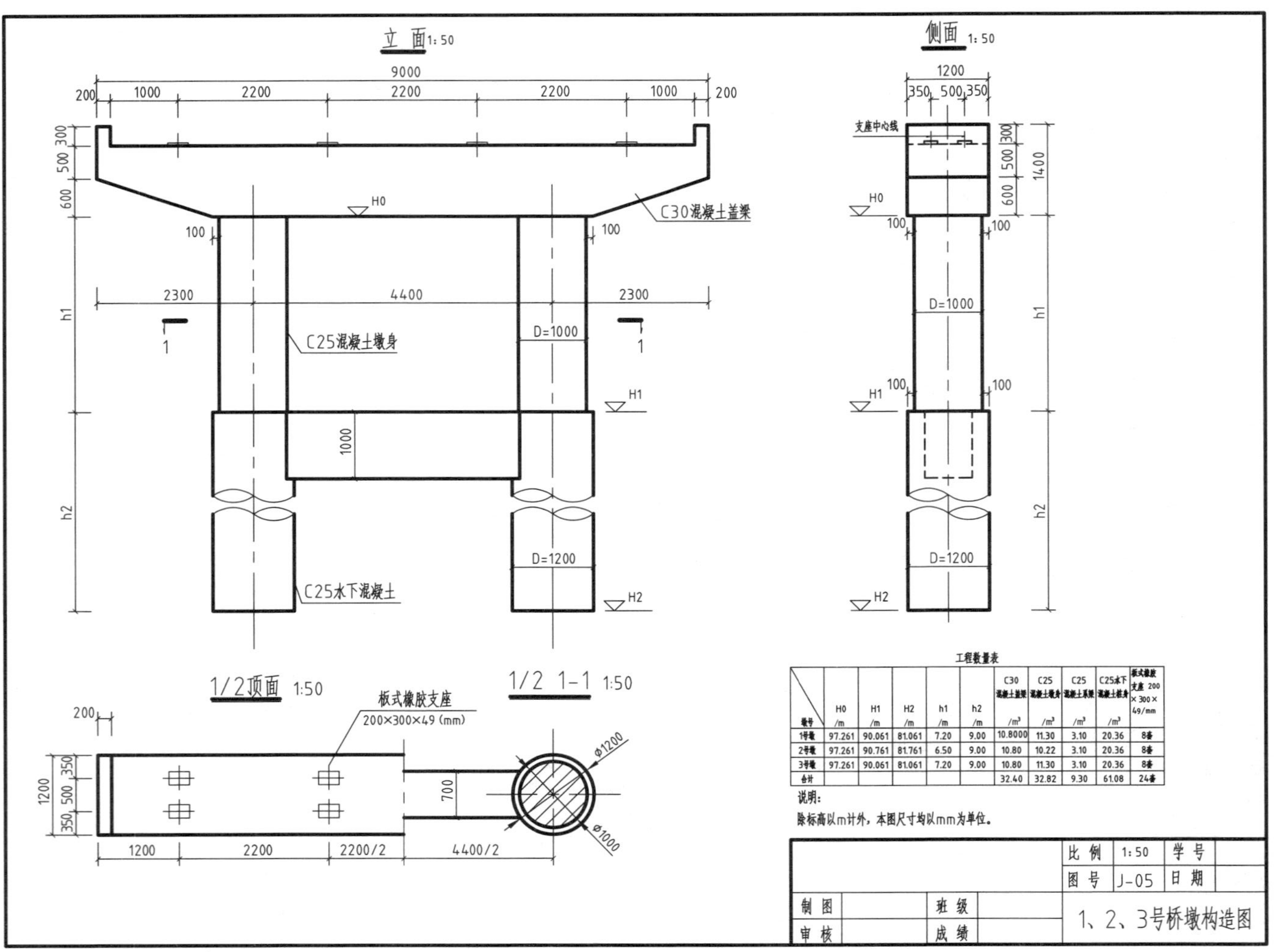

工程数量表

墩号	H0 /m	H1 /m	H2 /m	h1 /m	h2 /m	C30 混凝土盖梁 /m³	C25 混凝土墩身 /m³	C25 混凝土系梁 /m³	C25水下 混凝土桩身 /m³	板式橡胶支座 200×300×49/mm
1号墩	97.261	90.061	81.061	7.20	9.00	10.8000	11.30	3.10	20.36	8套
2号墩	97.261	90.761	81.761	6.50	9.00	10.80	10.22	3.10	20.36	8套
3号墩	97.261	90.061	81.061	7.20	9.00	10.80	11.30	3.10	20.36	8套
合计						32.40	32.82	9.30	61.08	24套

说明：

除标高以m计外，本图尺寸均以mm为单位。

制图		班级		比例	1:50	学号	
审核		成绩		图号	J-05	日期	
				1、2、3号桥墩构造图			

图12-8　桥墩构造图

表 12-4 “桥墩构造图”图层设置

序号	图层名	内容	颜色	线型	线宽/mm	是否打印
1	细实线	支座、折断线	白色	Continuous	0.13	是
2	粗实线	梁、柱	白色	Continuous	0.5	是
3	中心线	轴线、中心线	红色	Center	0.13	是
4	虚线	不可见线	黄色	Hidden	0.25	是
5	标注	尺寸、标高、表格	青色	Continuous	0.13	是
6	文本	图名、图标	青色	Continuous	0.13	是

(4) 绘图比例：1∶50。

3) 创建相关图块——创建“标高符号”图块▽ H1

线段长 13mm；属性字高：3.5mm。

4) 绘图方法和步骤

(1) 绘制立面图。用【直线】、【偏移】等命令绘制盖梁、墩柱及桩基。也可先绘制出一半，然后用【镜像】命令绘出另一半。注意：系梁与柱的相贯线由平面图求得。

(2) 绘制平面图——$\frac{1}{2}$顶面、$\frac{1}{2}$1—1 剖面。根据“长对正”用【直线】、【偏移】、【圆】等命令作出平面图。

(3) 绘制侧面图。下部结构（墩柱、桩基）：由立面图【复制】并加以修改；上部结构（盖梁）：用【直线】、【偏移】命令绘制；上部结构（支座）：用【直线】命令在图外绘制，【复制】到位。各图的画图步骤具体见图 12-9。

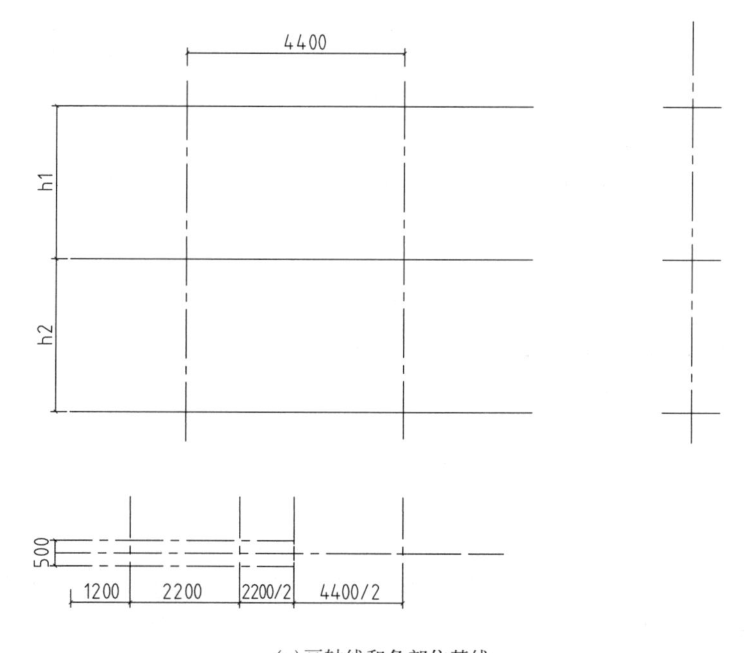

(a)画轴线和各部位基线

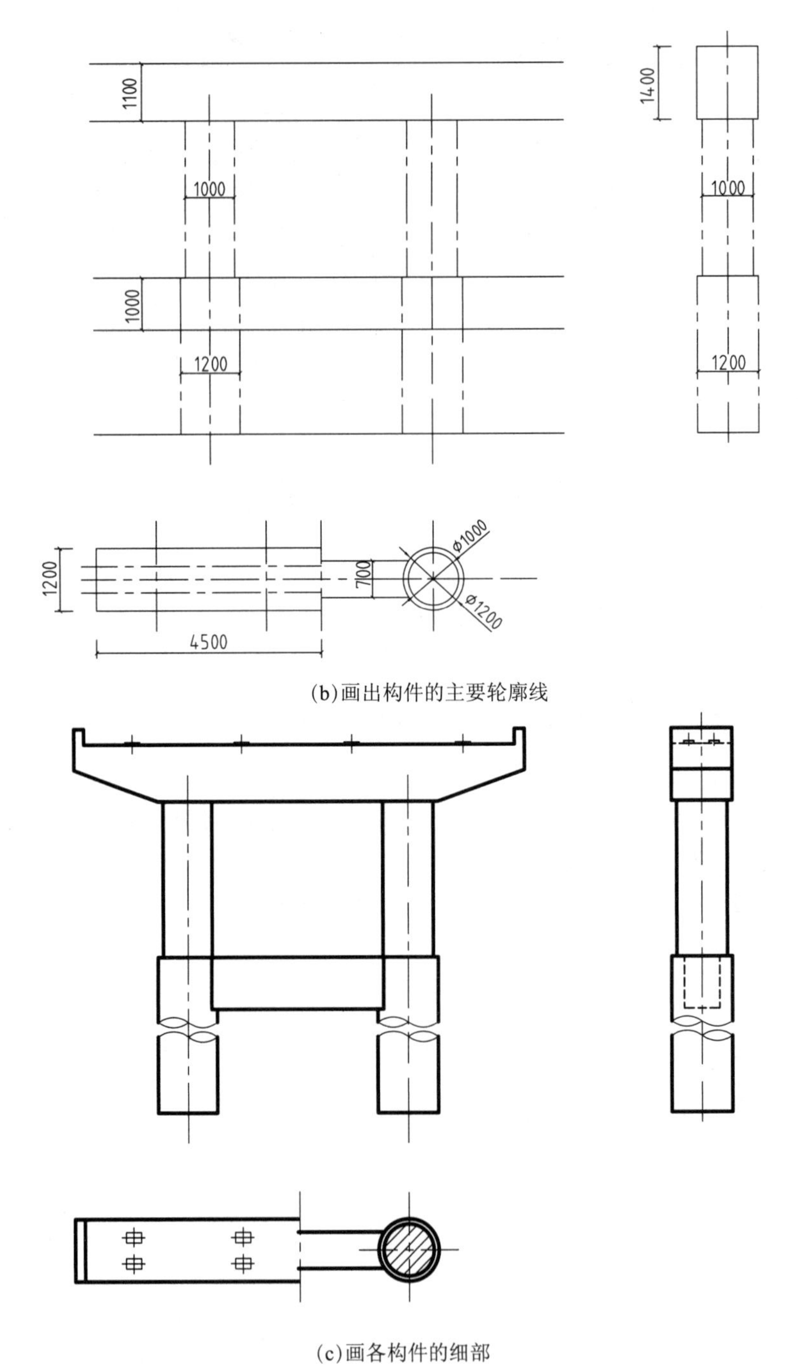

(b)画出构件的主要轮廓线

(c)画各构件的细部

图 12-9　桥墩构造图的绘图步骤

（4）标注。

①插入“标高”图块：先作辅助线定位，然后在特定位置插入标高符号。

②用标注样式“桥墩标注”标注尺寸。在“特性”中用“文字替代”将墩柱、桩基的高度尺寸数字修改为字母符号，如：h1。

（5）绘制表格，标注剖面符号，注写图名、比例及说明。用【绘图】→【表格】命令绘制工程数量表。如图 12-10 所示。

提示：

• 在“标注”图层绘制工程数量表。

• 列和行设置：列为 11，列宽为 10，数据行为 4，行高为 1。

• 字高：图名为 5；比例为 3.5；说明为 3.5 或 2.5。

(6) 最后将结果再次存盘即为本次作业的图形文件。

墩号	H0 (m)	H1 (m)	H2 (m)	h1 (m)	h2 (m)	C30 混凝土盖梁 (m^3)	C25 混凝土墩身 (m^3)	C25 混凝土系梁 (m^3)	C25水下 混凝土桩身 (m^3)	板式橡胶支座 200×300 ×49(mm)
1号墩	97.261	90.061	81.061	7.20	9.00	10.8000	11.30	3.10	20.36	8套
2号墩	97.261	90.761	81.761	6.50	9.00	10.80	10.22	3.10	20.36	8套
3号墩	97.261	90.061	81.061	7.20	9.00	10.80	11.30	3.10	20.36	8套
合计						32.40	32.82	9.30	61.08	24套

图 12-10 工程数量表

12.3.2 绘制桥梁总体布置图

1. 桥梁总体布置图的图示内容

桥梁总体布置图主要表达了桥梁的型式、跨径、孔数、墩台类型、桥面宽、总体尺寸、各主要构件的相互位置关系以及桥梁各部分的标高、材料数量、总的技术说明等，是作为施工时确定墩台位置、安装构件和控制标高的依据。

2. 桥梁总体布置图的绘制

本节以某钢筋混凝土梁桥总体布置图为例，介绍绘制桥梁总体布置图的方法和步骤，绘制结果如图 12-11 所示。它由立面图、平面图、横剖面图三个视图组成，三个视图均采用合成视图。立面图、平面图比例为 1∶300，横剖面图比例为 1∶100。

绘图步骤如下：

(1) 设置绘图环境（略）。

(2) 画出各图的基线：一般选取各视图的中心线或边界线作为基线，图 12-12 (a) 中的立面图是以梁底标高线作为高度基线的，其余则以对称轴线为基线。注意：立面图和平面图对应的竖向中心线要对齐。该图主要使用【直线】、【偏移】、【修剪】等命令，注意不同线型所在的图层不同。

(3) 画出构件的主要轮廓线：如图 12-12 (b) 所示，以基线作为度量的起点，根据标高及各构件的尺寸画构件的主要轮廓线。可用【直线】、【偏移】、【修剪】、【复制】、【镜像】等命令。

(4) 画各构件的细部：根据主要轮廓线从大到小画全各构件的投影，画时要注意各图的投影对应关系，如图 12-12 (c) 所示。其中 1-1、2-2 剖面图的画法参见本节桥墩图。

(5) 标注尺寸、填写说明等，完成作图。

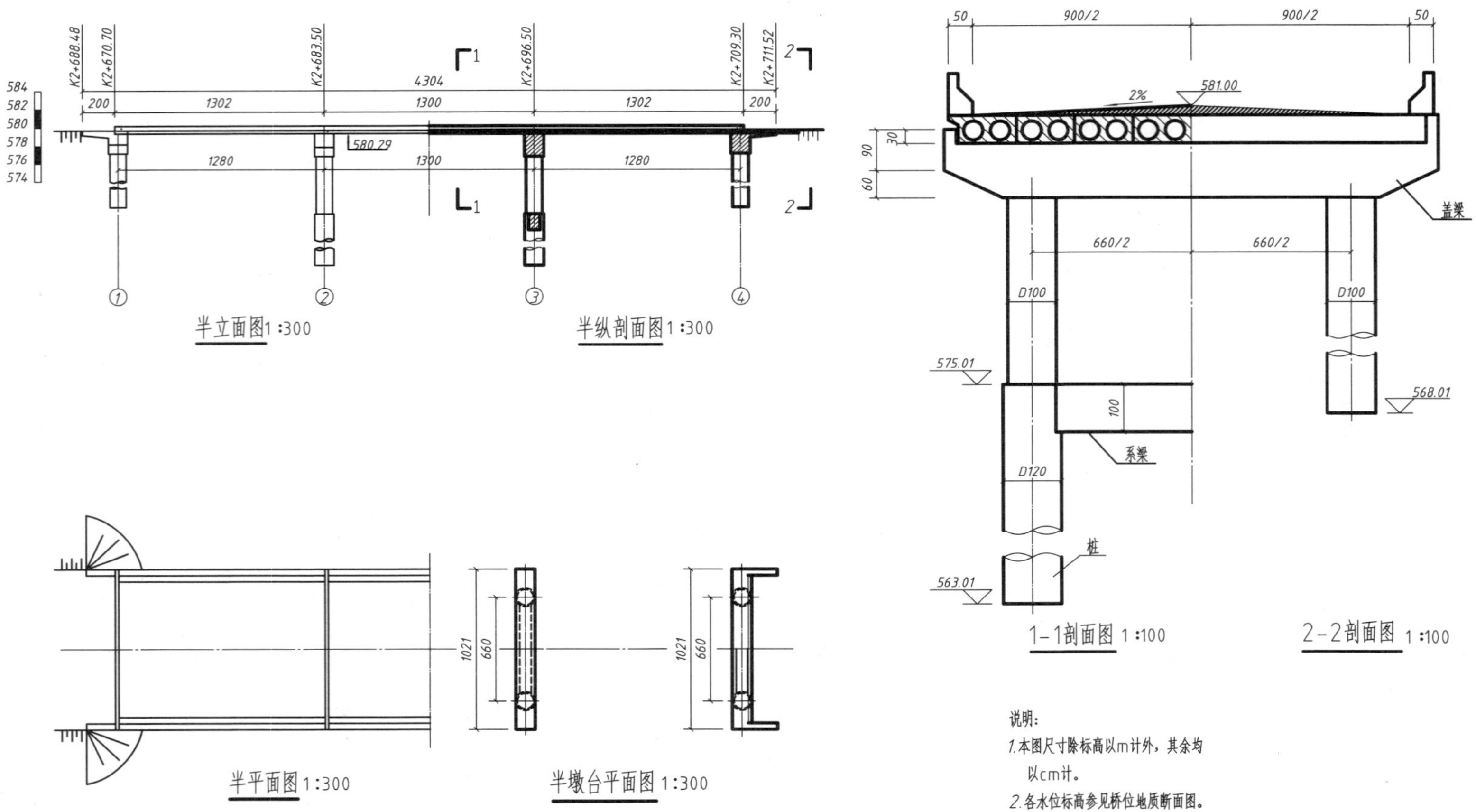
半立面图1:300
半纵剖面图1:300
半平面图1:300
半墩台平面图1:300
1-1剖面图 1:100
2-2剖面图 1:100
K2+688.48
K2+670.70
K2+683.50
K2+696.50
K2+709.30
K2+711.52
4304
200
1302
1300
1280
580.29
581.00
2%
900/2
50
660/2
D100
D120
100
575.01
568.01
563.01
盖梁
系梁
桩
1021
660

说明：

1.本图尺寸除标高以m计外，其余均以cm计。

2.各水位标高参见桥位地质断面图。

3.②号墩和③号墩各位置标高相同，①号台和④号台各位置标高相同。

图12-11 桥梁总体布置图

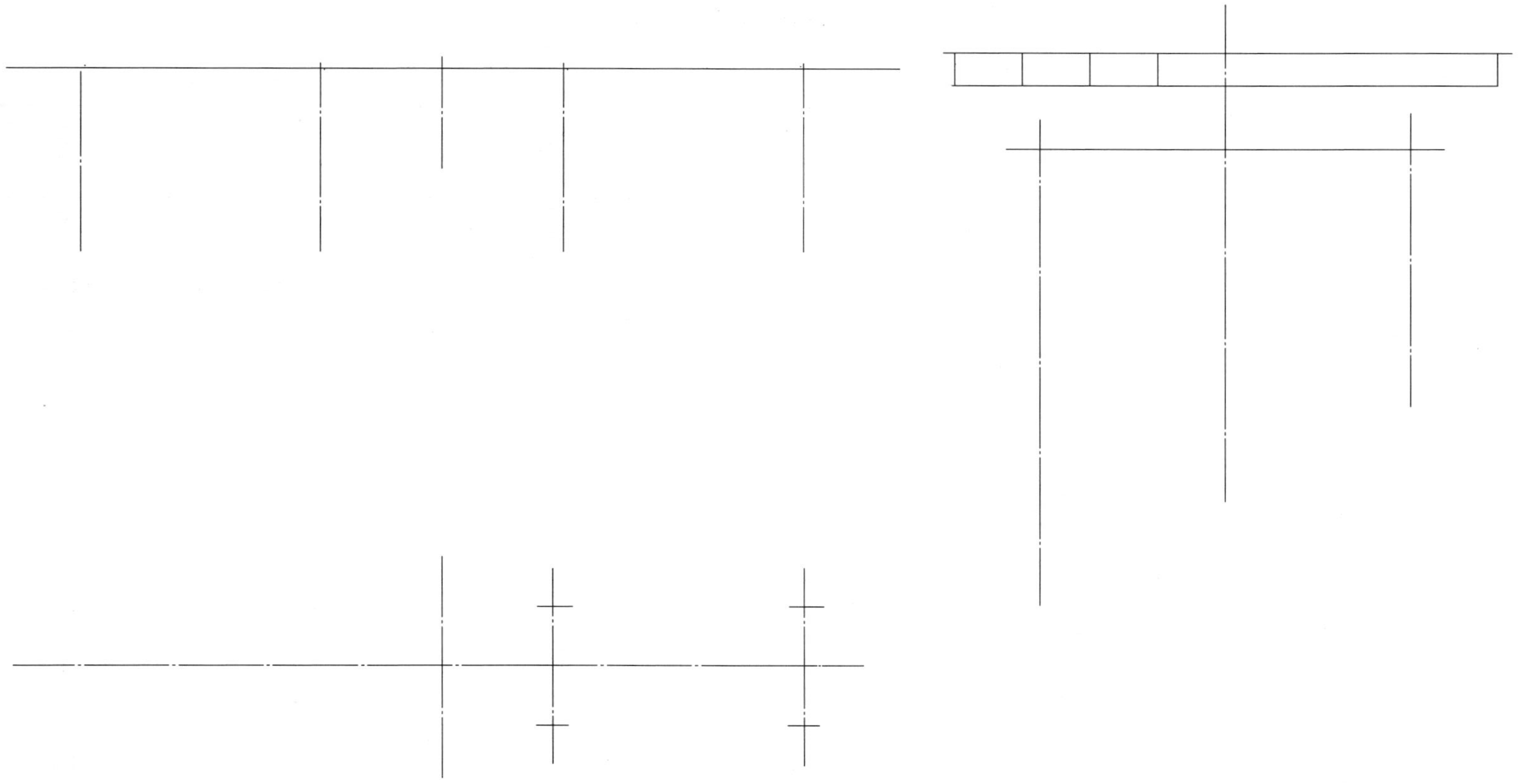

(a)画出各图的基线

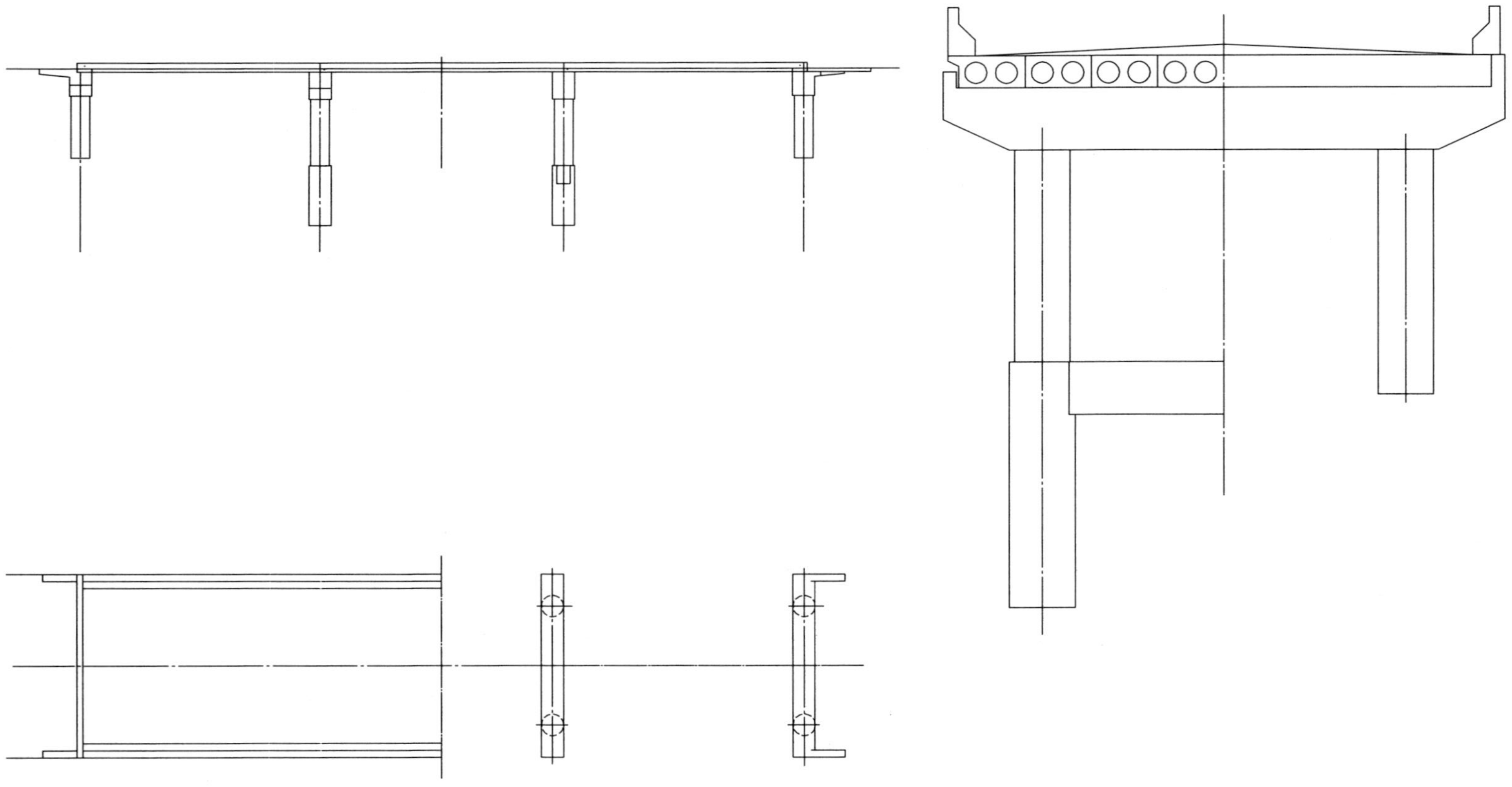

(b)画出构件的主要轮廓线

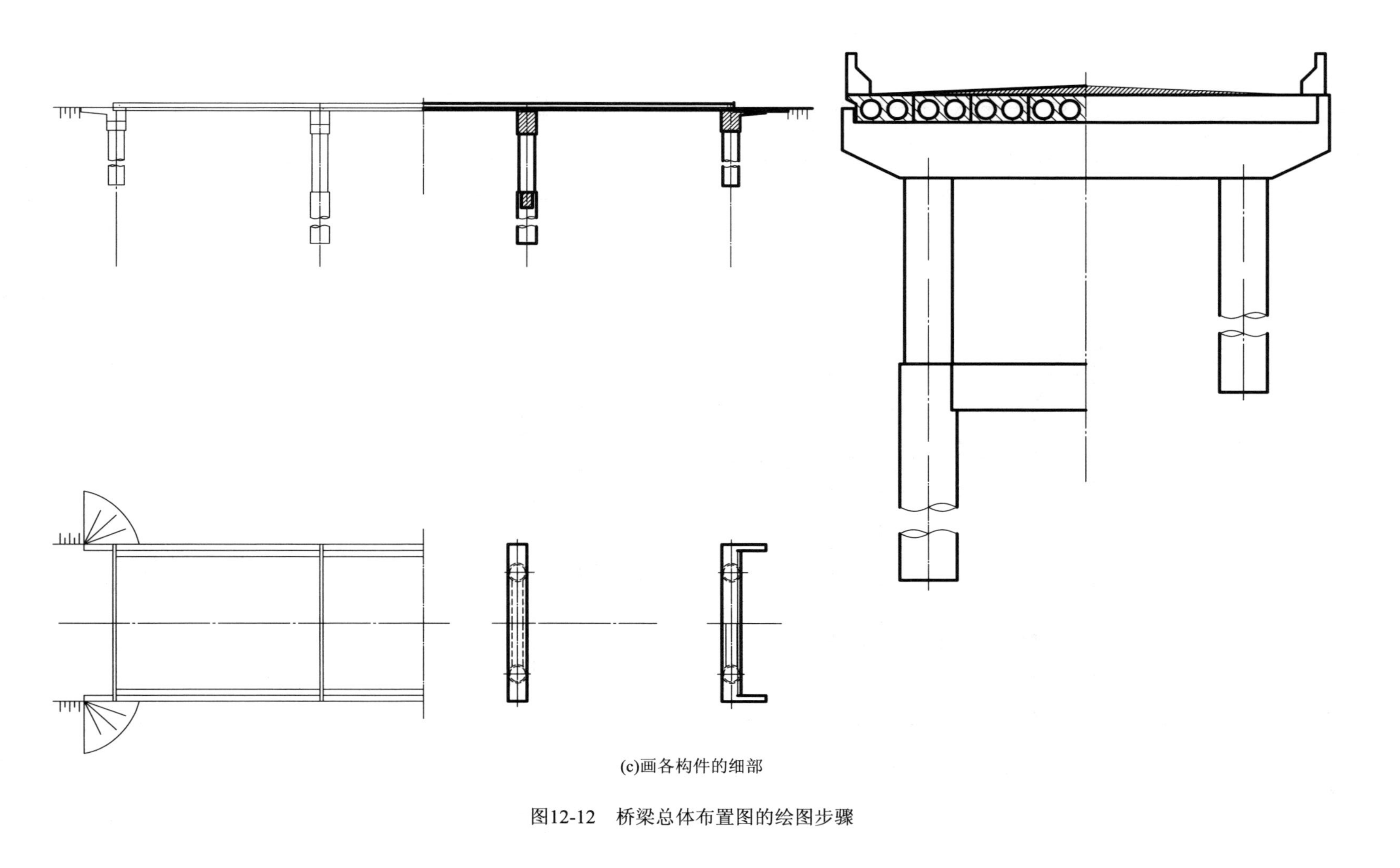

(c)画各构件的细部

图12-12　桥梁总体布置图的绘图步骤

[**练习 12-1**]　绘制图 12-13 所示某桥墩构造图。图幅：A3，比例：1∶100。

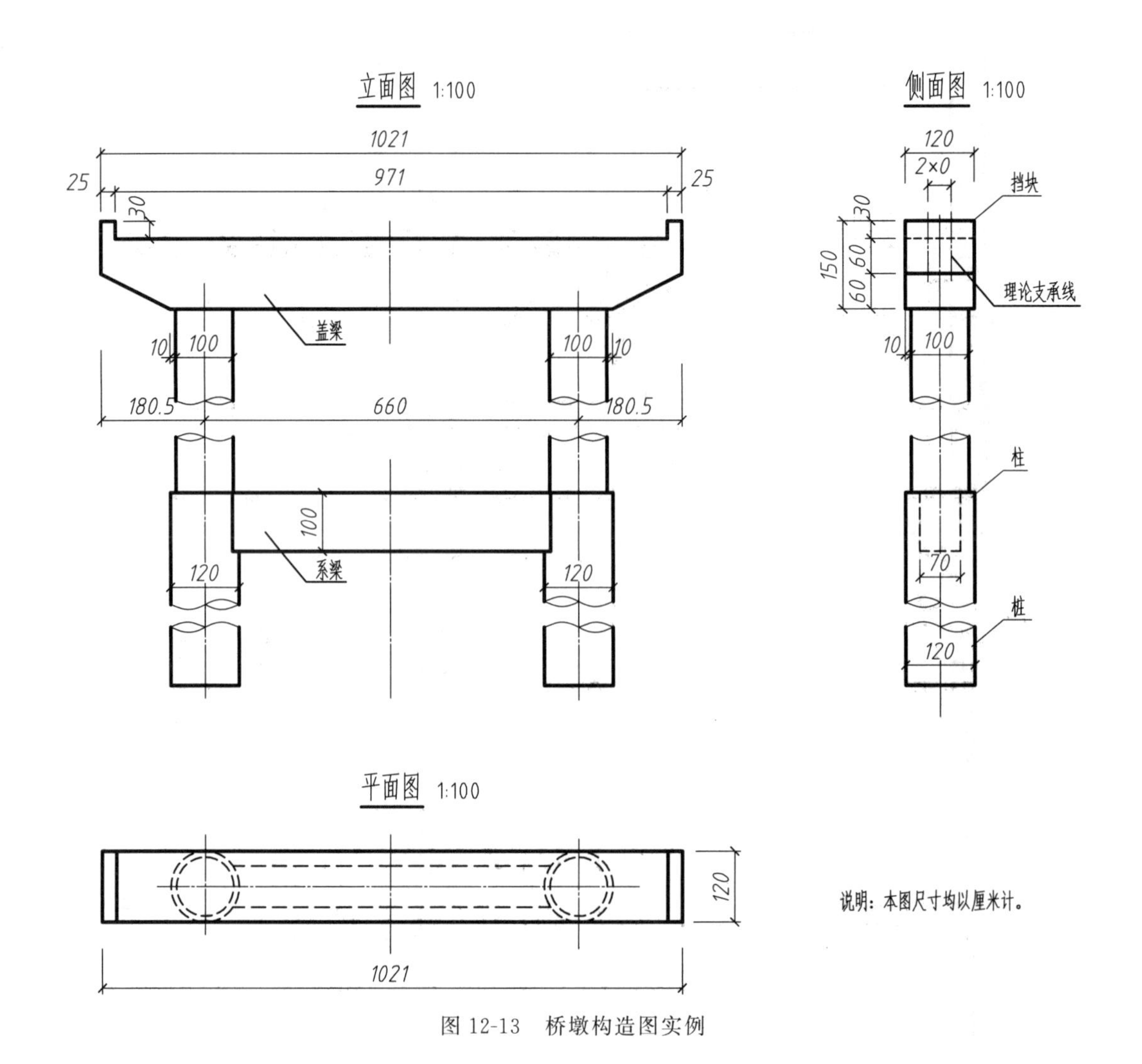

图 12-13　桥墩构造图实例

［**练习 12-2**］　绘制图 12-14 所示某桥台构造图，图幅、比例自定。

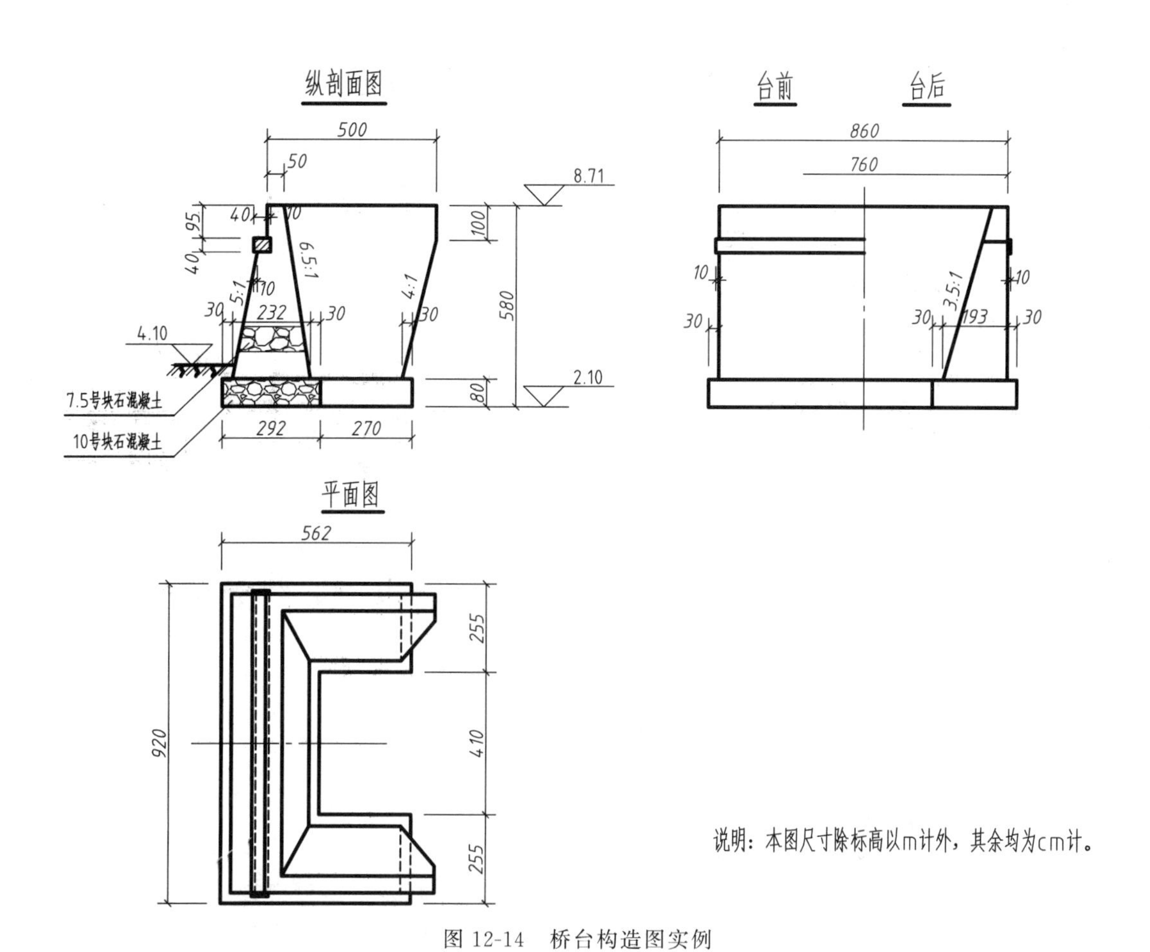

图 12-14　桥台构造图实例

第 13 章　绘制机械图

13.1　相关知识点介绍

13.1.1　机械图的图示内容

机械图是设计、生产、加工、检验零部件的依据，也是进行设备检修、改造的主要参考技术文件之一。

由于机械零件或设备形状各异、结构复杂，因此，图样内容应按国家标准规定的各种表达方法绘图。其内容包括：标准件和常用件、零件图和装配图。

13.1.2　机械图的图示特点

机械图与建筑图的表达方法相似，但在尺寸标注和剖切标注上略有差异。

（1）当标注线性尺寸时，尺寸起止符号以箭头绘制。

（2）尺寸标注包含公差配合标注。

（3）尺寸标注不能标注为封闭的尺寸链。

（4）剖切符号与建筑图样不同。

13.1.3　机械图的图层设置

用 AutoCAD 绘制机械图时，可创建“粗实线”、“细实线”、“点画线”、“剖面线”、“虚线”、“尺寸线”、“文字”、“双点画线”等图层，图层的各项特性可参考表 13-1 的设置。

注意：应用图层工具绘图时，应将“特性”各项设置为“Bylayer”。

表 13-1　“机械图”图层设置

图层名称	颜色	线型	线宽/mm
粗实线	白色	Continuous	0.50
细实线	白色	Continuous	0.25
点画线	红色	CENTER2	0.25
剖面线	蓝色	Continuous	0.25
虚线	洋红	DASHED	0.25
尺寸线	绿色	Continuous	0.25
文字	白色	Continuous	0.25
双点画线	青色	PHANTOM	0.25

13.2　绘制标准件和常用件

标准件是指结构形状、尺寸、标记和技术要求完全标准化了的零件。工程上常见的标准件有螺纹及螺纹紧固件、轴承、键和销等。部分结构、尺寸和参数标准化、系列化的零件称为常用件，如机械工程中常用的齿轮、弹簧等。

13.2.1　绘制标准件

下面通过实例介绍用AutoCAD绘制标准件的方法和步骤。

［**例 13-1**］　根据已知零件尺寸，绘制螺栓连接的图样。已知被连接件1的厚度$\delta_1=20$，被连接件2的厚度$\delta_2=15$，被连接件宽度为40。螺栓尺寸为M12（螺栓GB/T5780—2000、螺母GB/T6170—2000、垫圈GB/T97.1—2002）。

绘图步骤：

根据已知条件，查表确定螺栓、螺母及垫圈的尺寸。

(1) 选择“点画线”图层，应用【直线】命令，绘制中心线。选择“粗实线”图层，根据被连接件的厚度尺寸，应用【直线】、【样条曲线】命令，绘制被连接件的主视图和俯视图。选择“剖面线”图层，应用【图案填充】命令，绘制主视图的剖面线（注意：两零件的剖面线需反方向），如图13-1（a）所示。

(2) 选择“粗实线”图层，应用【直线】、【偏移】、【倒角】等命令，根据查表的数据，绘制螺栓杆主视图（绘制一半）。应用【圆】命令，绘制螺栓杆的俯视图，修剪多余的线，注意粗、细线型的选用。如图13-1（b）所示。

(3) 应用【多边形】、【圆】命令，根据查表的数据，绘制正六边形螺母的俯视图，根据“长对正”的视图关系，绘制螺栓头主视图（绘制一半），如图13-1（c）所示。

(4) 应用【镜像】命令，完成螺栓的视图，如图13-1（d）所示；

(5) 应用【圆】、【直线】命令，绘制垫圈的主视图及俯视图。应用【镜像】命令，将螺栓头镜像成螺母的主视图，如图13-1（e）所示。

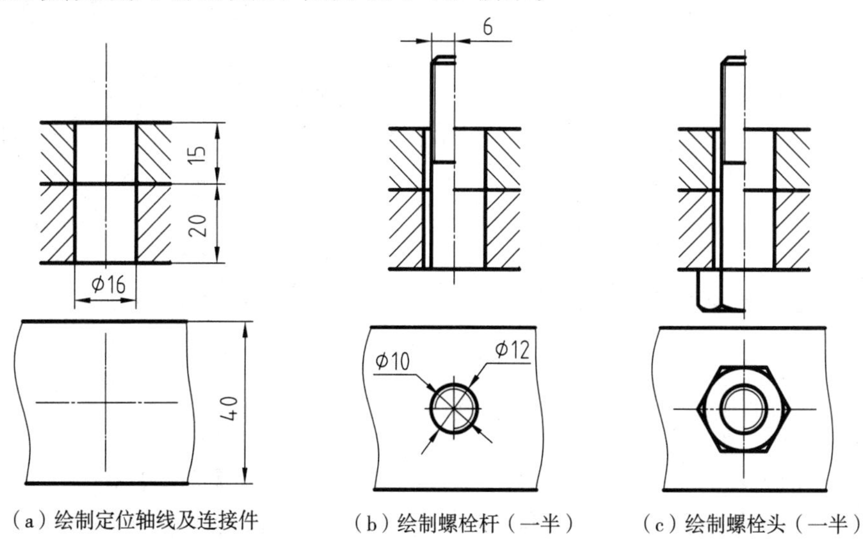

（a）绘制定位轴线及连接件　（b）绘制螺栓杆（一半）　（c）绘制螺栓头（一半）

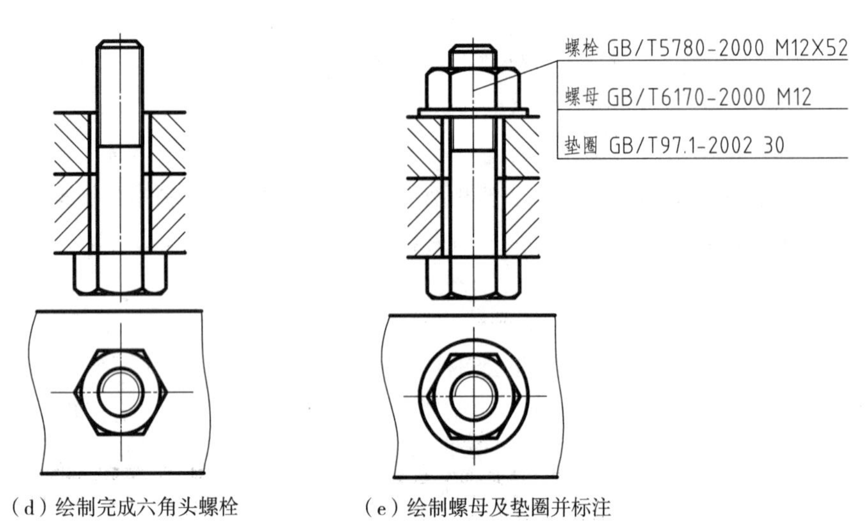

（d）绘制完成六角头螺栓　　（e）绘制螺母及垫圈并标注

图 13-1　螺栓连接的画法

（6）应用【删除】、【修剪】命令，处理多余的线；

（7）注写各标准件的规定标记，完成作图，如图 13-1（e）所示。

13.2.2　绘制常用件

下面通过实例介绍用 AutoCAD 绘制常用件的方法和步骤。

［**例 13-2**］　已知直齿圆柱齿轮 $m=3$，$z=30$，$C1=1$，$R2=2$。绘制齿轮，如图 13-2 所示。

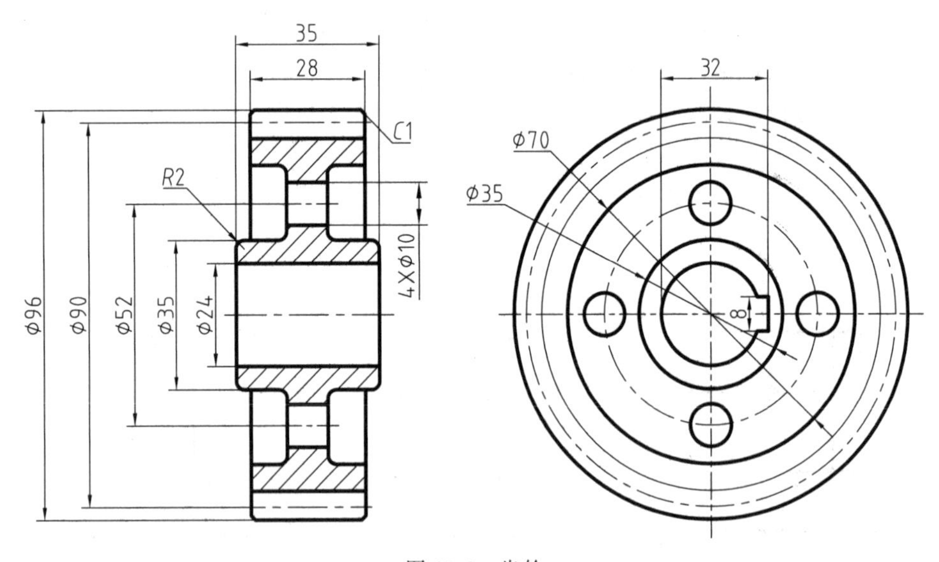

图 13-2　齿轮

绘图步骤：

（1）绘制齿轮的左视图：选择“点画线”图层，应用【直线】命令，绘制中心线；选择“粗实线”图层，应用【圆】命令，绘制左视图中的齿顶圆、辐板结构三个圆；选择“细实线”图层，应用【圆】命令，绘制左视图中的齿根圆；选择“点画线”图层，应用【圆】命令，绘制左视图中分度圆、四个辐板孔的定位圆。如图13-3（a）所示。

（2）绘制齿轮的左视图：选择“粗实线”图层，应用【圆】命令，绘制辐板上孔的一个直径为$\Phi 10$的圆；应用【阵列】/【环形阵列】命令，将该圆均匀分布为四个圆；应用【偏移】、【修剪】、【直线】命令，绘制轮毂上的键槽，如图13-3（b）所示。

（3）绘制齿轮的主视图：应用【直线】、【偏移】、【修剪】命令，根据左视图及相关尺寸，绘制如图13-3（c）所示的图形。

（4）选择“剖面线”图层，应用【图案填充】命令，绘制主视图的剖面线；应用【圆角】、【倒角】命令，完成如图13-3（d）所示的图形。

（5）选择“尺寸线”图层，应用“标注”各命令，将如图13-3（d）所示的图形标注尺寸，完成作图。

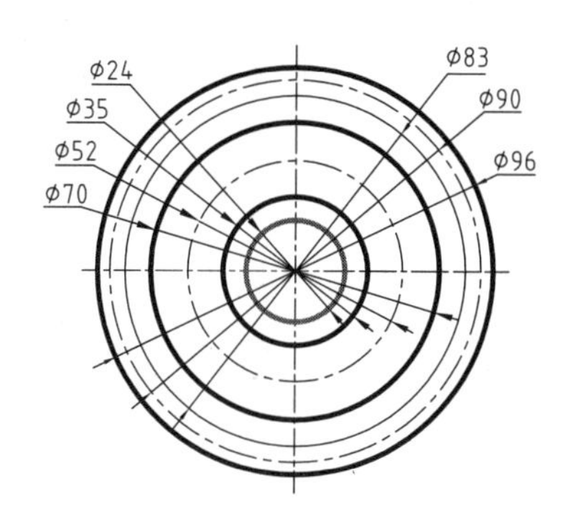

（a）绘制定位轴线及齿轮图上的各个圆

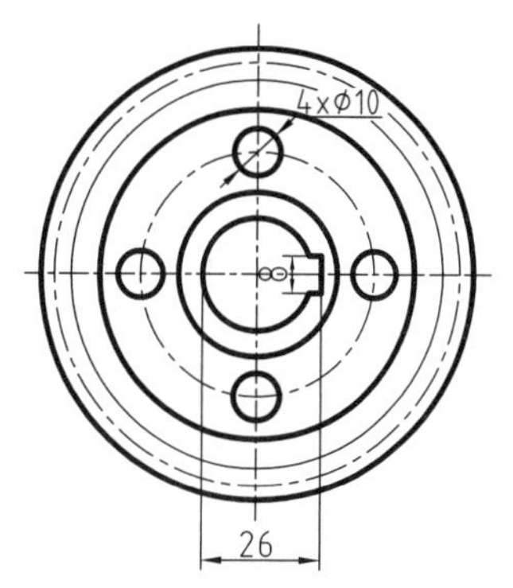

（b）绘制轮毂上的键槽及四个小圆

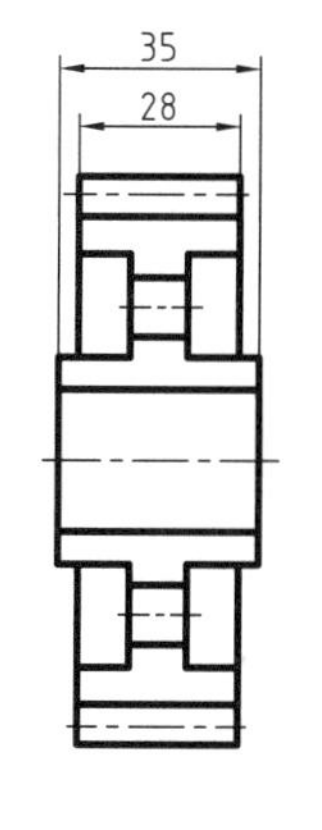

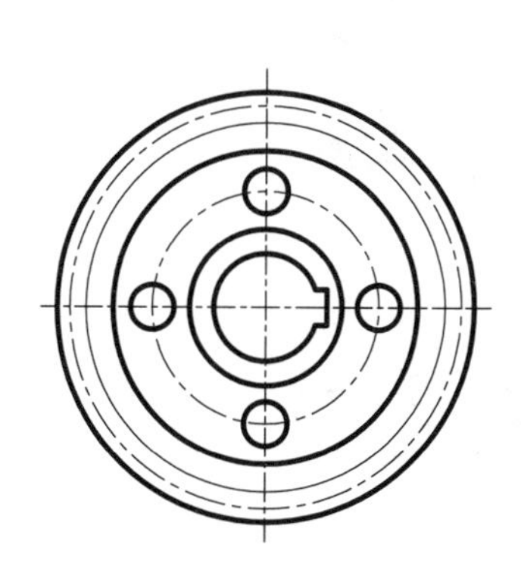

（c）绘制齿轮主视图

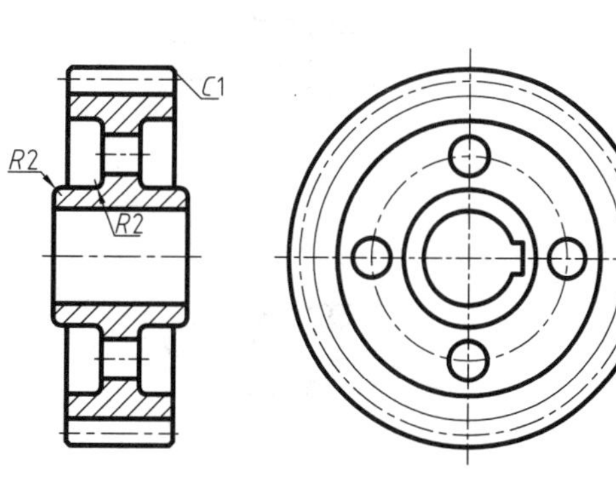

（d）将主视图填充剖面线、倒角

图13-3　圆柱齿轮的画法

［**例13-3**］　绘制圆柱螺旋压缩弹簧，如图13-4所示。

已知圆柱螺旋压缩弹簧的自由高度$H_0 = 30.6$，钢丝直径$d = \Phi 2$，弹簧中径$D_2 = \Phi 14$，节距$t = 4.4$，绘制其零件图。

绘图步骤：

（1）选择“点画线”图层，应用【直线】命令，绘制中心线；应用【矩形】命令，绘制弹簧中径线并确定弹簧的自由高度，如图 13-4（a）所示。

（2）选择“粗实线”图层，应用【圆】命令，根据钢丝直径 d，绘制弹簧的部分断面，选择【修剪】命令将起始两断面修剪成半圆，如图 13-4（b）所示。

（3）应用【复制】命令，根据节距 t，绘制弹簧的其他断面，如图 13-4（c）所示。

（4）选择“粗实线”图层，应用【直线】命令，绘制钢丝的轮廓线；选择“剖面线”图层，应用【图案填充】命令，将钢丝断面填充剖面线，如图 13-4（d）所示。

（5）标注尺寸，完成作图，如图 13-4（e）所示。

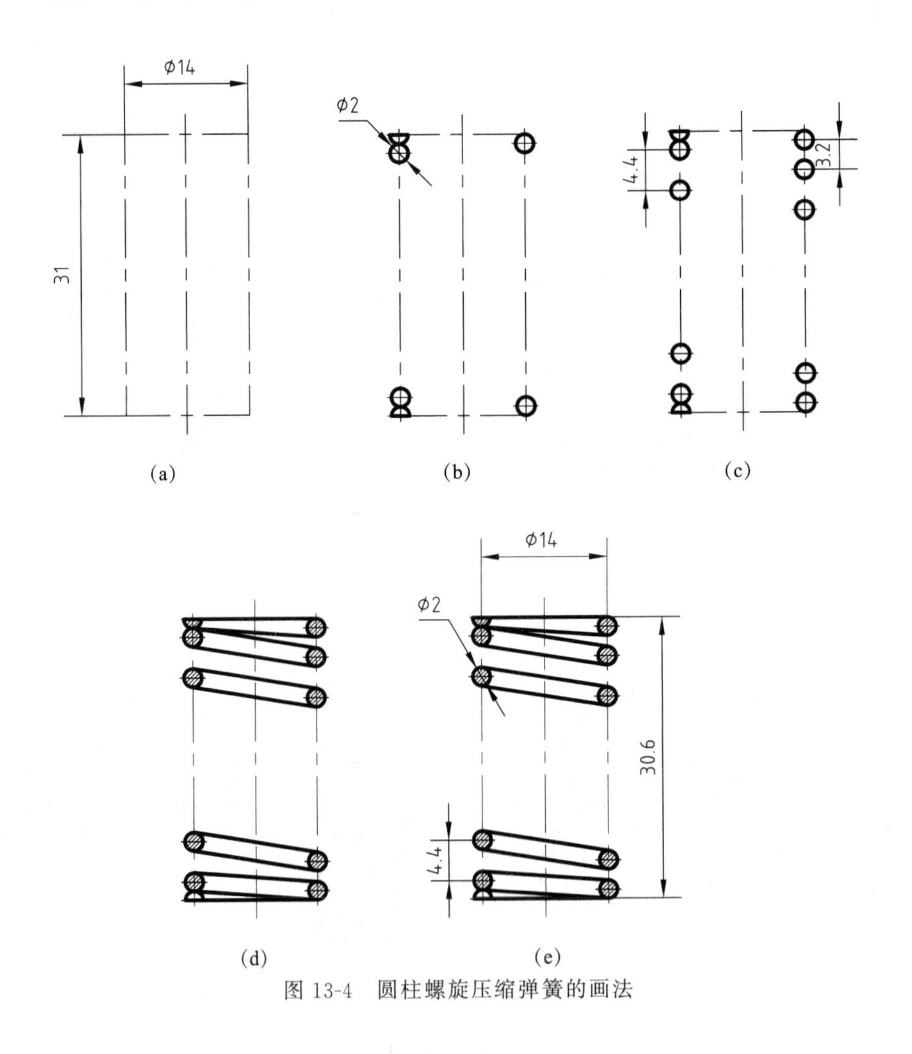

图 13-4 圆柱螺旋压缩弹簧的画法

13.3 绘制零件图

零件共分为五类：轴套类、轮盘类、叉杆类、箱体类、其他类。

绘制零件图应根据零件的结构形状特征，选择适合的表达方法绘制。

13.3.1 标注表面结构符号

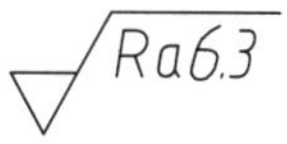

在机械制图中标注尺寸时，经常要标注表面结构符号，该符号常用的形状结构如图 13-5 所示，标注时需先将该符号创建为带属性的图块，该符号的画法及具体创建块的操作过程可参见图 5-21，标注时应用【插入】命令，插入已创建的“表面结构符号”图块。

Ra6.3

图 13-5 表面结构符号

具体操作参见第 5 章相关内容。

13.3.2 标注形位公差

加工后的零件与图纸上所设计的零件不仅有尺寸误差，还会有形状误差，位置误差，为限制该类误差，控制零件几何精度而设有形位公差。标注形位公差的操作方法如下。

在“注释”选项卡“标注”面板中单击“标注”下拉列表【公差】命令按钮，或在“标注”工具栏中单击【公差】命令按钮，弹出“形位公差”对话框，如图 13-6 所示。对话框中黑色方框可以单击，单击后则弹出形位公差特征符号，如图 13-7 所示，可根据需要选择相应符号。对话框中白色方框为文本输入框，用于输入公差数值和基准。

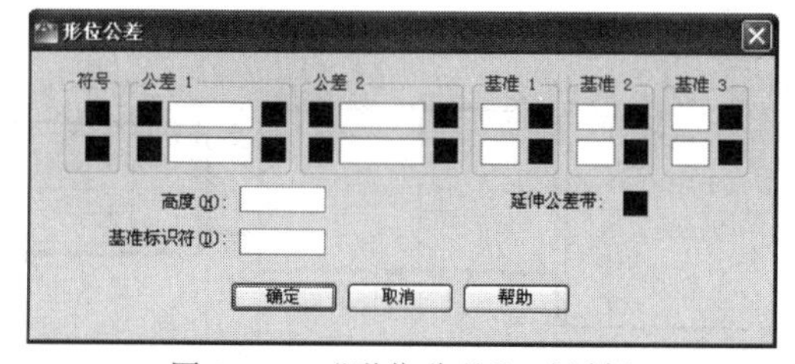

图 13-6 “形位公差”对话框

图 13-7 特性符号

[例 13-4] 按图 13-8 所示，标注该零件的形位公差。

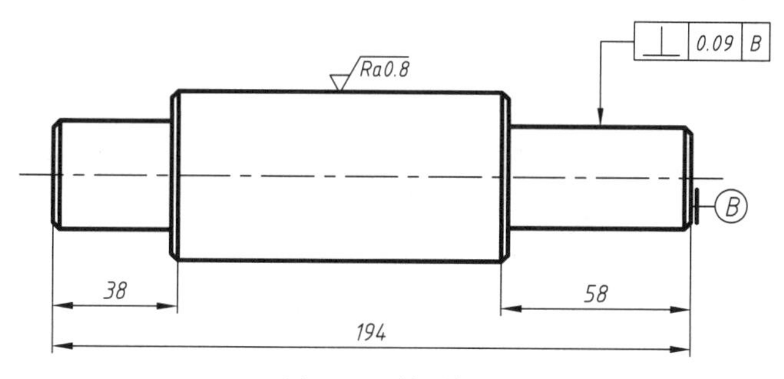

图 13-8 轴零件图

操作过程：

(1) 打开“形位公差”对话框。

(2) 单击对话框中“符号”下的黑框，在弹出的“特性符号”中选择“⊥”符号。

(3) 在“公差 1”下白色框中，填写“0.09”。

(4) 在“基准 1”下白色框中，填写“B”，如图 13-9 所示。

(5) 单击“确定”，将形位公差标注到指定的位置上。

(6) 单击“标准”下拉菜单，选择【多重引线】，绘制指引线。

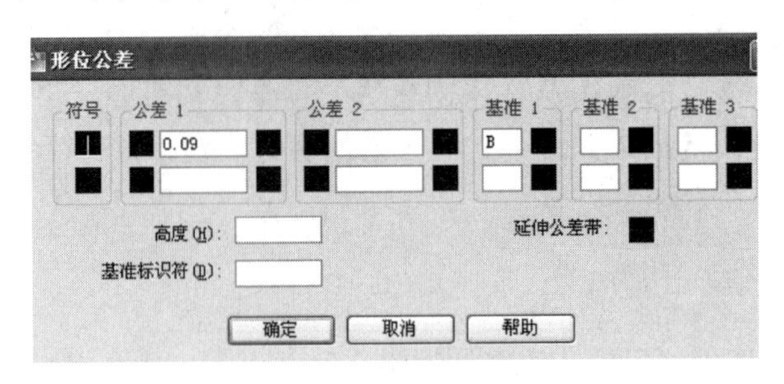

图 13-9　设置“形位公差”

13.3.3　零件图绘制实例

[例 13-5]　绘制传动轴零件图，具体图样、尺寸如图 13-10 所示。

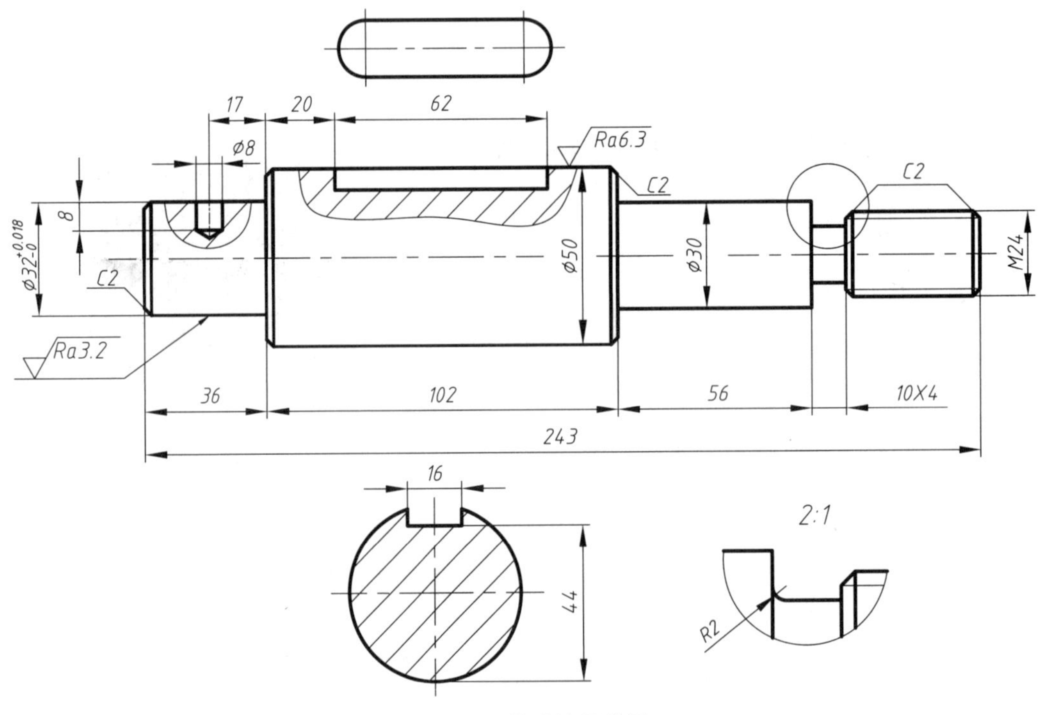

图 13-10　传动轴零件图

绘图步骤：

(1) 选择“点画线”图层，应用【直线】命令，绘制中心线；选择“粗实线”图层，应用【直线】或【多段线】命令，以中心线的某一点为基准点，按尺寸绘制各轴段对称的一半，也可以应用【偏移】和【修剪】命令配合，来完成作图，如图 13-11 (a) 所示。

(2) 应用【镜像】命令，将已绘制好的一半轴关于轴线“镜像”为完整的阶梯轴；应用【倒角】、【直线】命令，绘制轴的倒角部分，如图 13-11 (b) 所示。

（3）应用【直线】、【圆弧】命令或者应用【多段线】命令，根据尺寸绘制键槽局部视图；应用【直线】、【圆】命令，绘制键槽、定位销局部剖视图；应用【样条曲线】命令，绘制局部剖视图的波浪线；选择“剖面线”图层，应用【图案填充】命令，绘制剖面线，如图 13-11（c）所示。

（4）根据轴上结构，选择剖切位置做断面图、局部放大图，主要应用命令【直线】、【圆】、【样条曲线】、【修剪】、【图案填充】，绘图结果如图 13-11（d）所示。

（5）按图 13-10 所示的图样应用“标注”面板中相关命令标注尺寸，完成作图。

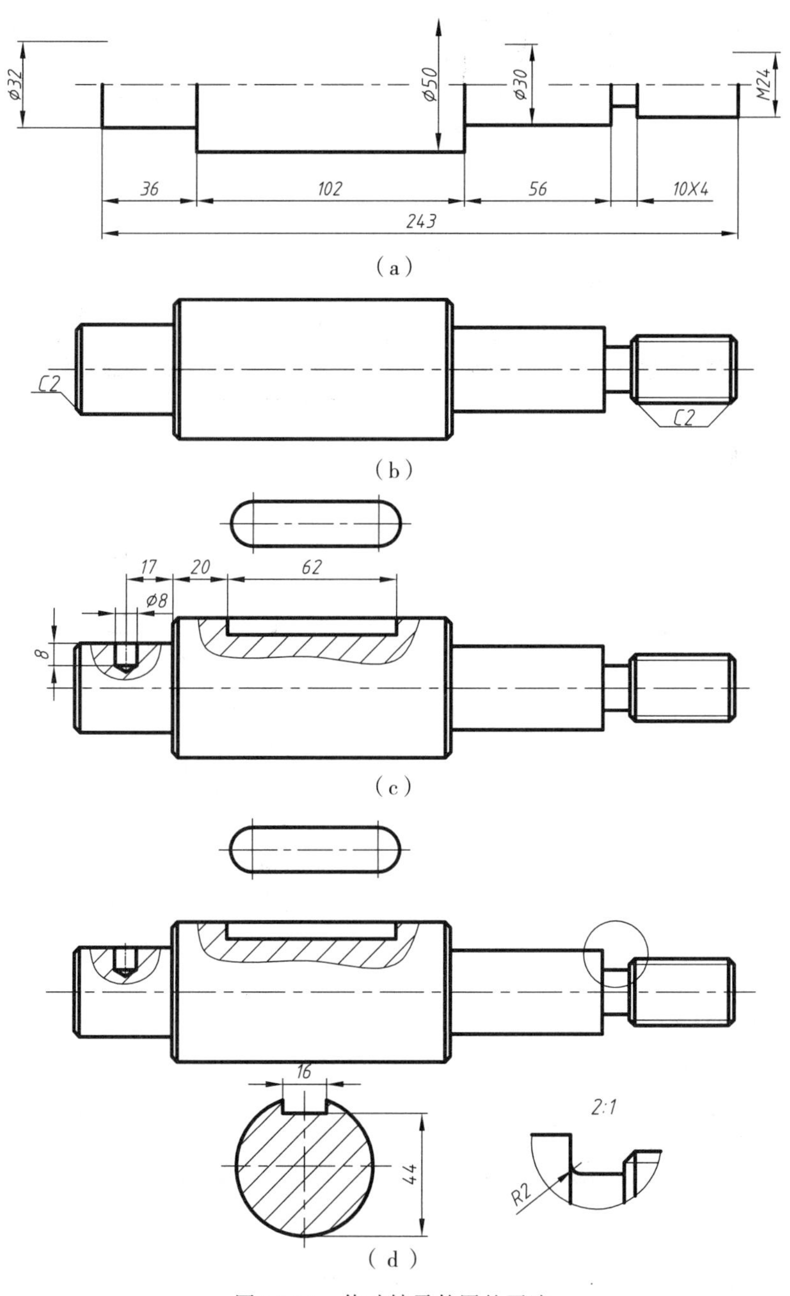

图 13-11　传动轴零件图的画法

［**例 13-6**］　绘制千斤顶顶盖零件图，尺寸如图 13-12 所示。

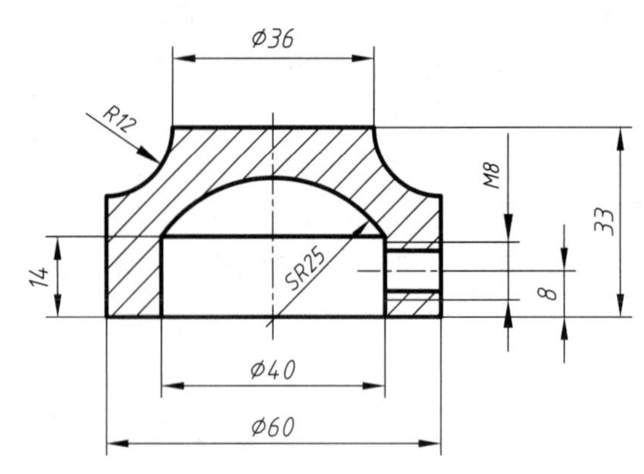

图 13-12　千斤顶顶盖零件图

绘图步骤：

（1）选择“点画线”图层，应用【直线】命令，绘制中心线；选择“粗实线”图层，应用【直线】命令，绘制顶盖的一半，如图 13-13（a）所示。

（2）应用【圆弧】下拉命令【圆心、起点、端点】，绘制 $R12$ 圆弧；应用【直线】命令，绘制顶盖内孔。如图 13-13（b）所示。

（3）应用【镜像】命令，以中心线为对称轴，镜像另一半顶盖；应用【圆弧】命令，绘制 $SR25$ 的圆弧；应用【直线】命令，完成图 13-13（c）所示的图形。

（4）应用【图案填充】命令，绘制剖面线，如图 13-13（d）所示。

（5）标注尺寸，完成图 13-12 所示图样的绘制。

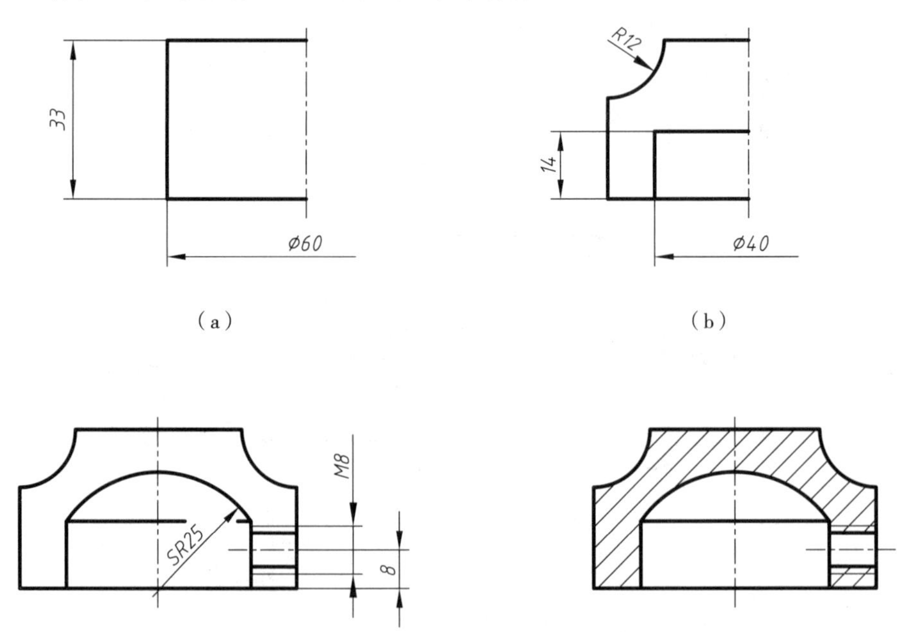

图 13-13　千斤顶顶盖零件图的画法

［**例 13-7**］　绘制千斤顶轴套零件图，尺寸如图 13-14 所示。

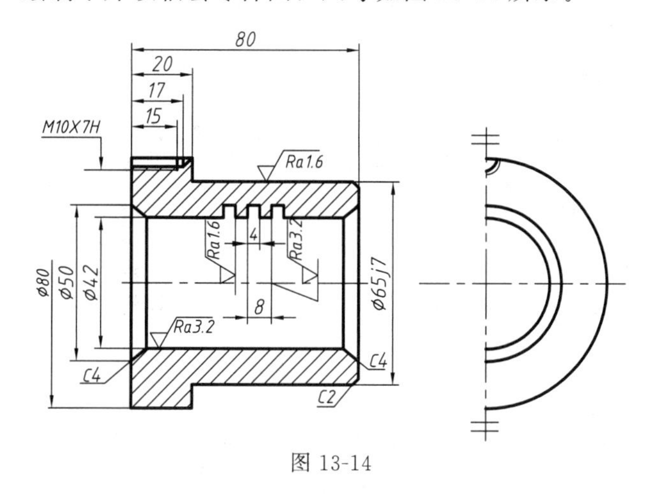

图 13-14

绘图步骤：

（1）选择“点画线”图层，应用【直线】命令，绘制中心线及左视图圆的定位线；选择“粗实线”图层，应用【偏移】与【修剪】命令，绘制如图 13-15（a）所示的图形。

（2）应用【直线】命令，绘制部分“矩形”螺纹及 M10 的螺纹孔；应用【圆】命令，绘制左视图的三个圆（依据主视图“高平齐”规律），并应用【修剪】命令将其修剪成半圆；应用【圆弧】命令绘制 M10 螺纹的左视图圆弧，如图 13-15（b）所示。

（3）选择“剖面线”图层，应用【图案填充】命令，绘制剖面线，如图 13-15（c）所示。

（4）参照图 13-14 标注尺寸及表面结构符号，完成作图。

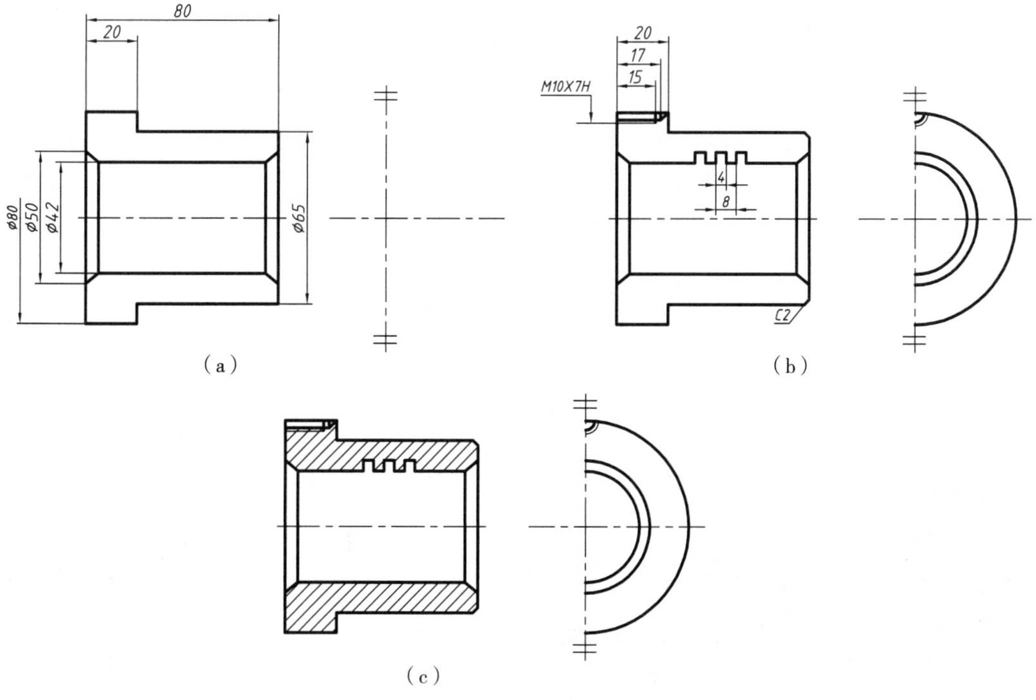

图 13-15　千斤顶轴套零件图及画法

［**例 13-8**］ 绘制千斤顶螺旋杆零件图，尺寸如图 13-16 所示。

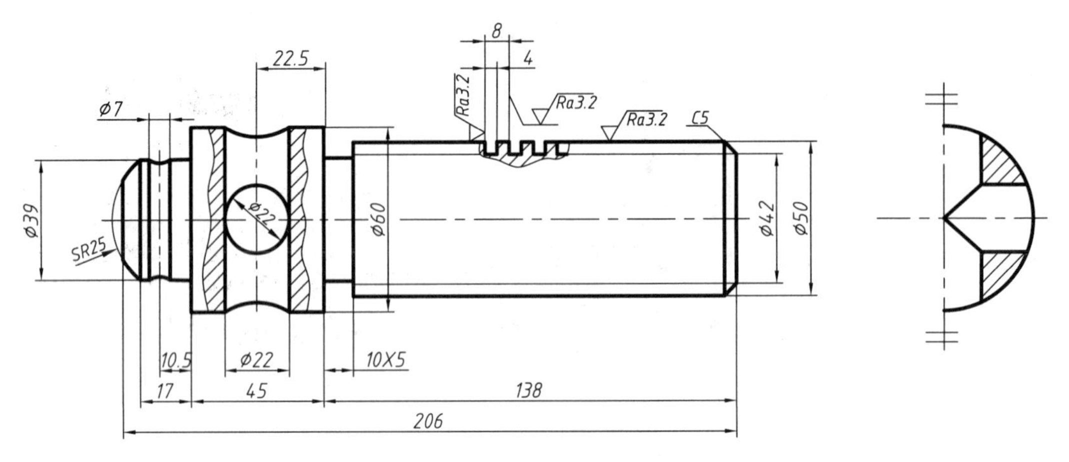

图 13-16 千斤顶螺旋杆零件图

绘图步骤如下：

（1）选择“点画线”图层，应用【直线】命令，绘制轴线及左侧视图中心线；选择“粗实线”图层，应用【直线】或【多段线】命令，绘制螺旋杆各段的一半图形（螺纹牙底线为细实线），如图 13-17（a）所示。

（2）应用【镜像】命令，绘制螺旋杆的另一半；应用【倒角】命令，绘制倒角，如图 13-17（b）所示。

（3）绘制螺旋杆上孔和螺纹的局部剖视图，绘制孔的断面图。如图 13-17（c）所示。

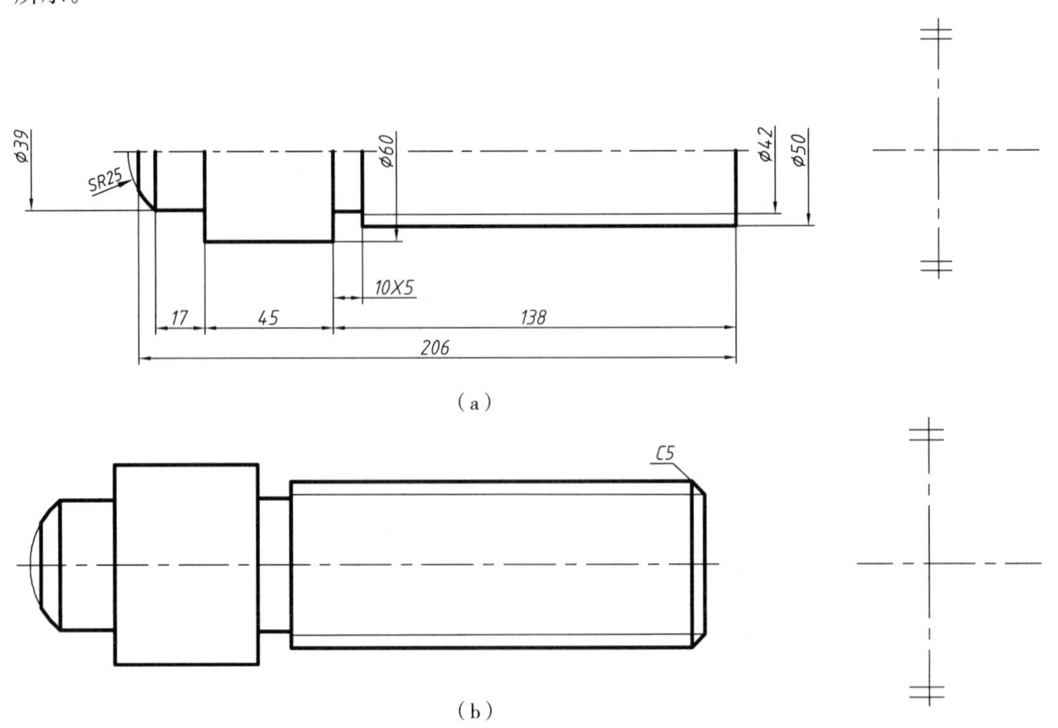

（a）

（b）

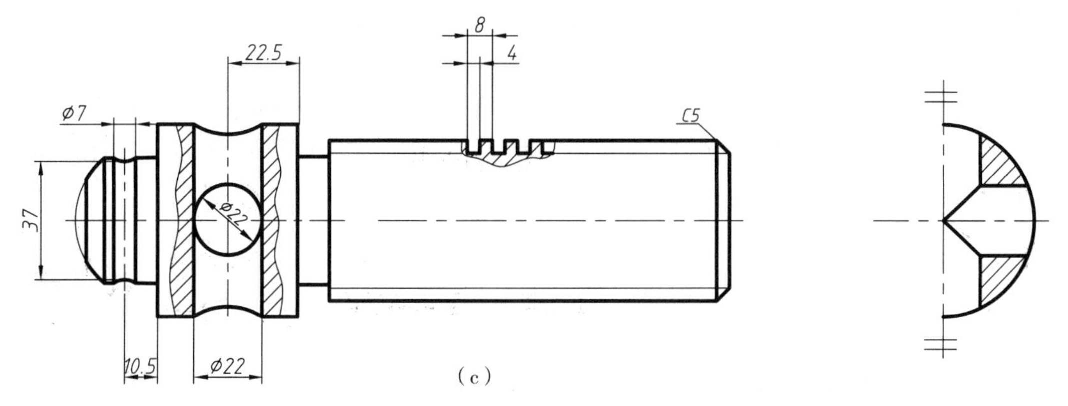

（c）

图 13-17 千斤顶螺旋杆零件图的画法

［**例 13-9**］ 绘制千斤顶底座零件图，尺寸如图 13-18 所示。

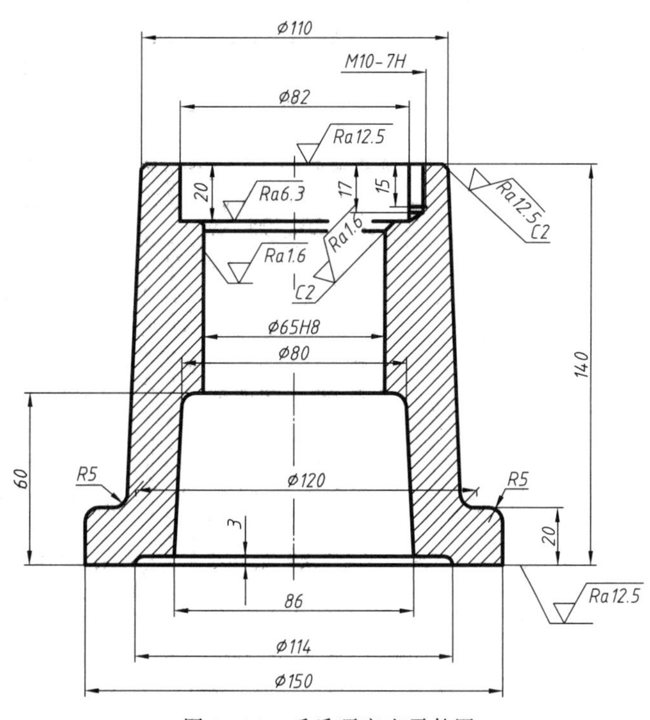

图 13-18 千斤顶底座零件图

绘图步骤：

(1) 选择“点画线”图层，应用【直线】命令，绘制轴线；选择“粗实线”图层，应用【直线】或【多段线】命令，绘制出底座一半的轮廓线，如图 13-19（a）所示。

(2) 应用【圆角】、【倒角】命令，按图样所示绘制图形倒角，如图 13-19（b）所示。

（3）应用【镜像】命令，绘制底座的另一半；并应用【直线】命令，绘制上端 M8 螺纹孔，如图 13 19（c）所示。

（4）应用【图案填充】命令，绘制底座全剖视图的剖面线，如图 13-19（d）所示。

（5）应用“标注”的各项命令，按图 13-18 所示标注底座零件图的尺寸，完成作图。

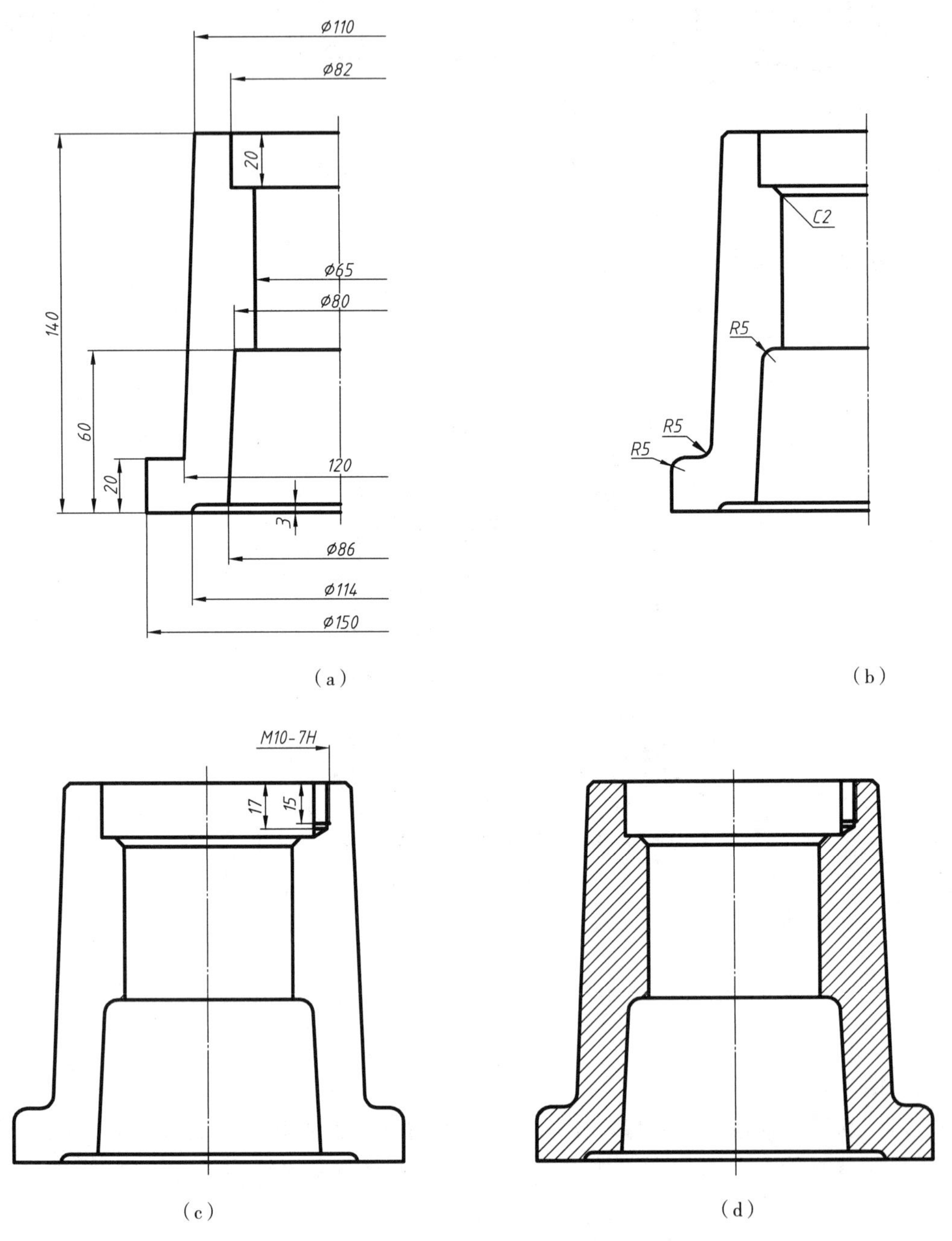

图 13-19　千斤顶底座零件图的画法

［**练习 13-1**］　绘制千斤顶绞杠零件图，如图 13-20 所示。

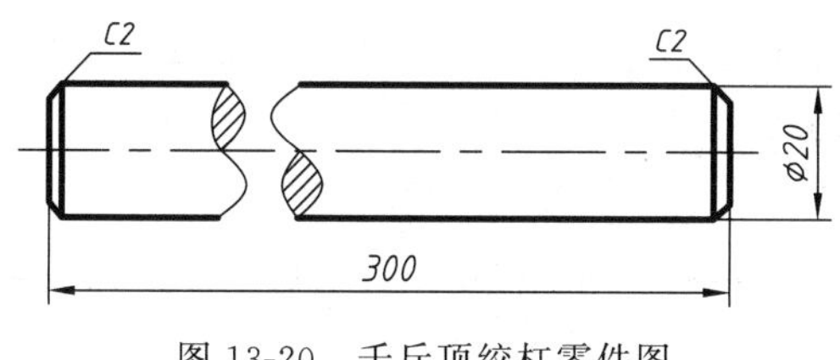

图 13-20　千斤顶绞杠零件图

［**练习 13-2**］　绘制传动轴零件图，如图 13-21 所示。

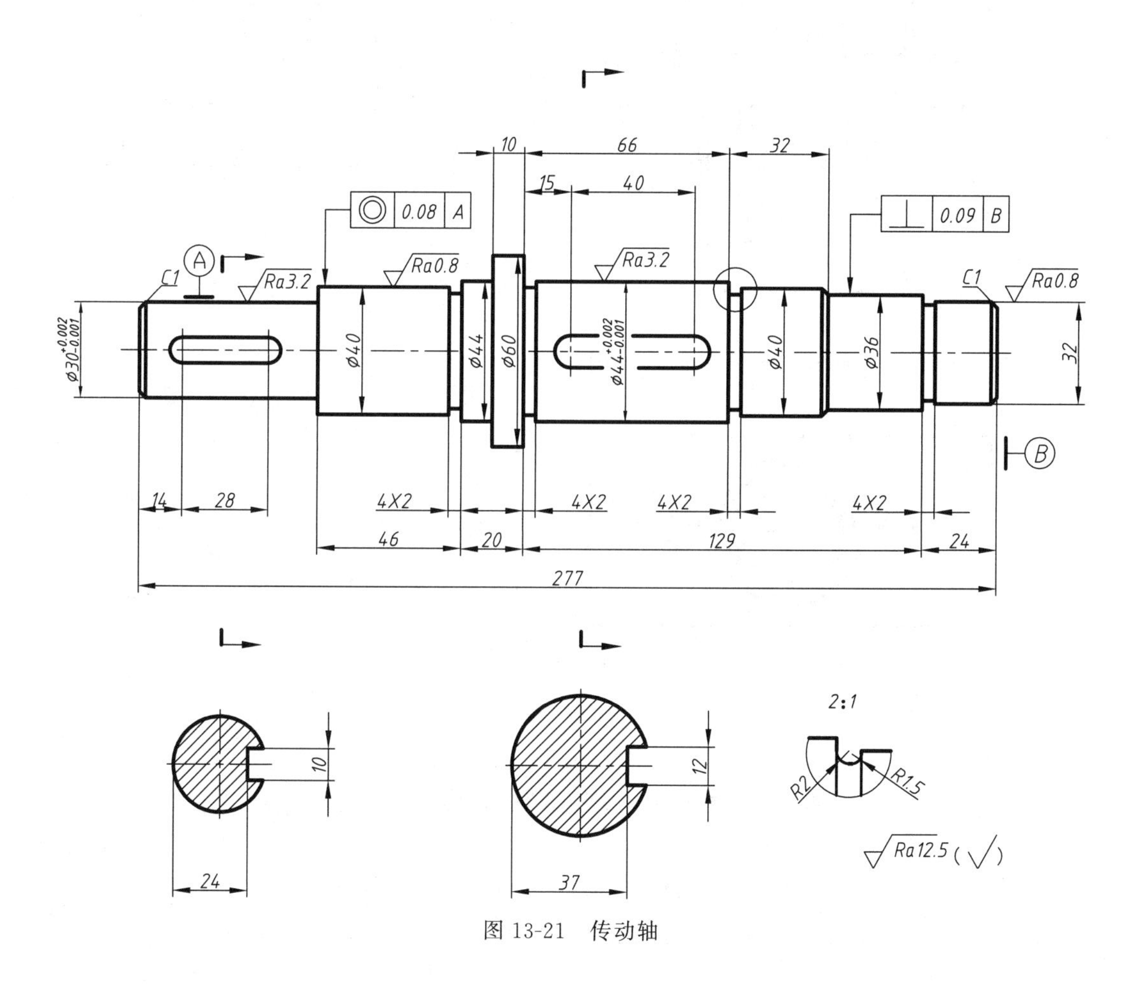

图 13-21　传动轴

［**练习 13-3**］ 绘制阀体零件图，如图 13-22 所示。

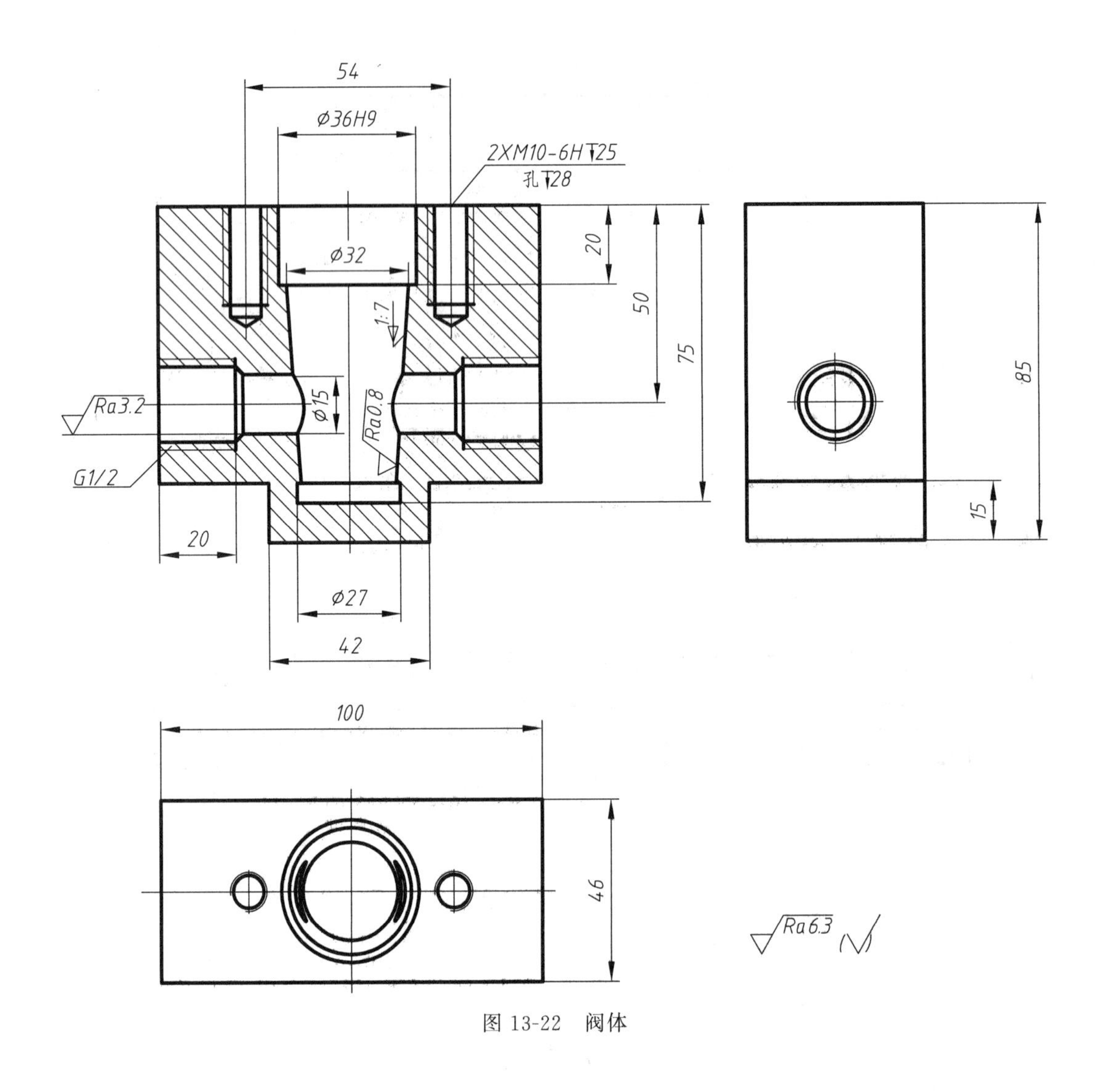

图 13-22 阀体

13.4 绘制装配图

在机械工程图中，装配图的绘制是一项重要内容，它包括图形的绘制、零部件序号的编写、技术要求的标注与编写、标题栏和明细栏的绘制与填写。本节将重点介绍装配图的绘制方法。

在绘制装配图时，一般是将已绘制完成的各个零部件图制作成图块，然后拼画在一起形成装配图。

［**例 13-10**］ 绘制千斤顶装配图，如图 13-23 所示。

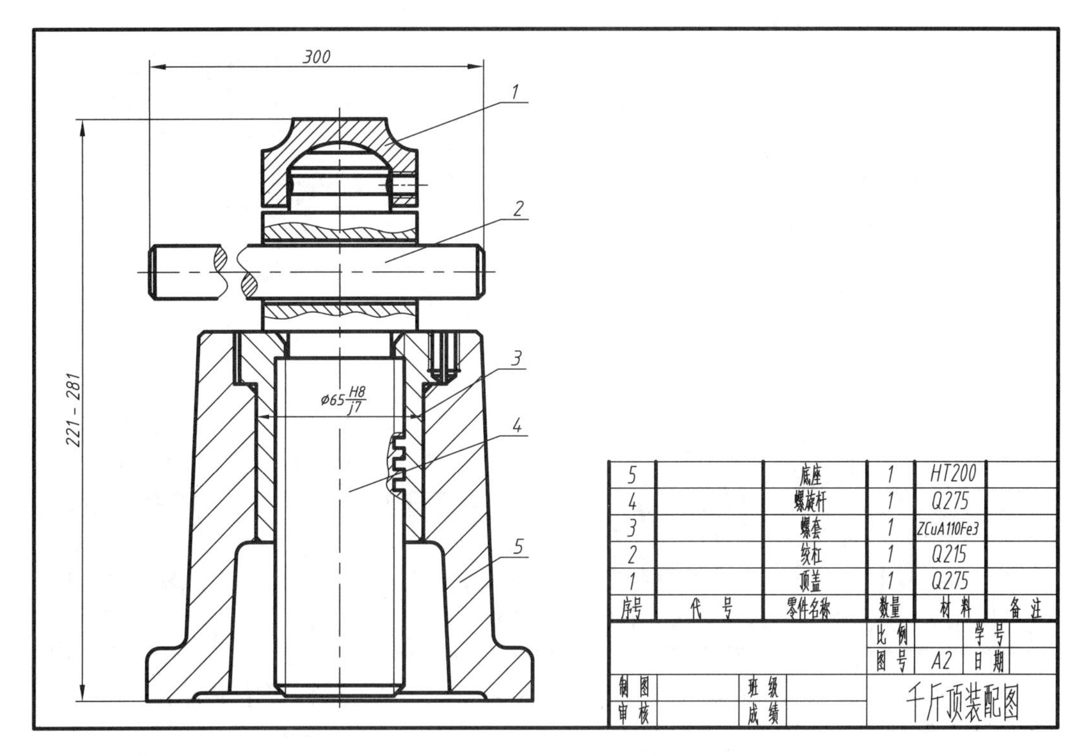

图 13-23　千斤顶装配图

绘图步骤：

(1) 根据零件图的图形尺寸，绘制零件图（不必标注尺寸），如图 13-24 所示。千斤顶各零件图的画法在 13.3 节中已经介绍，若零件图已画好，就可以直接调用。

(2) 将底座作为装配的主体零件（装配体）。先将底座图形粘贴为块，并放在空白区域，如图 13-25（a）所示。具体操作方法为：先选中“底座”的整个图样，单击鼠标右键，选择【复制】，然后再单击鼠标右键，选择【粘贴为块】，将底座粘贴到空白区域。

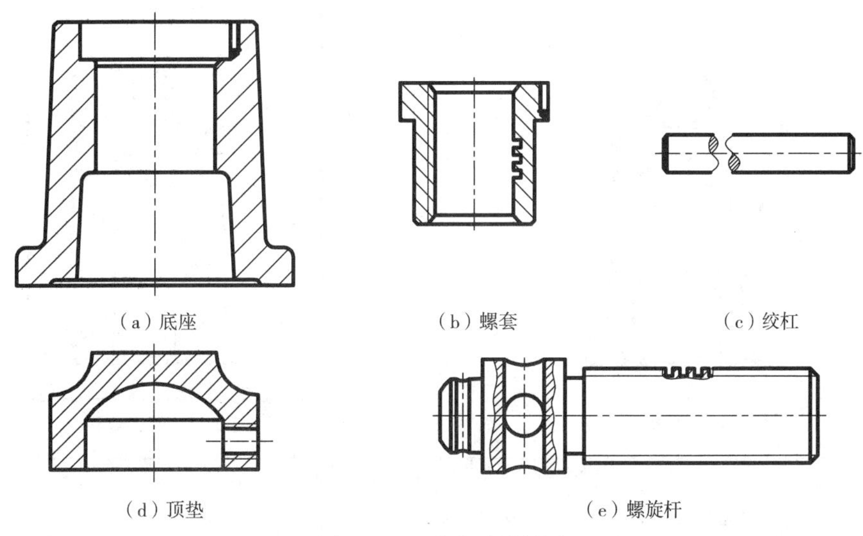

(a) 底座　(b) 螺套　(c) 绞杠

(d) 顶垫　(e) 螺旋杆

图 13-24　千斤顶零件图

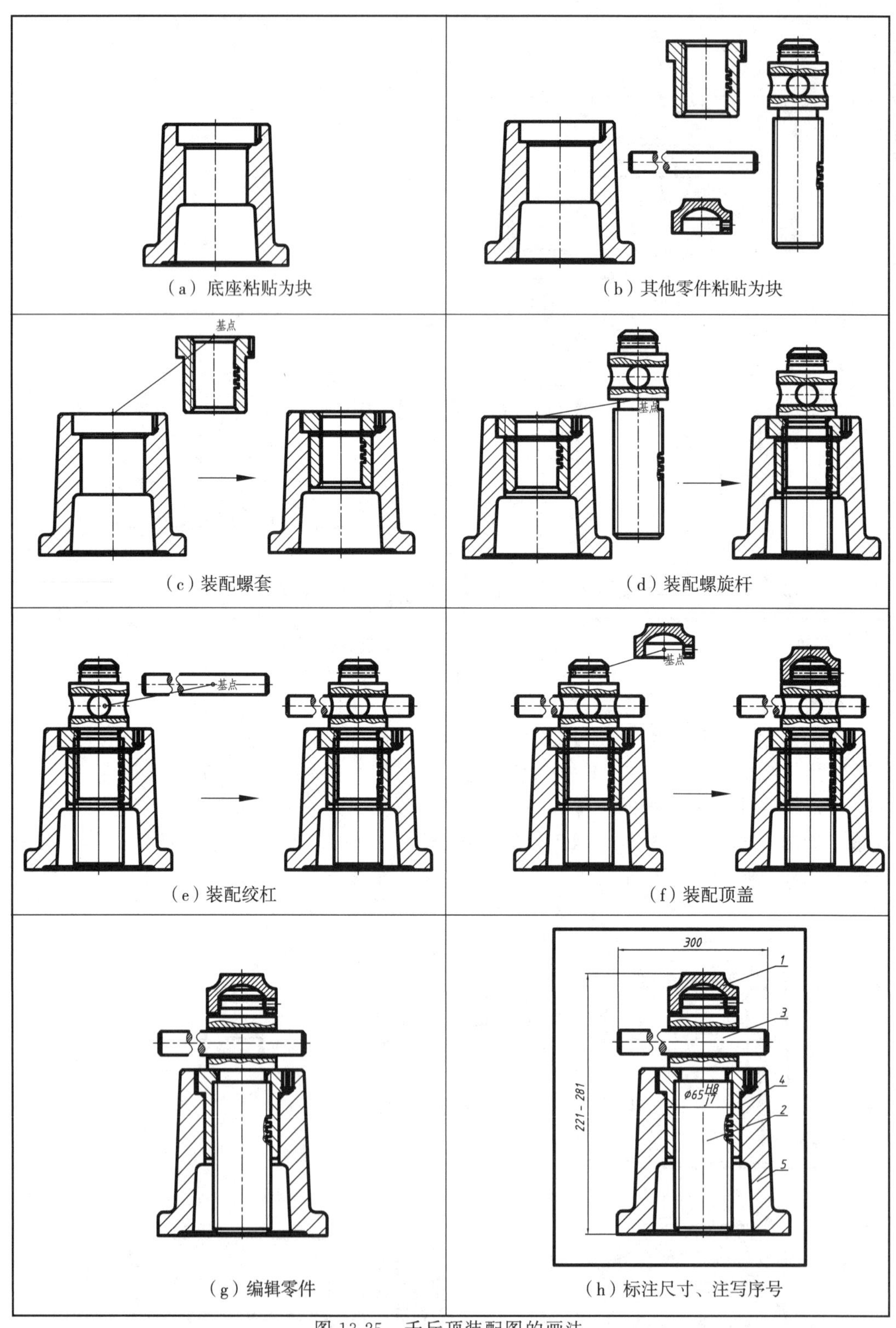

(a) 底座粘贴为块
(b) 其他零件粘贴为块
(c) 装配螺套
(d) 装配螺旋杆
(e) 装配绞杠
(f) 装配顶盖
(g) 编辑零件
(h) 标注尺寸、注写序号

图 13-25 千斤顶装配图的画法

(3) 将螺套、螺旋杆、绞杠、顶盖依次粘贴为块放在空白区域，应用【旋转】命令，将螺旋杆转为竖直放置，如图 13-25（b）所示。

（4）根据装配关系，将螺套装配到装配体上。具体操作方法为：应用【移动】命令，将“螺套”图块移到装配体中，基点和移动后放置的位置如图 13-25（c）所示。

（5）根据装配关系，将螺旋杆装配到装配体上。具体操作方法为：应用【移动】命令，将螺旋杆图块移到装配体中，基点和移动后放置的位置如图 13-25（d）所示。

（6）根据装配关系，将绞杠装配到螺旋杆上。具体操作方法为：应用【移动】命令，将绞杠图块移到螺旋杆中，基点选在绞杠的轴线上，移动后的位置如图 13-25（e）所示。

（7）根据装配关系，将顶盖装配到螺旋杆上。具体操作方法为：应用【移动】命令，将顶盖图块移到螺旋杆中，基点和移动后的位置如图 13-25（f）所示。

（8）应用【分解】命令，将图 13-25（f）所示装配体中的全部图块完全分解，然后删除多余的中心线或轴线，并分析零件的遮挡关系，用【删除】、【修剪】、【打断】等命令编辑修改各零件，完成后如图 13-25（g）所示。

（9）检查错误、标注尺寸、注写各零件序号，如图 13-25（h）所示。

（10）填写明细栏，完成装配图，如图 13-23 所示。

[练习 13-4]　根据调节支架各零件图，拼画调节支架装配图。底座零件图如图 13-26 所示，其材料为 Q275。其余零件图如图 13-27 所示，调节支架装配图如图 13-28 所示。

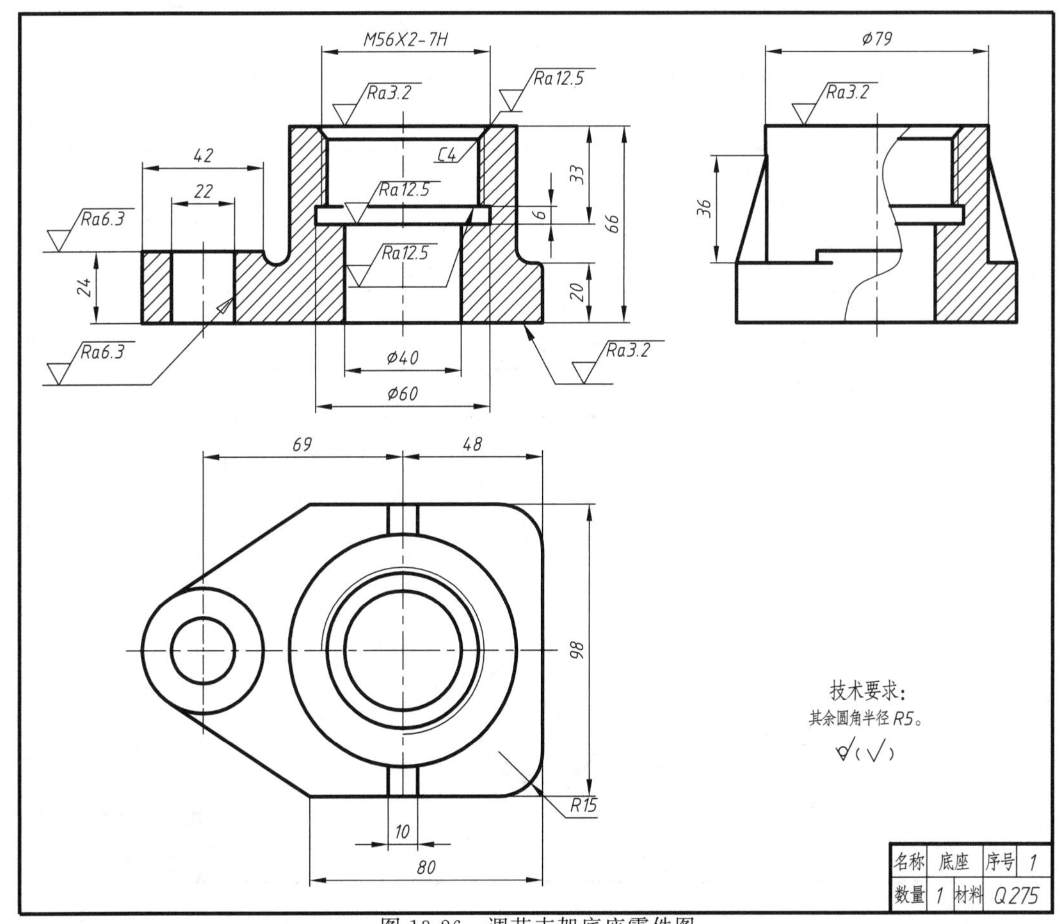

图 13-26　调节支架底座零件图

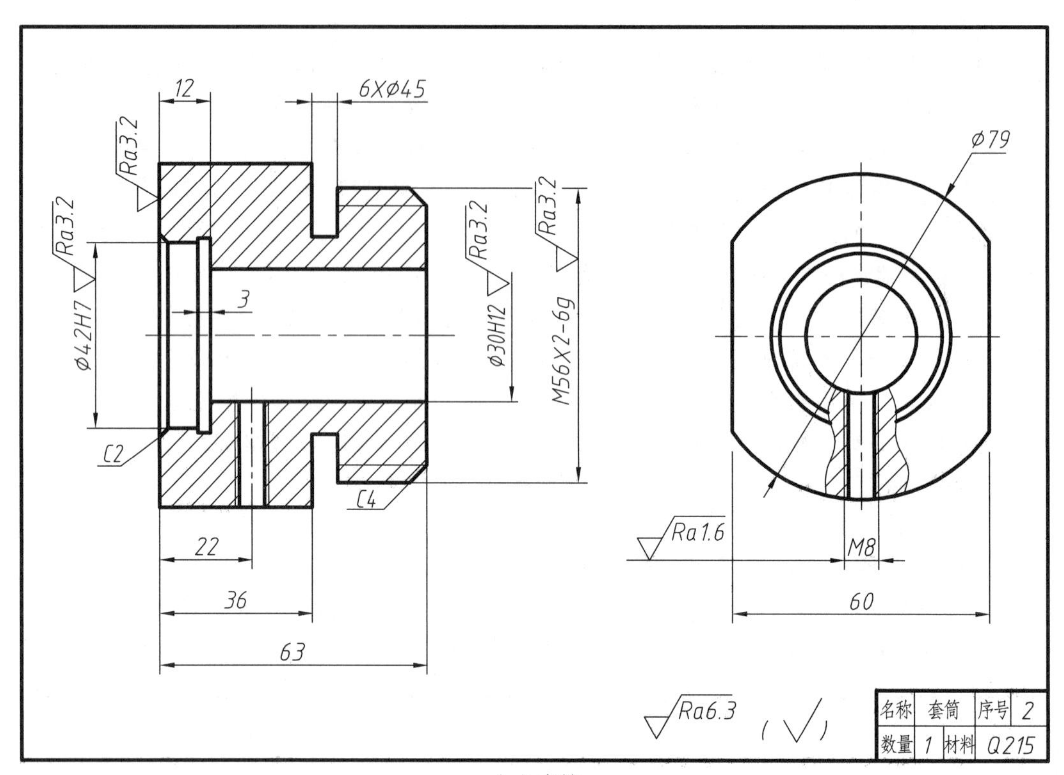
12
6X⌀45
Ra3.2
Ra3.2
Ra3.2
Ra3.2
⌀79
⌀42H7
3
⌀30H12
M56X2-6g
C2
C4
22
36
63
Ra1.6
M8
60
Ra6.3
(√)
名称
套筒
序号
2
数量
1
材料
Q215

（a）套筒

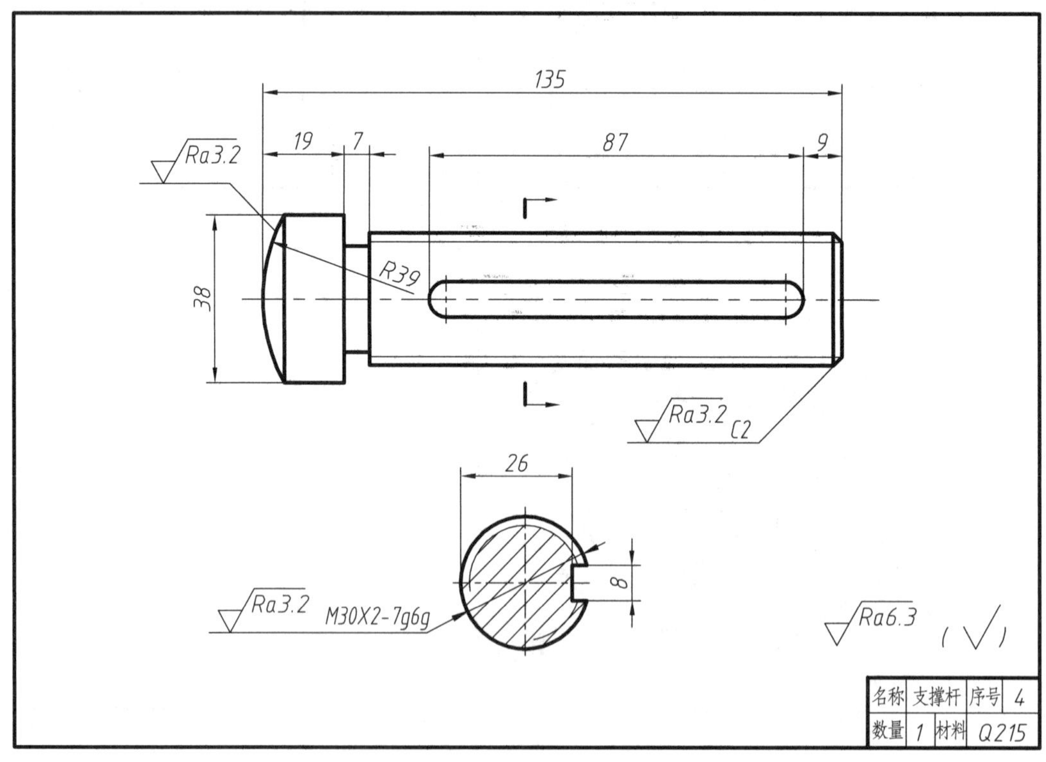
135
19
7
87
9
Ra3.2
R39
38
Ra3.2
C2
26
8
Ra3.2
M30X2-7g6g
Ra6.3
(√)
名称
支撑杆
序号
4
数量
1
材料
Q215

（b）支撑杆

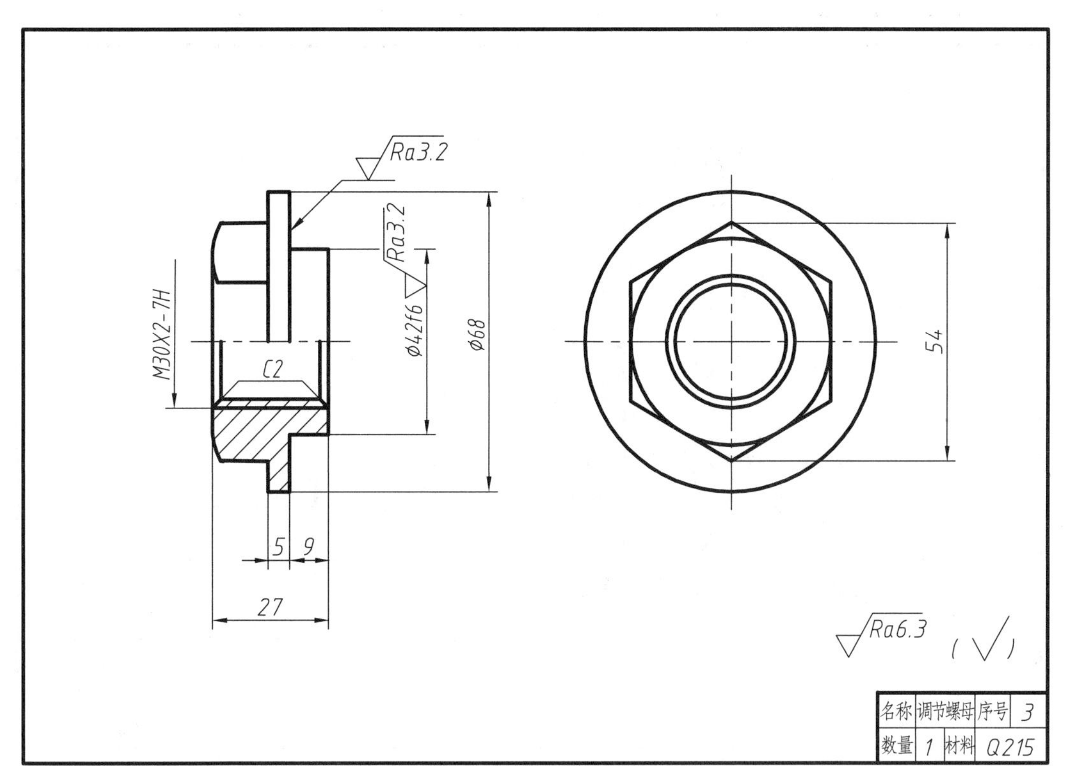

（c）调节螺母

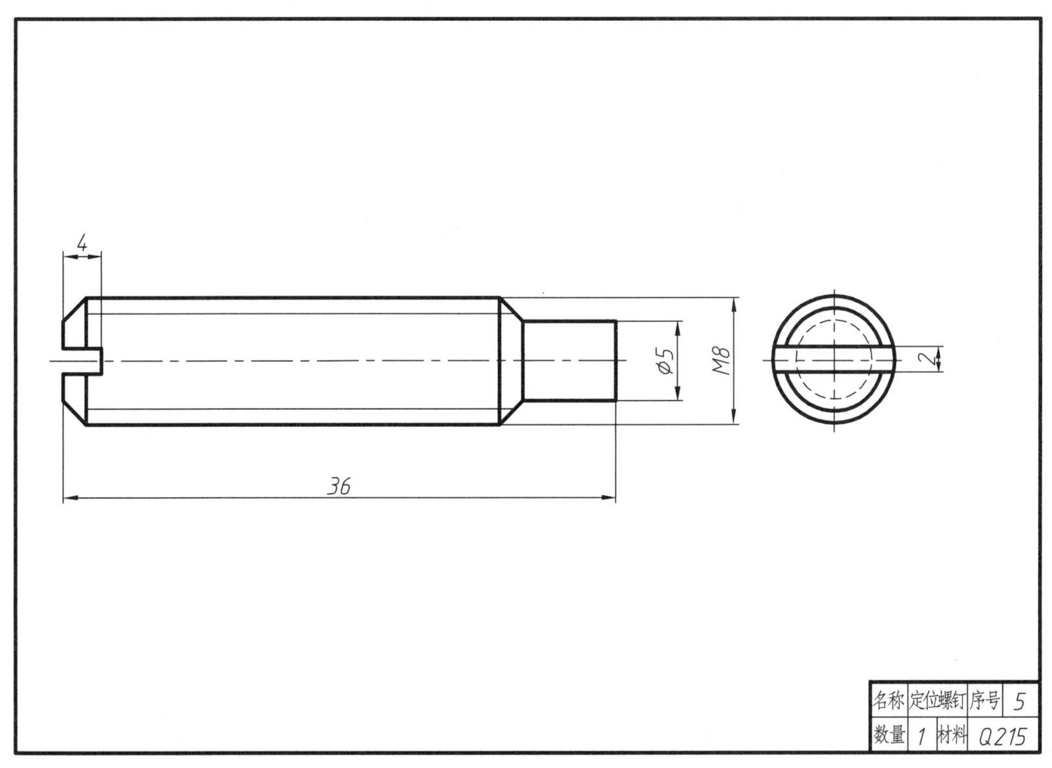

（d）定位螺母

图 13-27　调节支架各零件图

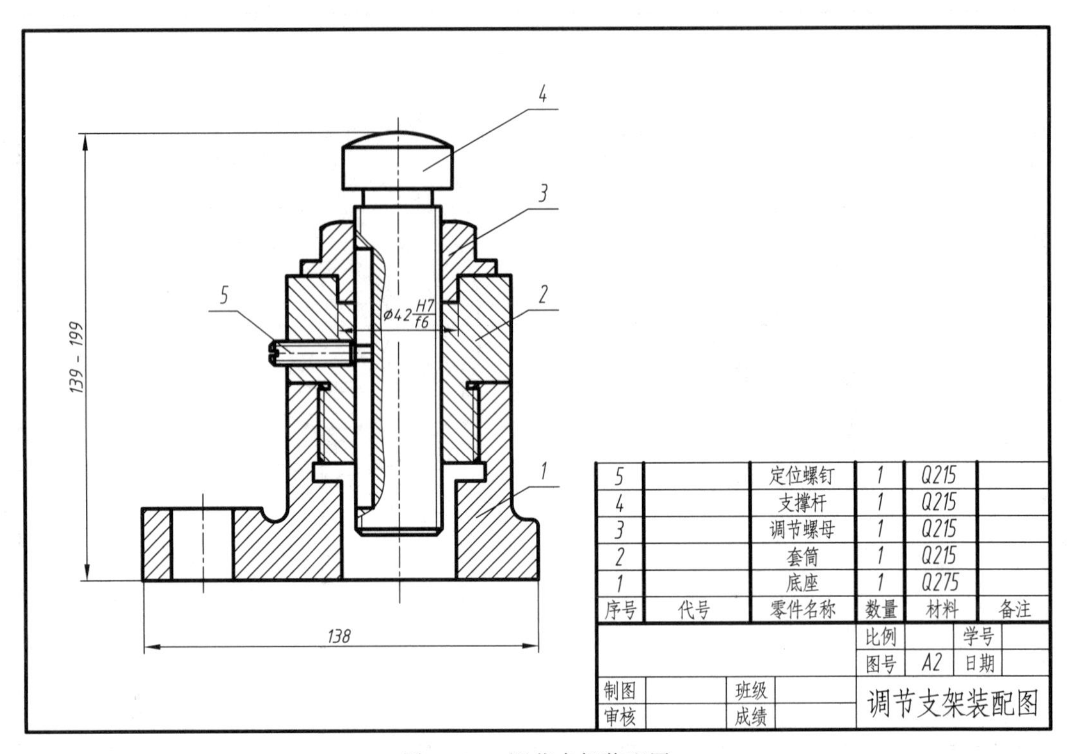

图 13-28　调节支架装配图

参考文献

焦永和，张京英，徐昌贵．2008. 工程制图．北京：高等教育出版社
卢传贤．2008. 土木工程制图．3版．北京：中国建筑工业出版社
齐玉来，牛永胜，马婕．2006. AutoCAD建筑制图基础教程．北京：清华大学出版社
邱龙辉．2010. AutoCAD工程制图．2版．北京：机械工业出版社
王桂梅，刘继海．2006. 土木工程图读绘基础．2版．北京：高等教育出版社
谢步瀛，袁果．2006. 道路工程制图．4版．北京：人民交通出版社
徐秀娟．2010. AutoCAD实用教程．北京：北京理工大学出版社
詹翔．2003. AutoCAD建筑制图实战训练．北京：人民邮电出版社
Autodesk，Inc. 2012. AutoCAD 2012官方标准教程．北京：电子工业出版社